Python 3.x

網頁資料擷取與分析
特訓教材

曹祥雲　編　著

財團法人中華民國電腦技能基金會　總策劃

全華圖書股份有限公司　印行

商標聲明

- CSF、TQC、TQC+和 ITE 是財團法人中華民國電腦技能基金會的註冊商標。

- Python 是 Python Software Foundation 的註冊商標。

- 本書所提及的所有其他商業名稱,分別屬各公司所擁有之商標或註冊商標。

智慧財產權聲明

作者序

21 世紀以來，資訊科技一再推陳出新，啓動一連串社會和文化變革。對教育的衝擊已逐漸成形，應用資訊科技及處理資訊是未來人才之基本條件。未來人才應是能有效使用資訊工具進行深度學習、能應用工具發揮創造力以分析、評斷、表達與解決問題，同時具生產力與責任的數位公民。面對科技高度智慧化環境快速變遷，跨領域及問題解決能力亦是未來人才培育關鍵，因此未來除學生專業技術能力外，更重視提升學生跨領域學習整合能力、問題解決能力與自主學習能力。

本書以 Python 作為實作語言，展現利用運算思維解決問題方法的實現，通過這種跨學科應用問題求解的學習和實踐，希望培養學生主動在各專業學習中利用運算思維的方法和技能，進行問題求解的能力和習慣，並能應用 Python 大量的第三方函式庫動手解決具有一定難度的實際問題。因此，本書由資料處理能力開始，介紹與實作利用 Python 進行各種開放資料格式間的轉換，包括 PDF、CSV、JSON、XML、YAML、SQLite；接著介紹如何利用 Python 進行網頁資料擷取與轉換，介紹與實作 Python 存取網站方式（靜態爬蟲、動態爬蟲）的各種工具，包括 urllib 與 re、requests、BeautifulSoup、Selenium；接著介紹資料分析能力，運用 Python 的內置模組與強大的 NumPy、Pandas 第三方函式庫進行各種資料分析；最後介紹將結果展現的資料視覺化能力，運用 Matplotlib 呈現各精美圖形。

本書在選擇應用領域和案例時，著重在那些易於理解、不需要掌握演算法和程式設計就能解決的問題上，因此，本書不會深入講解演算法，而是著重於如何利用運算思維理解和解決問題，展現運算思維在問題求解、系統構造、理解人類行為等方面發揮的重要作用。

本書適用於大學一年級新生或對成為未來人才有興趣的讀者，不要求有電腦程式設計經驗，並且也不是以程式設計為主要內容，而是要求學生/讀者專注於理解求解問題的方法和技能。最前面的 Anaconda 工具與 Python 語言基礎知識的介紹是幫助讀者閱讀和理解書中給出的 Python 程式，並能在理解的基礎上，對這些程式進行小修改就能實現自己的問題求解方法。

歡迎大家協助指教與討論

107 年 10 月

基金會序

　　有鑑於軟體設計人才乃資通訊產業未來長遠發展之根本，本會著手進行軟體人才就業職能分析，期盼能勾勒出一套完整的軟體人才應該具備的核心知識與專業技能藍圖，讓需求端之產業機構與供給端之培訓單位，都能擁有共同的人才評核與認定標準。因此，本會在以設計人才為主體之「TQC+ 專業設計人才認證」架構中，特別納入「軟體設計領域」及各專業設計人員考科，就是希望透過發展證照及教育推廣，快速縮短軟體人才供需的差距。本會支持教育部雙管齊下之推動，有效帶動軟體及程式設計之學習風潮。

　　在數據分析領域及資料科學中，Python 榮登最受學界、業界以及開源軟體界中最受歡迎的程式語言。Python 強項在於語句少而簡潔，高開發效率與高生產力，幫助開發者可以專注解決來自各個領域不同的問題。物聯網的興起，大量的數據資料經由分析，進而找出資料所能提供的資訊，透過 Python 強大的套件即可快速產出各式的分析圖表及報表，作為後續的智慧應用所需的依據。本書將帶領讀者具備快速蒐集資料並分析出有用資訊的能力，貼近產業需求，創造自身價值。

　　本會特別聘請參與 Python 網頁資料擷取與分析認證命題之曹祥雲老師，著手策畫並完成本教材內容。將技能規範完整融入當中，每章均有相關的知識觀念且收錄參考範例，您只要按照本書之引導，按部就班的演練，定能將 Python 程式語言之資料擷取與分析內化成心法與實戰技能，融會貫通並運用得淋漓盡致。

　　面對今日嚴峻的就業環境，求職者更應具備專業技術證照，熟練技能並培養紮實能力。本會為此精心策劃本教材，協助您達成對自身之期許。待學成後，推薦您報考本會「TQC+ 網頁資料擷取與分析 Python 3」之相關專業證照，它是展現自身是否具備以 Python 擷取與分析資料能力之最佳證明，更可保障您在專業及就業上的競爭力，開創出更多職場機會。最後，謹向所有曾為本測驗開發貢獻心力的專家學者，以及採用本會相關認證之公民營機關與企業獻上最誠摯的謝意。

財團法人中華民國電腦技能基金會

董事長　杜全昌

如何使用本書

本書分成五個部分，簡要說明如下：

第 0 章：內容為 Python 與 Anaconda 的介紹與基本操作，帶領讀者認識 Python 這個程式語言與 Anaconda 環境。這一章並非是必修課程，但如果沒有用過 Anaconda 平台的話，這個部分就必須多下點功夫。

第 1 章：內容涵蓋資料處理能力相關套件，介紹與實作利用 Python 進行各種開放資料格式間的轉換，包括 PDF、CSV、JSON、XML、YAML、SQLite。

第 2 章：內容為網頁資料擷取與轉換，介紹與實作 Python 存取網站方式，包含靜態爬蟲、動態爬蟲觀念，以及在 Python 中實現的工具，包括 urllib 與 re、requests、BeautifulSoup、Selenium 等套件的使用。

第 3 章：資料分析能力，運用 Python 的內置模組與強大的 NumPy、Pandas 第三方函式庫進行各種資料分析，包括建立陣列與存取元素、索引與資料選取、聚合操作、排序。

第 4 章：資料視覺化能力，運用 Matplotlib 呈現各種精美圖形，包括圖表之設定、各種圖表之呈現、多圖表繪製、CSV 檔案繪製圖表、Numpy 模組應用、隨機數的應用。

▶▶ 學習內容的安排

就學習（或教學）的角度來說，並非必須得從第 0 章開始，一直循序到第 4 章，將所有章節都看完、做完才可以學好 Python 應用。本書因著內容本質上的不同而分成五個部分，每一個章節基本上都可以視為獨立單元。如此一來，就可以讓學習（或教學）有更大的彈性。根據學習時間長短與學習者個人已具備的程度，大致分成三種情況：

1. 時間充裕，對 Anaconda 與 Python 完全陌生。（建議從 0➔4 逐章學習）
2. 時間充裕，已用過 Anaconda。（建議從 1➔4 逐章學習）
3. 時間不足，需要運用特定功能解決問題。（單獨學習所需章節）

考慮到不同的學習情況，供自修學習者或教學者參考。

另外在教學上，對某些在實作上較為瑣碎耗時的章節，可以視情況將其彈性調整為課後作業，讓課堂上的學習節奏較為輕快。另外，部分章節有提供 ipynb 範例，可以直接運用教學或自學。

▶▶ 範例程式與作業

筆者教授程式設計多年，相當清楚同學學習這門課時，最常遇上的問題就是怪異的程式語法，只要打錯一個字，就執行不了，然後要經過無休無止的 Debug 才能找到剛剛犯的芝麻綠豆錯誤，因此本書希望改變從頭 Hello world! 的學習方式，直接提供不同情境的範例程式，同時也將原始碼（以及後續的更新）公開於下方「範例程式」連結，希望學習者可以下載範例練習執行，各章後面也有準備綜合範例，更貼近實際應用。最後還有準備作業，學習者只要看懂各個範例程式與綜合範例，即可整合這些片段的程式，整合為可以解決實際問題的解答，希望藉由此種學習方式，降低入門者的學習挫折感，享受現代資訊科技的威力。

▶▶ 範例程式（請下載並搭配本書使用）

http://www.chwa.com.tw/mis/gNzKb2018117084820
/93m62o9Cyy2018117.rar

▶▶ 延伸練習：CODE JUDGER 學習平台

CODE JUDGER 學習平台提供「TQC+網頁資料擷取與分析 Python3」認證之題庫，如有需要，可至平台瞭解與進行購買（http://www.codejudger.com）。

目錄

Chapter 0　Python 與 Anaconda

Chapter 1　資料處理能力

Chapter 2　網頁資料擷取與轉換

Chapter 3　資料分析能力

Chapter 4　資料視覺化能力

附錄

Chapter **0**

Python 與 Anaconda

Python 與 Anaconda

0-1 高階語言使用現況

Python 的輸出函式為 print 函式，將結果顯示於螢幕上。請看以下範例：

0-1-1 TIOBE Index

TIOBE Index 主要基於全球技術工程師、課程和第三方供應商的數量，將語言作為關鍵字，按照 Google，Bing，Yahoo！，Wikipedia，Amazon，YouTube 和 Baidu 等熱門搜尋引擎的查詢數量對語言進行排名，也會考量但不包括 SQL 和 HTML 等語言。由下表可知 Java 和 C 自 2016 年初開始呈現下降趨勢，雖然在 2017 年下半年止跌反彈，但未脫離長期下滑趨勢，由於現在越來越多的領域採用軟體，因此單靠較低階的 C 和高階的 Java 顯然不夠，所有其他語言呈現百家爭鳴的景象，甚至連 SQL 與 R 也因為大數據的發展而大幅攀升。Python 語言佔比排名穩居第 4 名。

表 0-1-1　2018 年 6 月 TIOBE Index 排名前十程式語言

Jun 2018	Jun 2017	Change	Programming Language	Ratings	Change
1	1		Java	15.368%	+0.88%
2	2		C	14.936%	+8.09%
3	3		C++	8.337%	+2.61%
4	4		Python	5.761%	+1.43%
5	5		C#	4.314%	+0.78%
6	6		Visual Basic .NET	3.762%	+0.65%
7	8	⌃	PHP	2.881%	+0.11%
8	7	⌄	JavaScript	2.495%	-0.53%
9	-	⌃⌃	SQL	2.339%	+2.34%
10	14	⌃⌃	R	1.452%	-0.70%

資料來源：https://www.tiobe.com/tiobe-index/

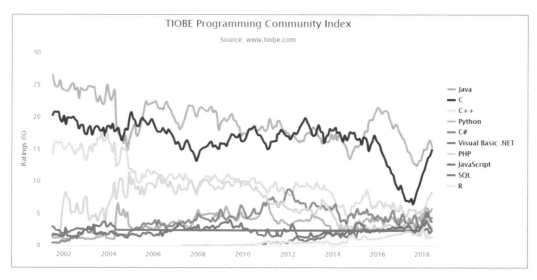

資料來源：https://www.tiobe.com/tiobe-index/

圖 0-1-1　近年來 TIOBE Index 各程式語言變化趨勢

0-1-2　PYPL

PYPL(PopularitY of Programming Language)是藉由分析在 Google 上搜索語言課程的頻率而衡量受歡迎程度，搜索的語言課程越多，語言被認為越流行。這是一個領先的指標。原始數據來自 Google 趨勢。由表 0-1-2 可知，Python 近年來持續維持上升態勢，在本月已經超越 Java 排名第一。

表 0-1-2　2018 年 6 月 PYPL 排名前十程式語言

Rank	Change	Language	Share	Trend
1	↑	Python	23.04 %	+5.2 %
2	↓	Java	22.45 %	-0.6 %
3	↑↑	Javascript	8.6 %	+0.3 %
4	↓	PHP	8.21 %	-1.6 %
5	↓	C#	8.01 %	-0.4 %
6		C/C++	6.15 %	-1.1 %
7	↑	R	4.14 %	+0.1 %
8	↓	Objective-C	3.46 %	-1.0 %
9		Swift	2.75 %	-0.8 %
10		Matlab	2.15 %	-0.4 %

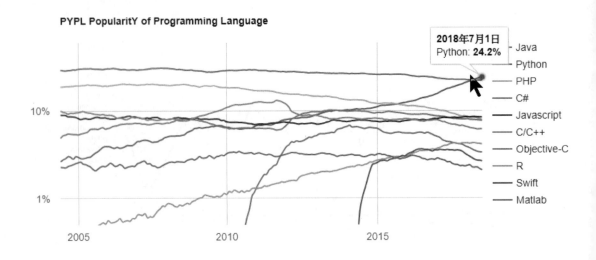

資料來源：http://pypl.github.io/PYPL.html

圖 0-1-2 近年來 PYPI 各程式語言變化趨勢

0-2 Python 發展與特色

0-2-1 Python 程式語言起源

Python 是一種物件導向、直譯式的電腦程式語言。它包含了一組功能完備的標準庫，能夠輕鬆完成很多常見的任務。它的語法簡單，因此非常容易學習與應用，由吉多·范羅蘇姆(Guido van Rossum)於 1989 年的聖誕節期間開發。

Python 2.0 於 2000 年 10 月 16 日發布，增加了實現完整的垃圾記憶體回收機制，並且支援Unicode。Python 3.0 於 2008 年 12 月 3 日發布，此版不完全相容之前版本的 Python 原始碼。

0-2-2 Python 程式語言特點

A. 自動記憶體回收

這個特點使得程式師在程式設計的時候，可以不考慮程式執行中的記憶體管理，而專注於自己的邏輯處理。

B. 物件導向特性(Object-Oriented)

這個特點使得 Python 語言順應了當今程式設計語言發展的大勢,從而為它被更加廣泛地應用奠定了基礎。它博採眾長,支援多重繼承(Multiple Inheritance),重載(override)。

C. 強大的動態資料類型支援

使不同資料類型相加會引發一個異常,配合強大的類別庫支援,使編寫檔案處理、規則運算式,網路連接等程式變得相當容易。

D. Python 的互動命令列模組

方便地進行較小程式碼測試和學習。

E. Python 易於擴展

可以通過 C 或 C++編寫的模組進行功能擴展。

F. 它是免費的開放原始碼

一直長期被某些大公司壟斷的 IT 領域,對於任何高喊開放原始碼、免費的技術或者產品,都會擁有超高的人氣。開放原始碼、免費,也被更多地看作一種崇尚自由的氣質。

G. 強迫程式設計師養成良好的程式設計習慣

Python 開發者有意讓違反了縮排規則的程式不能通過編譯,以此來導正程式設計師的程式設計壞習慣。

0-3 Anaconda 軟體包

0-3-1　為何需要整合開發環境

Python 的資料運算功能很強,但因為是開放原始碼軟體,第三方貢獻套件非常多,且均須先安裝才能使用,但經常因為安裝過程甚為繁瑣而令人望之卻步。因此需要一個簡單的軟體開發環境,讓開發者可以很容易的編輯軟體、連結既有的套件以快速執行。

整合開發環境(Integrated Development Environment, IDE)就是輔助程式設計人員開發系統的應用軟體。IDE 一般常用的功能包含程式碼編輯器、連結套件使程式執行以及程式碼除錯輔助等功能。

0-3-2　Anaconda

Anaconda 是個免費，易安裝的套件(Package)管理器，環境管理器和 Python 發行版，收集了超過 720 個開放原始碼套件，免費提供社群支持，用於進行大規模數據處理、預測分析和科學計算，旨在簡化軟體包管理和部署。Anaconda 與平台無關，所以無論在 Windows、MacOS 還是 Linux，都可以使用。

Anaconda 的特點：

1. 包含許多流行的大數據處理，預測分析和科學計算的 Python 套件，完全開放原始碼和免費。

2. 支援 Linux、Windows、Mac 等平台，支援 Python 2.7、3.6，可自由切換。

3. 內帶 Spyder 整合發展環境，具有高級編輯、互動式測試、除錯和自我檢查功能，也支持 IPython 環境。

4. 包含 Jupyter notebook 開放原始碼 Web 應用程序環境，能讓用戶將說明文件、數學方程式、代碼（含 Python 與 R）和可視化內容全部組合到一個易於共享的文檔中，可用於數據清理與轉換、數值模擬、統計建模、機器學習。

為簡化初學者的環境，讓大家可以快速上手，本書選擇 Anaconda 做為起步，因為它具有容易即時互動的 Jupyter notebook 環境，也安裝了 Spyder 此一 Python 整合發展環境，更收集了大量的套件，對初學著來說，可以省掉很多困擾，快速上手。

0-3-3　Anaconda 檔案下載

1. 查詢作業系統版本

依使用者電腦上已安裝的作業系統來決定下載 Anaconda 版本。以 Windows 10 作業系統為例：

a. 點選畫面左下角的「開始」按鈕（見圖 0-3-1）。

b. 再選「設定」按鈕進入設定畫面（見圖 0-3-1）。

c. 點選「系統」按鈕進入系統設定畫面。

d. 接著點選左邊「關於」選項，即可查詢本機安裝的作業系統類型為 64 位元（見圖 0-3-2）。

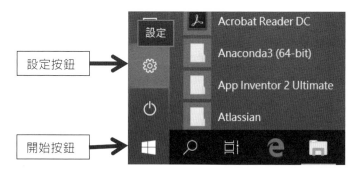

圖 0-3-1　Windows 作業系統類型查詢 1

圖 0-3-2　Windows 作業系統類型查詢 2

2. 下載 Anaconda 軟體包

要下載 Anaconda 軟體包，可以直接到 https://www.anaconda.com/download/ 此一網址進行下載，也可以透過 Google 搜尋引擎，輸入 Anaconda download 再選擇

Anaconda 官方下載網頁，如圖 0-3-3。接下來就是選擇下載版本，Python 3.6 是 Python 3.x 目前的最新版本。接著根據前一步驟查詢到的作業系統版本到 Anaconda 官網點選下載 Python 3.6 對應版本（見圖 0-3-3）。

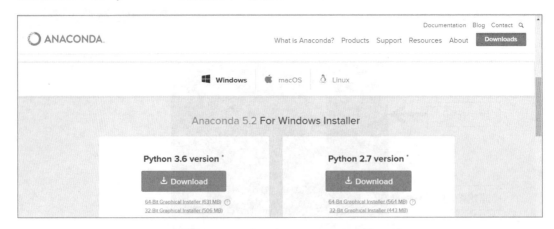

圖 0-3-3　Anaconda3 下載頁面

0-3-4　Anaconda 安裝與使用

接著點選所下載之 Anaconda 安裝檔案即可執行安裝程式。步驟如下：

1. 開啟檔案啟動安裝精靈（見圖 0-3-4），接著按「next」。

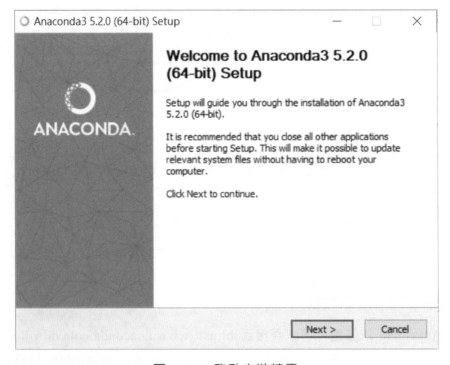

圖 0-3-4　啟動安裝精靈

2. 授權同意（見圖 0-3-5），接著按「I Agree」。

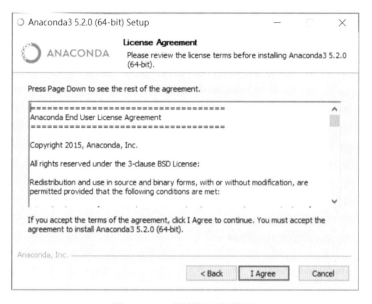

圖 0-3-5　授權同意畫面

3. 選擇安裝型態（圖 0-3-6），可以選擇在本機上的使用對象，接著按「Next」。

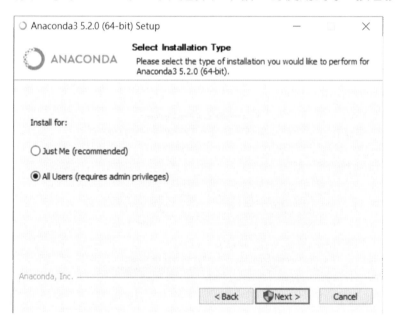

圖 0-3-6　選擇安裝型態

4. 選擇安裝路徑（見圖 0-3-7），可以直接按「Next」，若要更改安裝路徑請點選 Browse 後選擇安裝路徑，但請務必記住修改後的安裝路徑，否則安裝其他第三方套件時容易找不到需用軟體。

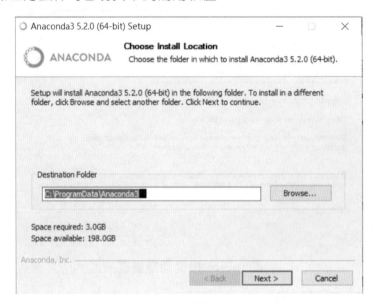

圖 0-3-7　選擇安裝路徑

5. 進階安裝選項設定（見圖 0-3-8，除 Anaconda 建議的下方選項外，建議也勾選上方選項，後續安裝其他套件時較為容易），接著按「Install」。

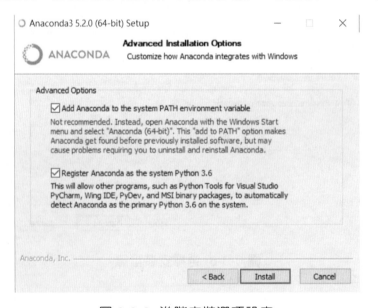

圖 0-3-8　進階安裝選項設定

6. 進行安裝中（見圖 0-3-9），此一步驟需要一點時間，待完成後請按「Next」。

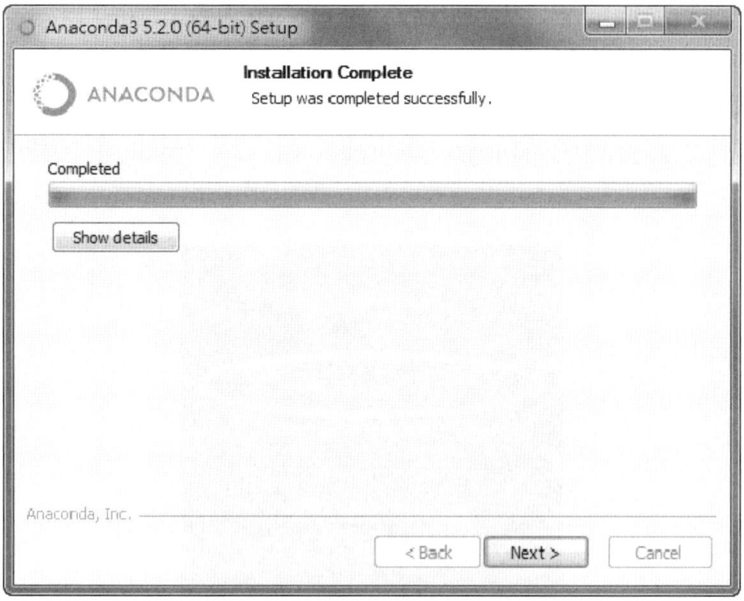

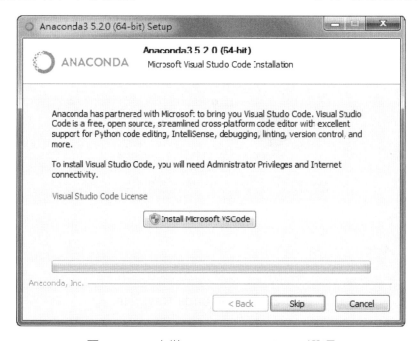

圖 0-3-9　進行安裝中

7. 接著會顯示如圖 0-3-10 的 Microsoft Visual Studio Code 安裝選項，這是一個很棒的 IDE，提供完整的 Python 程式編寫功能，包含除錯、程式碼自動完成以及整合 Git 等功能，還有豐富的套件供使用者建構使用，因此強烈建議進行安裝。只要點選「Install Microsoft VSCode」即可完成安裝。

圖 0-3-10　安裝 Microsoft VSCode 選項

8. 開啓 Anaconda Navigator：完成 Anaconda 安裝後，只要點選 Windows 的開始，接著點選如圖 0-3-11 的 Anaconda3 程式組再點選其下的「Anaconda Navigator」，即可進入如圖 0-3-12 的 Anaconda Navigator 畫面（通常開啓需時較長，請耐心等候）。從這個畫面接下來就可以選擇進入各個軟體。當然，也可以直接點選「Jupyter Notebook」或「Spyder」按鈕直接進入各軟體。

圖 0-3-11　開啓 Anaconda Navigator

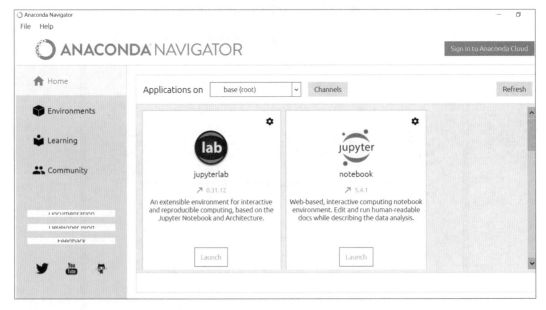

圖 0-3-12　Anaconda Navigator

Anaconda 支援兩種程式編輯環境，也就是大家在 Anaconda Navigator 上會看到的 Jupyter notebook 環境與 Spyder 整合開發環境。

Jupyter notebook 是一個網頁環境，可以很容易地輸入 Python 程式並且即時執行得到結果，也有一個很簡單的偵錯介面，因此比較適合初學者練習用，所存檔案擴充檔名為.ipynb，本書各章中若只牽涉到語法而無複雜的選擇結構與重複結構程式都建議大家使用此一環境。

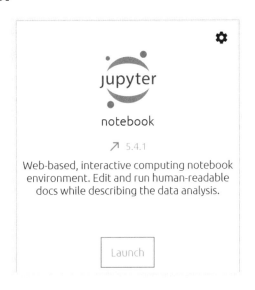

Spyder 則是一個相當好用的 Python 整合發展環境，有全套的編輯、互動測試、除錯等功能，可供開發較為複雜的程式，本書較複雜範例都會以此環境介紹。

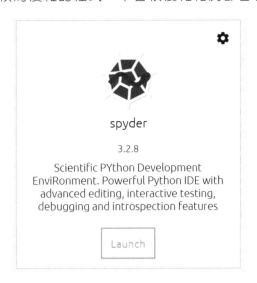

0-4 Jupyter Notebook

0-4-1 啓動

進入 Anaconda Navigator 後，在其上點選 Jupyter 下面的 Launch 鍵即可進入如圖 0-4-1 的 Jupyter 啓動畫面。或在 Anaconda 程式群組中直接選取「Jupyter Notebook」按鈕進入。

這是一個模擬網頁介面的編輯畫面，但仍是單機版，故可直接開啓瀏覽器，網址為 http://localhost:8888/tree（圖 0-4-1 橢圓形框線處），通常對應本機的 C:\使用者\user (C:\users\user)目錄。

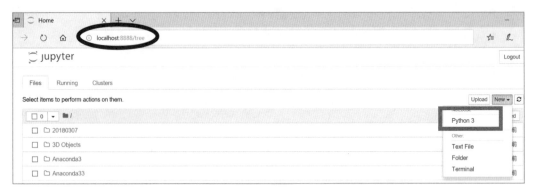

圖 0-4-1　Jupyter 啓動畫面

0-4-2 開啓編輯

在圖 0-4-1 的 Jupyter 啓動畫面右上邊點選 New 按鈕，開啓下拉式選單，在其中選擇 Python 3（圖 0-4-1 矩形框線處），就可以進入如圖 0-4-2 的 Jupyter 程式編輯平台。接著在 In [] 右方空白文字方塊輸入 print("Hello world!")，請注意，過程中系統會進行自動完成程式動作，例如您只要打左括號，系統會自動幫您加上右括號以避免程式輸入錯誤。完成輸入後，只要點擊畫面上方 ▶ 按鍵，或按「Shift + Enter」均可執行此一程式，而產生如圖 0-4-2 的 Hello world! 輸出。

圖 0-4-2　Jupyter 程式編輯平台

0-4-3　存檔

點選圖 0-4-3 中 Jupyter 上方功能列中的 File 開啓下拉選單後再選 Rename，接著在 Rename 文字方塊中輸入新的檔案名稱後，即可完成存檔。使用者只需輸入主檔名，副檔名自動儲存為.ipynb。且此一檔案會存入工作目錄中（預設為 C:\users\user 資料夾下），因此同學若要留存作業、工作成果，可到此一目錄下將檔案另存。

圖 0-4-3　Notebook 更改檔名

▶▶ 範例程式

Pttparser.ipydb→需要用Jupyter Notebook打開練習使用

0-5　Spyder

0-5-1　啓動 Spyder

進入 Anaconda Navigator 後，在其上點選 Spyder 下面的 Launch 鍵即可進入如圖 0-5-1 的 Spyder 啓動畫面。亦可用點選開始工具列後，列出所有應用程式，在 Anaconda3 程式群組下選擇 Spyder 直接開啓。

開啓後其下共分三個視窗，分別是用來左邊的編輯程式的編輯視窗；右下方用來呈現程式執行情形的執行結果視窗；右上方用來協助觀察程式執行中的狀況的幫助視窗。但各視窗均可用滑鼠拖曳或快速鍵的方式調整邊界。

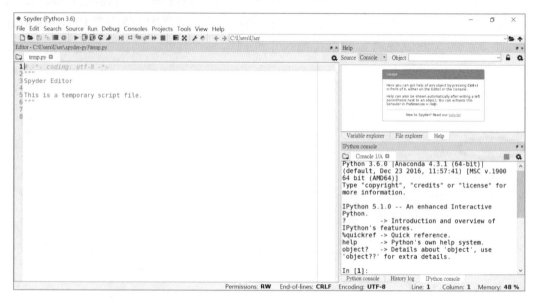

圖 0-5-1　Spyder 啓動畫面

執行結果視窗如圖 0-5-2，可以使用 IPython console 和標準的 Python console，由於 IPython console 環境相較於 Python console 做得更多，建議在這裡使用它作為預設控制台。

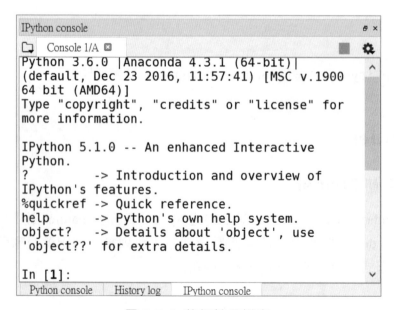

圖 0-5-2　執行結果視窗

圖 0-5-3 的幫助視窗預設情況下位於右上角。當滑鼠指標指到物件的名稱上時,按「Ctrl + i」就會自動提供與幫助(hello)獲得的相同信息。此外,這個位置還可選 File explorer 或 Variable explorer 視窗。圖 0-5-4 的 File explorer 視窗可用於查看檔案目錄目前情況;圖 0-5-5 的 Variable explorer 視窗可用於執行過程中觀察各個變數值的變化狀況,用於協助除錯。

圖 0-5-3 幫助視窗

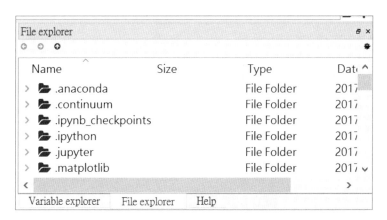

圖 0-5-4 File explorer 視窗

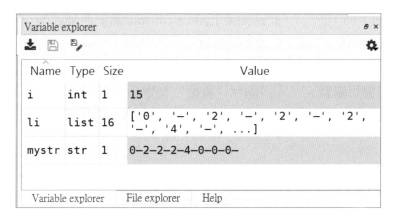

圖 0-5-5 Variable explorer 視窗

0-5-2　編輯與除錯

啟動 Spyder 後，畫面左半邊就是如圖 0-5-6 的編輯視窗，使用者可以在此編輯
Python 程式。可以用開啟舊檔(Open...)功能開啟已經完成的程式，也可以用開新
檔案(New File...)方式開啟全新的編輯畫面，編輯完畢後用另存新檔(Save as...)。

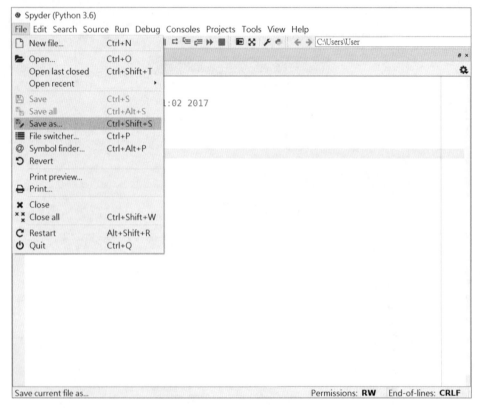

圖 0-5-6　Spyder 編輯視窗

但是 Spyder 更強大的是除錯功能，只要啟動除錯模式（可以使用 Debug> Debug 菜
單選項或「Ctrl＋F5」進入），此時如果 Python console 處於活動狀態，則啟動 Python
除錯器；如果 IPython console 處於活動狀態，則啟動 IPython 除錯器。執行此操作
後，編輯視窗將突出顯示要執行的程式行，Variable explorer 視窗將在程式執行點的
當前上下文中顯示變數。（它只顯示"數值"和數組類型的變數，即不是函數或類
物件）。接著還可以用下列的有用功能逐步執行或執行特定的功能或方法。

表 0-5-1　Spider 除錯有用功能的捷徑按鈕與快速鍵

按鈕	快速鍵	功能說明
▶	F5	執行當前檔案
⊟	Ctrl + Enter	執行當前單元格（菜單項 Run> Run 單元格）。一個單元格被定義為兩條線之間的程式碼，它們以約定的標籤＃%%開頭
⊟	Shift + Enter	執行當前單元格，並將光標移動到下一個單元格（菜單項 Run> Run cell 並提前）
↻	F6	再執行一次先前檔案
 🔧	Ctrl + F6	執行設定功能
▶❘	Ctrl + F5	執行除錯功能
⫶	Ctrl + F10	執行目前這一行指令
⬒	Ctrl + F11	跳進目前這行指令的功能或方法
⬓	Ctrl + Shift + F11	執行到目前的功能或方法結束返回
⏩	Ctrl + F12	繼續執行到下一個中斷點
■	Ctrl + Shift + F12	結束除錯

進入除錯模式後，如果您希望在特定點檢查程式，首先可以設定中斷點，可以在要停止的行上按「F12」插入斷點。之後，一個點將放置在行號左邊，您可以按繼續按鈕增加中斷點，如圖 0-5-7。

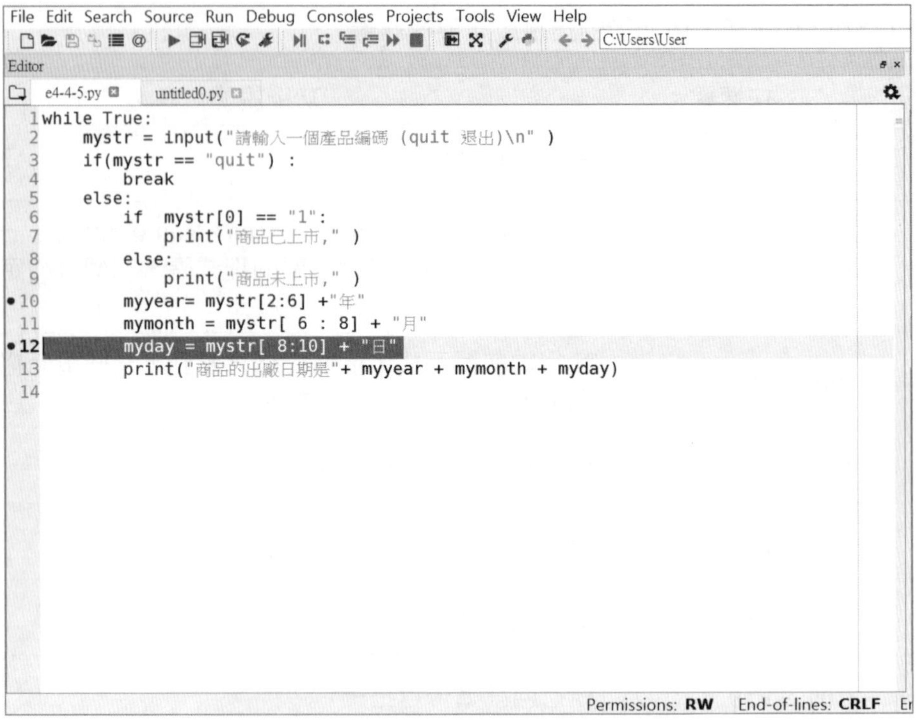

```
File  Edit  Search  Source  Run  Debug  Consoles  Projects  Tools  View  Help
```

```
Editor
  e4-4-5.py          untitled0.py
 1 while True:
 2      mystr = input("請輸入一個產品編碼 (quit 退出)\n" )
 3      if(mystr == "quit") :
 4          break
 5      else:
 6          if  mystr[0] == "1":
 7              print("商品已上市," )
 8          else:
 9              print("商品未上市," )
10          myyear= mystr[2:6] +"年"
11          mymonth = mystr[ 6 : 8] + "月"
12          myday = mystr[ 8:10] + "日"
13          print("商品的出廠日期是"+ myyear + mymonth + myday)
14
```

```
                                    Permissions: RW    End-of-lines: CRLF    En
```

圖 0-5-7 Spyder 編輯視窗設定中斷點

接著可以用快捷鍵「Ctrl + F12」或對應的按鈕繼續執行到下一個中斷點，從 Variable explorer 視窗觀察各個變數目前狀況；也可以用快捷鍵「Ctrl + F10」或對應的按鈕查看特定功能如何工作；快捷鍵「Ctrl + F11」或對應按鈕可以退出功能並繼續下一行；使用快捷鍵「Ctrl + Shift + F12」或對應的按鈕可以離開除錯功能。

0-6 Python 第三方函式庫

作為一個開放原始碼軟體，除了標準函式庫外，網上還有很多協力廠商模組套件。例如，在科學和工程計算方面，協力廠商套件 NumPy 提供了高效的 n 維陣列、基本的線性代數函式和傅立葉轉換函式等，SciPy 套件提供了用於統計學計算、信號與影像處理、遺傳演算法等領域運算的函式和工具。這也正是 Python 語言吸引人的一大優勢。

0-6-1　找尋 Python 第三方函式庫

Python 軟體套件索引（Python Package Index，簡稱 PyPI）是 Python 程式語言的軟體倉庫，有超過十萬個軟體套件計畫進行中。可以連上 https://pypi.org/search/，即可進入圖 0-6-1。

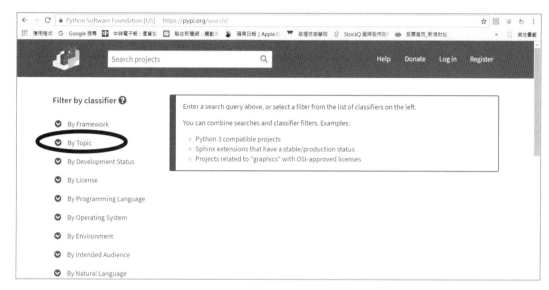

圖 0-6-1　PyPI 進入畫面

進入 PyPI 後，接下來就可以根據各種分類方式進行搜尋，例如點選畫面左上方的 By Topic，即可進入圖 0-6-2 的瀏覽畫面。

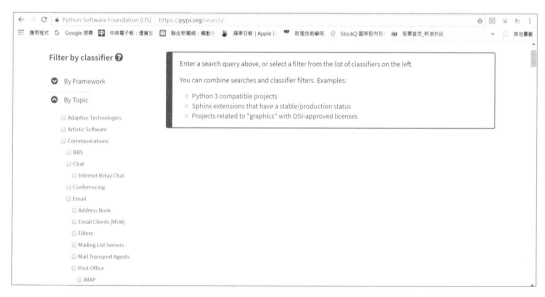

圖 0-6-2　PyPI 瀏覽畫面

在瀏覽畫面選擇所要搜尋類別後，一旦選定，PyPI 會進入下面圖 0-6-3 的搜尋條件畫面，此時可以增加搜尋條件，也可以直接在現有結果中選擇。

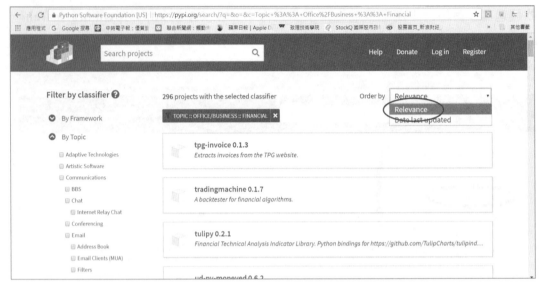

圖 0-6-3　PyPI 搜尋條件與結果畫面

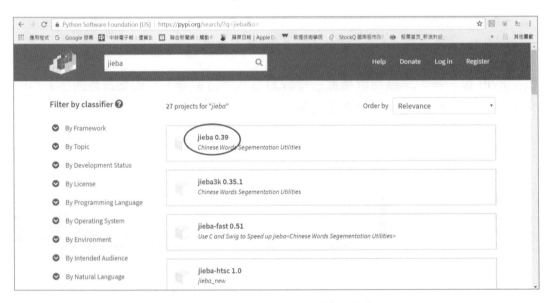

圖 0-6-4　PyPI 瀏覽搜尋結果畫面

在圖 0-6-4 中如果有感興趣的 Package，直接點選即可進入該 Package 的介紹畫面，例如點選 jieba 後，進入如圖 0-6-5 的軟體介紹畫面。

圖 0-6-5　PyPI 軟體介紹畫面

0-6-2　安裝 Python 第三方函式庫

安裝 Python 第三方函式庫建議使用 pip，此一程式在 Python 2（>=2.7.9 版本）或 Python 3（>=3.4 版本）安裝時就已經安裝完畢，可以直接使用。若無法使用，可以連上官網(https://pip.pypa.io/en/latest/installing/)下載 get-pip.py 後安裝。pip 安裝 Python 第三方函式庫的過程如下：

1. 進入 Anaconda Prompt

   從開始工具列的 Anaconda 程式群組下，點選「Anaconda Prompt」，進入 Anaconda Prompt 畫面（如圖 0-6-6 所示）。此外，有部分套件需要以系統管理員身分才能執行，此時需要用在開始工具列的 Anaconda 程式群組下，以滑鼠右鍵點選「Anaconda Prompt」，再將滑鼠游標滑至「更多」選項中選擇「以系統管理員身分執行」（如圖 0-6-7 所示）。

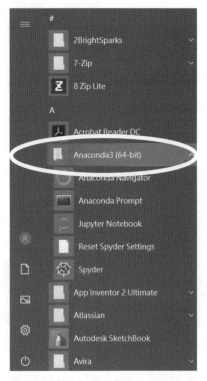

圖 0-6-6 操作進入 Anaconda Prompt 畫面

圖 0-6-7 以系統管理員身分執行進入 Anaconda Prompt 畫面

2. 在命令提示字元中輸入 pip install 'SomeProject'（圖 0-6-8 以 jieba 為例）

圖 0-6-8 Anaconda Prompt 輸入指令畫面

3. 若順利完成安裝，就會出現下列畫面（圖 0-6-9 以 jieba 為例）

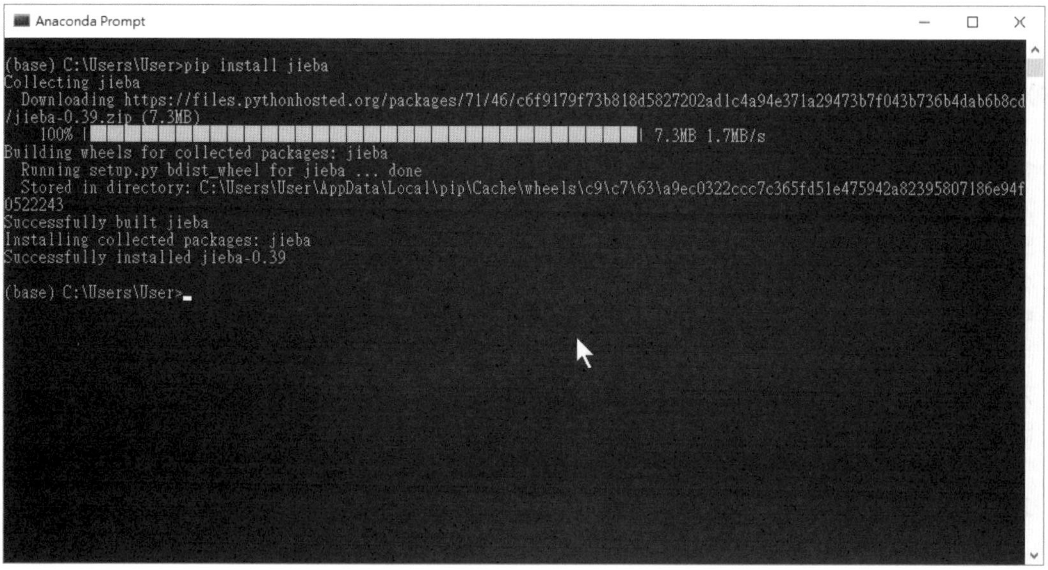

圖 0-6-9　完成安裝 jieba 函式庫畫面

0-6-3　Python 第三方函式庫應用-jieba

「結巴」是一個中文分詞第三方函式庫，用在中文自然語言處理(Natural Language Processing, NLP)，這是一種人工智慧的應用，可以幫助您做到分析文章的主題、分析文章內容和文章所得分數的關聯、分析作者的寫作習慣…等等。其處理步驟如下：

1. 取得文章：請留意著作權問題。例如由維基文庫下載西遊記第一回 (https://zh.wikisource.org/wiki/%E8%A5%BF%E9%81%8A%E8%A8%98/ %E7%AC%AC001%E5%9B%9E)。

2. 將文章內容切成一個一個字詞，並且記錄字詞出現次數：jieba 採用基於首碼詞典實現高效的詞圖掃描，產生句子中漢字所有可能成詞情況所構成的有向無環圖(DAG)，而後使用動態規劃演算法查找最大機率路徑，找出基於詞頻的最大切分組合。

3. 透過 tf-idf 方法來衡量每個字詞的重要性：tf(term frequency)就是字詞頻率，用(某字詞出現次數)/(所有字詞總和出現次數)來計算，計算某字詞在這文章出現的次數（次數高 = 重要性高；idf inverse document frequency）就是逆向檔案頻率，用(文章庫總文章數)/(某詞出現的文章數)來計算，idf 是透過預先讀完文章庫的文章來計算出來（出現在越多文章 = 重要性低），像「我」

這個字幾乎在每一篇文章都出現，它的 idf 就是 1，但「愛情」這個字，在少數文章才出現，idf 遠大於 1。一個字詞 tf * idf 越高，越可以代表這文章。

▶▶ 範例程式

```
1    #e0-6-1自然語言處理
2    #載入jieba與jieba.analyse。
3    import jieba
4    import jieba.analyse
5    # 把檔案的內容讀出來，請將文章存在目錄的article.txt中
6    f = open('article.txt','r',encoding = 'utf8')
7    article = f.read()
8    # 透過jieba內建的idf頻率庫，我們可以計算文章中最重要的字詞
9    tags = jieba.analyse.extract_tags(article, 10)
10   print("最重要字詞", tags)
```

▶▶ 程式說明

- 第 2-3 列載入 jieba 與 jieba.analyse 模組。

- 第 4-5 列把檔案的內容讀出來建立物件 article，請將文章存在目錄的 article.txt 中。

- 第 6-7 列透過 jieba 內建的 idf 頻率庫，我們可以計算文章中最重要的字詞並輸出。

▶▶ 輸出結果

```
最重要字詞 ['猴王', '一個', '祖師', '乃是', '神仙', '眾猴', '進去', '美猴王', '原來', '甚麼']
```

解釋重要字詞含意：從上面的最重要字詞，可以看出此文章是敘述猴王遇到一個祖師的故事。

Chapter

1

資料處理能力

資料處理能力

在開放資料(Open data)風行的今天,就算資訊是詳細的透過電子、機器可讀的格式提供出來,但是在檔案本身的格式上面可能還是會遇到一些問題。開放文件格式的好處在於他們讓開發者能夠利用這些格式開發多類型的套裝軟體與服務。如此一來,就能夠減少資料重複使用上的困難。

使用封閉規格的私有檔案格式,可能會造成對第三方軟體或檔案格式授權持有者的依賴。最糟糕的情形下,這可能代表著我們的資訊需要特定的軟體才能讀取,這些軟體不是過份地昂貴,就是可能會過期,不再支援。

在國際上推動開放資料不遺餘力的 Open Data Handbook(http://opendatahandbook.org/guide/zh_TW/appendices/file-formats/)建議儘量採用下列開放檔案格式:

- JSON
- XML
- 試算表
- CSV 逗點分隔檔案
- 文書文件(Word、ODF、OOXML、PDF 格式)
- 純文字檔(txt)

本章將介紹 Python 存取 PDF、純文字檔(txt)、CSV、JSON、XML 等開放檔案格式,與簡單的資料庫管理 SQLlite。

1-1 PDF 文件之轉換

Python 處理 PDF 的套件非常多,本節將介紹最常用的 pdfkit、PyPDF2、pdfminer。

1-1-1 pdfkit

這是一個在 Python 中將 HTML 轉成 PDF 的套件,使用前,要先安裝wkhtmltopdf,以 Windows 環境為例,需先進入 https://wkhtmltopdf.org/downloads.html 如下圖。

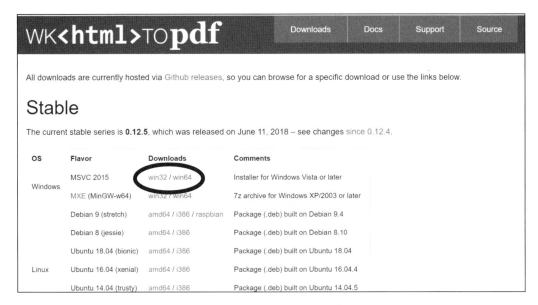

圖 1-1-1　wkhtmltopdf 下載頁面

在此配合本機系統類型下載適當版本後，進行安裝，在版權頁點選「I Agree」按鈕表示同意後，進入圖 1-1-2 設定安裝資料夾頁面，請務必記錄此資料夾，後續程式中需要用到。

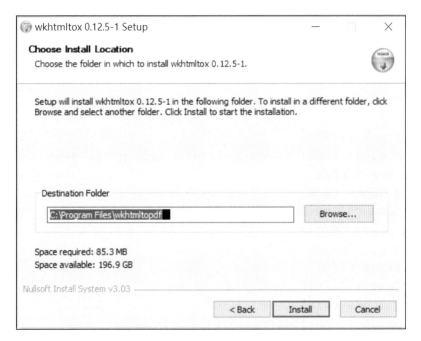

圖 1-1-2　wkhtmltopdf 設定安裝資料夾

其基本操作如下範例所示：

▶▶ 範例程式 **E1-1-1-1.py**

```
1   import pdfkit
2   config = pdfkit.configuration(wkhtmltopdf=r"C:\Program
    Files\wkhtmltopdf\bin\wkhtmltopdf.exe")
3   pdfkit.from_url("https://www.csf.org.tw/main/index.asp",  "
    E1-1-1-1-out0.pdf",configuration=config)
4   pdfkit.from_string('Hello World!', '
    E1-1-1-1-out1.pdf',configuration=config)
5   pdfkit.from_file("電腦技能基金會.html", '
    E1-1-1-1-out2.pdf',configuration=config)
```

▶▶ 範例程式說明

- 1 行 import 所需套件。

- 2 行指定 wkhtmltopdf.exe 的安裝路徑。

- 3 行從網路抓取網頁轉換成 PDF。

- 4 行字串轉換成 PDF。

- 5 行本地 Html 轉換成 PDF。

▶▶ 輸出結果

```
Loading pages (1/6)
libpng warning: iCCP: known incorrect sRGB profile==>    ] 85%
Counting pages (2/6)
Resolving links (4/6)
Loading headers and footers (5/6)
Printing pages (6/6)
Done
Loading pages (1/6)
Counting pages (2/6)
Resolving links (4/6)
Loading headers and footers (5/6)
Printing pages (6/6)
Done
最後產生E1-1-1-1-out0.pdf、E1-1-1-1-out1.pdf、E1-1-1-1-out2.pdf
```

1-1-2　PyPDF2

PyPDF2 是一個輕鬆處理 PDF 檔的套件，提供了讀取、分割、合併、檔案轉換等多種操作。

PdfFileReader 用來初始化一個 PdfFileReader 物件，如下範例所示：

▶▶ 範例程式 **E1-1-2-1.py**

```
1   from PyPDF2 import PdfFileReader, PdfFileWriter
2   readFile = ' E1-1-2-1-input.pdf'
3   pdfFileReader = PdfFileReader(readFile)  # 或者這個方式：
    pdfFileReader = PdfFileReader(open(readFile, 'rb'))
4   documentInfo = pdfFileReader.getDocumentInfo()
5   print('documentInfo = %s' % documentInfo)
6   pageLayout = pdfFileReader.getPageLayout()
7   print('pageLayout = %s ' % pageLayout)
8   pageMode = pdfFileReader.getPageMode()
9   print('pageMode = %s' % pageMode)
10  xmpMetadata = pdfFileReader.getXmpMetadata()
11  print('xmpMetadata  = %s ' % xmpMetadata)
12  pageCount = pdfFileReader.getNumPages()
13  print('pageCount = %s' % pageCount)
14  for index in range(0, pageCount):
15      pageObj = pdfFileReader.getPage(index)
16      print('index = %d , pageObj = %s' % (index, type(pageObj)))
    # <class 'PyPDF2.pdf.PageObject'>
17      pageNumber = pdfFileReader.getPageNumber(pageObj)
18      print('pageNumber = %s ' % pageNumber)
```

▶▶ 範例程式說明

- 1 行 import 所需套件。

- 2-3 行設定讀取 PDF 檔案，獲取 PdfFileReader 物件。其中'E1-1-2-1-input.pdf' 為行政院環境保護署及地方政府公告 118 條河川「水區、體分類」摘要彙總表。

- 4-5 行獲取與列印 PDF 檔的檔案資訊。

- 6-7 行獲取與列印頁面配置。

- 8-9 行獲取與列印頁模式。

- 10-11 行從 PDF 檔案根目錄中檢索 XMP 資料。

- 12-13 行獲取 PDF 檔頁數。

- 14-18 行返回指定頁編號的 pageObject 並獲取 pageObject 在 PDF 檔案中處於的頁碼。

▶▶ 輸出結果

```
documentInfo = {'/Author': '林欣穎', '/Creator': 'Microsoft® Word
2013', '/CreationDate': "D:20170410143934+08'00'", '/ModDate':
"D:20170410143934+08'00'", '/Producer': 'Microsoft® Word 2013'}
pageLayout = None
pageMode = None
xmpMetadata  = None
pageCount = 30
index = 0 , pageObj = <class 'PyPDF2.pdf.PageObject'>
pageNumber = 0
index = 1 , pageObj = <class 'PyPDF2.pdf.PageObject'>
pageNumber = 1
index = 2 , pageObj = <class 'PyPDF2.pdf.PageObject'>
pageNumber = 2
index = 3 , pageObj = <class 'PyPDF2.pdf.PageObject'>
pageNumber = 3
…略(本PDF檔案共30頁)
```

PdfFileWriter 可以寫入 PDF 檔,如下範例所示:

▶▶ 範例程式 **E1-1-2-2.py**

```
1   from PyPDF2 import PdfFileReader, PdfFileWriter
2   readFile = 'E1-1-2-2-input.pdf'
3   pdfFileReader = PdfFileReader(readFile,strict=False)  # 或者這
    個方式:pdfFileReader = PdfFileReader(open(readFile, 'rb'))
4   outFile = 'E1-1-2-2-output.pdf'
5   pdfFileWriter = PdfFileWriter()
6   numPages = pdfFileReader.getNumPages()
7   for index in range(0, numPages):
8       pageObj = pdfFileReader.getPage(index)
9       pdfFileWriter.addPage(pageObj)
10      pdfFileWriter.write(open(outFile, 'wb'))
11  pdfFileWriter.addBlankPage()
12  pdfFileWriter.write(open(outFile,'wb'))
```

▶▶ 範例程式說明

- 1 行 import 所需套件。

- 2-3 行設定讀取 PDF 檔案，獲取 PdfFileReader 物件，此處增加宣告 strict=False 是因所讀取 PDF 混用了不同的編碼方式，因此直接讀取會發生 error 而無法執行，宣告此一參數將使 error 改為 warning 方式出現，使程式仍能繼續。其中 'E1-1-2-2-input.pdf'為國人全民健康保險就醫疾病資訊。

- 4-5 行設定輸出檔案，並獲取 pdfFileWriter 物件。

- 6 行取得讀取檔案的頁數。

- 7-10 行逐頁讀取，並根據每頁返回的 PageObject，寫入到文件。

- 11-12 行在檔案的最後一頁寫入一個空白頁，保存至檔案中。

▶▶ 輸出結果

```
PdfReadWarning: Illegal character in Name Object [generic.py:489]
並得到一個增加一個空白頁的E1-1-2-2-output.pdf
```

PdfFileWriter 可以分割寫入 PDF 檔，如下範例所示：

▶▶ 範例程式 **E1-1-2-3.py**

```
1   from PyPDF2 import PdfFileReader, PdfFileWriter
2   readFile = 'E1-1-2-2-input.pdf'
3   pdfFileReader = PdfFileReader(readFile,strict=False)  # 或者這
    個方式：pdfFileReader = PdfFileReader(open(readFile, 'rb'))
4   outFile = 'E1-1-2-3-output.pdf'
5   pdfFileWriter = PdfFileWriter()
6   numPages = pdfFileReader.getNumPages()
7   if numPages > 3:
8       for index in range(3, numPages):
9           pageObj = pdfFileReader.getPage(index)
10          pdfFileWriter.addPage(pageObj)
11          pdfFileWriter.write(open(outFile, 'wb'))
```

▶▶ 範例程式說明

● 1 行 import 所需套件。

● 2-3 行設定讀取 PDF 檔案,獲取 PdfFileReader 物件,此處增加宣告 strict=False 是因所讀取 PDF 混用了不同的編碼方式,因此直接讀取會發生 error 而無法執行,宣告此一參數將使 error 改為 warning 方式出現,使程式仍能繼續。其中 'E1-1-2-2-input.pdf' 為國人全民健康保險就醫疾病資訊。

● 4-5 行設定輸出檔案,並獲取 pdfFileWriter 物件。

● 6 行取得讀取檔案的頁數。

● 7-11 行從第 3 頁之後的頁面,輸出到一個新的檔案中,即分割檔案。添加完每頁,再一起保存至檔案中。

▶▶ 輸出結果

```
PdfReadWarning: Illegal character in Name Object [generic.py:489]
並得到一個增加一個空白頁的E1-1-2-3-output.pdf
```

也可以利用 PdfFileWriter 合併幾個 PDF 檔,如下範例所示:

▶▶ 範例程式 **E1-1-2-4.py**

```
1   import PyPDF2
2   pdfFiles = ["E1-1-1-1-out0.pdf","E1-1-1-1-out1.pdf",
    "E1-1-1-1-out2.pdf"]
3   pdfWriter = PyPDF2.PdfFileWriter()
4   pdfOutput = open(' E1-1-2-4-comb.pdf','wb')
5   for fileName in pdfFiles:
6       pdfReader = PyPDF2.PdfFileReader(open(fileName,'rb'))
7       for pageNum in range(pdfReader.numPages):
8       print(pdfReader.getPage(pageNum))
9       pdfWriter.addPage(pdfReader.getPage(pageNum))
10  pdfWriter.write(pdfOutput)
11  pdfOutput.close()
```

▶▶ 範例程式說明

● 1 行 import 所需套件。

● 2 行設定需要合併的 PDF 檔案，本題以 E1-1-1-1.py 所產生的"E1-1-1-1-out0. pdf"、"E1-1-1-1-out1.pdf"、"E1-1-1-1-out2.pdf"來舉例。

● 3 行獲取 pdfWriter 物件。

● 讀取 PDF 檔案，獲取 PdfFileReader 物件，此處增加宣告 strict=False 是因所讀取 PDF 混用了不同的編碼方式，因此直接讀取會發生 error 而無法執行，宣告此一參數將使 error 改為 warning 方式出現，使程式仍能繼續。其中 'E1-1-2-2-input.pdf'為國人全民健康保險就醫疾病資訊。

● 4-5 行設定輸出檔案，並獲取 pdfFileWriter 物件。

● 6 行取得讀取檔案的頁數。

● 7-10 行逐頁讀取，並根據每頁返回的 PageObject，寫入到文件。

● 11-12 行在檔案的最後一頁寫入一個空白頁，保存至檔案中。

▶▶ 輸出結果

```
{'/Type': '/Page', '/Parent': IndirectObject(2, 0), '/Contents':
IndirectObject(190, 0), '/Resources': IndirectObject(192, 0),
'/Annots': IndirectObject(193, 0), '/MediaBox': [0, 0, 595, 842]}
{'/Type': '/Page', '/Parent': IndirectObject(2, 0), '/Contents':
IndirectObject(8, 0), '/Resources': IndirectObject(10, 0),
'/Annots': IndirectObject(11, 0), '/MediaBox': [0, 0, 595, 842]}
{'/Type': '/Page', '/Parent': IndirectObject(2, 0), '/Contents':
IndirectObject(160, 0), '/Resources': IndirectObject(162, 0),
'/Annots': IndirectObject(163, 0), '/MediaBox': [0, 0, 595, 842]}
並得到一個合併3個PDF的E1-1-2-4-comb.pdf
```

1-1-3　pdfminer

PDFMiner 是一個可以從 PDF 檔案中提取資訊的工具，注重的是獲取和分析文字資料，允許獲取某一頁中文字的準確位置和一些諸如字體、行數的資訊。包括可以把 PDF 檔轉換成 HTML 等格式（但不能直接看）的 PDF 轉換器、可以用於除文字分析以外其他用途的 PDFParser（檔案分析器）、PDFDocument（檔案物件）、PDFResourceManager（資源管理器）、PDFPageInterpreter（解譯器）、PDFPageAggregator（聚合器）與 LAParams（參數分析器）。轉換的整體思維是先建構檔案物件，接著利用 PDFParser 解析檔案物件，然後提取所需內容。如下範例所示：

▶▶ 範例程式 **E1-1-3-1.py**

```
1    from pdfminer.pdfparser import PDFParser, PDFDocument
2    from pdfminer.pdfinterp import PDFResourceManager,
     PDFPageInterpreter
3    from pdfminer.layout import LAParams
4    from pdfminer.converter import PDFPageAggregator
5    from pdfminer.pdfinterp import PDFTextExtractionNotAllowed
6    def parse():
7        fn = open('E1-1-2-2-input.pdf','rb')
8        parser = PDFParser(fn)
9        doc = PDFDocument()
10       parser.set_document(doc)
11       doc.set_parser(parser)
12       doc.initialize("")
13       if not doc.is_extractable:
14           raise PDFTextExtractionNotAllowed
15       else:
16           resource = PDFResourceManager()
17           laparams = LAParams()
18           device = PDFPageAggregator(resource,laparams=laparams)
19           interpreter = PDFPageInterpreter(resource,device)
20           for page in doc.get_pages():
21               interpreter.process_page(page)
22               layout = device.get_result()
23               for out in layout:
24                   if hasattr(out,"get_text"):
25                       with open('E1-1-3-1-output.txt','a') as f:
26                           f.write(out.get_text()+'\n')
27   if __name__ == '__main__':
28       parse()
```

▶▶ 範例程式說明

- 1-5 行 import 所需套件。

- 6 行開始解析與獲取所需資訊。

- 7 行設定輸入的'E1-1-2-2-input.pdf'，'rb'參數表示以二進位元讀取模式打開本機 PDF 檔案，此為衛福部的國人全民健康保險就醫疾病資訊。

- 8 行創建一個 PDF 檔案分析器。

- 9 行創建一個 PDF 檔案。

- 10-11 行連接分析器與檔案物件。

- 12 行提供初始化密碼，如果沒有密碼就創建一個空的字串。

- 13-15 行檢測檔案是否提供 txt 轉換，不提供就忽略，執行 15 行以後程式。

- 16 行創建 PDF 資源管理器。

- 17 行創建一個 PDF 參數分析器。

- 18 行創建聚合器，用於讀取檔案的物件。

- 19 行創建解譯器，對檔案編碼，解釋成 Python 能夠識別的格式。

- 20 行的 doc.get_pages()獲取 page 列表，然後用迴圈遍歷清單，每次處理一頁的內容。

- 21 行利用解譯器的 process_page()方法解析讀取單獨頁數。

- 22 行使用聚合器的 get_result()方法獲取內容。

- 23 行的 layout 是一個 LTPage 物件，裡面存放著這個 page 解析出的各種物件，利用迴圈來遍歷。

- 24-26 行判斷是否含有 get_text()方法，獲取我們想要的文字，然後採用附加方式寫入'E1-1-3-1-output.txt'。

- 27-28 行呼叫 parse()。

▶▶ 輸出結果

```
2016年全民健康保險醫療費用前二十大疾病

單位：千人、百萬點、點、%

疾病代碼列表群組

排名
1
腎衰竭
2
口腔、唾液腺和頷(顎)骨疾病
3
糖尿病
```

```
4
急性上呼吸道感染(症)
5
高血壓性疾病
...略
```

1-1-4　txt 檔案讀取

Python 有關檔案類別的定義在內置模組中,可直接使用內置函式完成檔案的操作。

A. 打開文件

使用 open 函式打開一個檔案,回傳一個檔案物件,函式格式為

```
open(file,mode = 'r',…)
```

參數 file 表示打開檔案的檔案名,參數 mode 表示打開檔案的方式,可用的控制字元如表 1-1-1 所示。

表 1-1-1　檔案打開方式控制字元表

mode	解釋
r	以唯讀方式打開
w	以寫入方式開檔,當這個檔案存在時,覆蓋原來的內容;當這個檔案不存在時,建立這個檔案
x	建立一個新檔案,以寫入方式開檔,當檔案已存在,回報錯誤 FileExistsError
a	以寫入方式開檔,寫入內容追加在檔案的末尾
b	表示二進位檔案,添加在其他控制字元後
t	表示文字檔案,預設值
+	以修改方式打開,支援讀寫

mode 預設為 r 表示唯讀,w/x/a 則表示可以寫入,b/t/+ 是修飾符號,添加在 r/w/x/a 之後,例如:rb 表示以唯讀方式打開一個二進位檔案;r+ 表示以修改方式打開一個文字檔案;rb+ 表示以修改方式打開一個二進位檔案。

例如建立一個在 C 槽 sample 目錄下的 test.txt 檔案,回傳由程式師命名的使用者識別項檔案物件 f,之後就可以使用 f 呼叫方法操作檔案。

```
f = open ("c:\\sample\test.txt","w" )
```

其中第一個參數是檔案名稱,其中路徑的分隔符號\需要轉義,用兩個\\表示。如在當前程式目錄下打開,只需寫"test.txt"。第二個參數是開檔模式 mode,上面例子中是以寫入方式打開文字檔,如果檔案不存在,則自動建立檔案。

B. 關閉檔案

檔案操作完畢關閉檔案,可釋放分配給檔案的系統資源,供其他檔案使用。可以呼叫檔案物件的 close 方法來關閉檔案,呼叫格式為

```
<檔案物件>.close()
```

例如,打開一個檔案的檔案物件為 f,使用結束後關閉檔案。

```
f.close()
```

▶▶ 範例程式 **E1-1-4-1.ipynb**

開啓檔案與定位

In[1]	f = open('test.txt', 'w+')
	f.write('0123456789abcdef')
	f.seek(5) #定位到文件的第 6 個位元組
	print(f.read(1))
	f.seek(0) #定位到檔案的開始
	print(f.read(1))

Out[1]	5 0

▶▶ 範例程式 **E1-1-4-2.ipynb**

一列整數資料讀入

data1.txt 中存放一列整數資料,將其讀到一個串列 Ll 中。

| In[1] | ```
f=open ("data1.txt")
a= f.read()
print(a)
``` |
|---|---|
| Out[1] | 34 78 47 787 84 25 69 25 58 67 52 77 12 67 325 33 |
| In[2] | ```
L1= a.split( )
print(L1)
``` |
| Out[2] | ['34', '78', '47', '787', '84', '25', '69', '25', '58', '67', '52', '77', '12', '67', '325', '33'] |
| In[3] | ```
f.seek(0)
a = f.readlines( )
print(a)
``` |
| Out[3] | ['34 78 47 787 84 25 69 25 58 67 52 77 12 67 325 33'] |
| In[4] | ```
L1 = a[0].split()
print(L1)
f.close( )
``` |
| Out[4] | ['34', '78', '47', '787', '84', '25', '69', '25', '58', '67', '52', '77', '12', '67', '325', '33'] |
| In[5] | ```
for i in range(0,len(L1)):
    L1[ i] =int(L1[i])
print(L1)
``` |
| Out[5] | [34, 78, 47, 787, 84, 25, 69, 25, 58, 67, 52, 77, 12, 67, 325, 33] |

▶▶ 範例程式說明

- In[1]中以唯讀方式方式打開 data1.txt，使用 read 函式讀入全部內容，回傳一個字串物件保存在 a 中。

- In[2]中通過字串物件的 split 方法，按空格分離資料，得到一個串列，串列元素為字串物件。

- In[3]中將檔案讀寫位置回傳到檔案開始，再次使用 readline 方法讀一列，回傳一個字串物件，保存在 a 中，如果要得到 L1 列表，方法與上同，呼叫字串物件 a 的 split 方法即可。將檔案讀寫位置再次回傳到檔案開始。
```

- In[4]中使用 readlines 方法按行讀取檔案，回傳一個串列，一列的字串是串列中的一個元素。將串列 a 的第一個元素按空格分離到串列 L1 中。

- In[5]將 L1 串列的中的字串物件，遍歷並處理為整數物件。

▶▶ 範例程式 E1-1-4-3.ipynb

一行整數資料讀入

data2.txt 中存放與 datal.txt 相同的整數資料，但以一行的方式存放，將其讀到一個串列 L2 中。

In[1]	```f= open("data2.txt")\na= f.read()\nprint(a)```
Out[1]	34 78 47 787 84 25 69 25 58 67 52 77 12 67 325 33
In[2]	```L2 = a.splitlines(),\nprint(L2)```
Out[2]	(['34', '78', '47', '787', '84', '25', '69', '25', '58', '67', '52', '77', '12', '67', '325', '33'],)
In[3]	```f= open("data2.txt", "r+")\nL3 = f.readlines()\nprint(L3)\nf.close( )```

Out[3]	['34\n', '78\n', '47\n', '787\n', '84\n', '25\n', '69\n', '25\n', '58\n', '67\n', '52\n', '77\n', '12\n', '67\n', '325\n', '33']

▶▶ 範例程式說明

- In[1]使用 read 函式讀入全部內容，回傳一個字串物件保存在 a 中。

- In[1]通過字串物件的 splitlines 方法，按空格分離資料，得到一個串列，串列元素為字串物件。

- In[3]使用 readlines 方法按列讀取檔案，回傳一個串列，一列的字串是串列中的一個元素。

▶▶ 範例程式 **E1-1-4-4.ipynb**

多列多行整數資料讀入

data3.txt 中存放這 5 列 10 行整數資料，將其讀到串列 L3 中。以唯讀方式打開 data3.txt。

In[1]	``````python
	f = open("data3.txt")
	a= f.read()
	print(a)
	``

Out[1]	67969 19151073 81518258396 15345010910744337 1140136242 20623637899380213142894 169 57220168730 53 51958 247891 72793444151894 942587389799

In[2]	``````python
	L3= a.split()
	print(L3)
	f.close( )
	``

Out[2]	['679', '69', '191', '510', '73', '815', '182', '583', '96', '153', '450', '109', '107', '443', '371', '140', '136', '242', '206', '236', '378', '993', '802', '131', '428', '94', '169', '572', '201', '687', '30', '53', '519', '58', '247', '891', '727', '934', '441', '518', '94', '942', '587', '389', '799']

In[3]	``````python
	L4 = list(open("data3.txt"))
	print(L4)
	``

Out[3]	['679\t69\t191\t510\t73\t815\t182\t583\t96\n', '153\t450\t109\t107\t443\t371\t140\t136\t242\n', '206\t236\t378\t993\t802\t131\t428\t94\t169\n', '572\t201\t687\t30\t53\t519\t58\t247\t891\n', '727\t934\t441\t518\t94\t942\t587\t389\t799\n']

In[4]	```
	L5= []
	for i in L4:
	    L5.extend(i.split( ))
	print(L5)
	``

Out[4]	['679', '69', '191', '510', '73', '815', '182', '583', '96', '153', '450', '109', '107', '443', '371', '140', '136', '242', '206', '236', '378', '993', '802', '131', '428', '94', '169', '572', '201', '687', '30', '53', '519', '58', '247', '891', '727', '934', '441', '518', '94', '942', '587', '389', '799']

In[5]	```
	for i in range(0 ,len(L5)):
	L5[i] =int(L5[i])
	print(L5)
	``

Out[5]	[679, 69, 191, 510, 73, 815, 182, 583, 96, 153, 450, 109, 107, 443, 371, 140, 136, 242, 206, 236, 378, 993, 802, 131, 428, 94, 169, 572, 201, 687, 30, 53, 519, 58, 247, 891, 727, 934, 441, 518, 94, 942, 587, 389, 799]

▶▶ 範例程式說明

- In[1]使用 read 函式讀入全部內容，回傳一個字串物件保存在 a 中，其中'\t'表示定位停駐點，即一個 Tab 鍵。

- In[2]split 方法預設按空白鍵、Tab 鍵、Enter 鍵間隔分離資料。對於多行多列，使用 readline 和 readlines 方法都需要逐行進行處理，沒有 read 方法來得方便。

- In[3]針對不同的資料組織方式，可選用不同的方法讀入資料，此外，對於只需讀入資料的場合，Python 還提供了快速串列存取方式。

  <列表>= list(open(filename,mode))

  將一個檔中的資料讀入一個串列，一行一個元素，讀入的資料類型是字串物件。不用檔案的打開和關閉操作，例如操作 data3.txt 檔，得到列表 L4。

- In[4]對串列元素逐個執行分離操作，將分離的結果追加到 L5 列表。

- In[5]最後逐個對串列 L5 的元素做類型轉換。

▶▶ 範例程式 **E1-1-4-5.py**

分析班級電腦課程期末考試情況，統計各個級別的人數。考試成績按一行儲存在文字檔案 score.txt 中，級別分類：90 分以上、89-80 分、79-70 分、69-60 分、59-40 分、39 分以下。

演算法設計如下：

- 1.讀入檔案資料到串列 L。
- 1.1 以唯讀方式打開檔案 score.txt。
- 1.2 使用 read 方法讀入資料得到一個字串物件 a。
- 1.3 使用 split 方法分離資料得到串列 L，串列中的資料為整數字串。
- 1.4 遍歷串列 L 將字串物件轉換為整數。
- 2.分類統計各級別人數到列表 c。
- 2.1 列表 c 初始化置 0。
- 2.2 迴圈反覆運算遍歷 L 中的每一個元素 x。
- 如果 x>=90，則 c[0]增 1。
- 否則如果 x>=80，則 c[1]增 1。
- 否則如果 x>=70，則 c[2]增 1。
- 否則如果 x>=60，則 c[3]增 1。
- 否則如果 x>=40，則 c[4]增 1。
- 否則 c[5]增 1。
- 3.輸出各級別統計結果。

```
1    #分類統計成績
2    f= open("score.txt")
3    a = f.read()
4    L = a.split( )
5    for i in range(0,len(L)) :
6        L[ i] = int(L[ i])
7    #分類統計各級別人數到列表  c
8    c=  [0,0,0,0,0,0]
9    for x in L:
10       if x >= 90:
11           c[0] += 1
12       elif  x >= 80:
13           c[1] += 1
14       elif  x >= 70:
15           c[2] += 1
```

```
16      elif  x >= 60:
17          c[3] += 1
18      elif  x >= 40:
19          c[4] += 1
20      else:
21          c[5] += 1
22  #輸出各級別統計結果
23  print("90 分以上%d 人"%c[0],end = ',')
24  print("89-80 分%d 人"%c[1],end =  ',')
25  print( "79-70 分%d 人"%c[2],end = ',')
26  print("69-60 分%d 人"%c[3],end = ',')
27  print("59-40 分%d 人"%c[4],end = ',')
28  print("39 分以下%d 人"%c[5],end =  '\n')
```

▶▶ 範例程式說明

- 第 2-6 行讀入資料，由於資料檔案中只有一行檔案故選擇 read 方法來完成讀入操作，接著用空格隔開，將讀入資料轉入串行 L。

- 第 8-21 行先選用串行 c 作為計數變數串行，計數前先設初值為 0。接著分類統計完成 6 個級別的計數，每個串行元素對應一個級別。

- 第 23-28 行分別輸出每個級別人數。

▶▶ 輸出結果

```
90 分以上15 人,89-80 分22 人,79-70 分9 人,69-60 分8 人,59-40 分4 人
,40 分以下5 人
```

1-1-5　txt 檔案寫入

文字檔讀取與寫入：台積電存股規劃

根據目前的規定，每筆成交（買或賣均同）券商可收成交金額之千分之 1.425 為手續費，小數點以下無條件捨去，不足 20 元以 20 元計，因此若要對台積電每天買進零股進行存股，需要買到最低股數否則將因為手續費而提高交易成本。計算如下：

▶▶ 範例程式 **E1-1-5-1.py**

```
1   #文字檔讀取與寫入：台積電存股規劃
2   import math
3   with open('data5.txt', 'r') as fin:
4       with open('data5_w.txt', 'w') as fout:
5        for line in fin:
6       data=math.ceil(20/(float(line)*0.001425))
7        print('每股價格:%5.2f, 每日需購股數:%5.0f' %(float(line),
    data))
8        fout.write(str(data)+'\n')
```

運算思維從 data5.txt 讀取 2017/7/3 到 2017/7/7 共 5 日台積電每股股票收盤價格，每股交易手續費為收盤價*1.425/1000，但由於手續費不足 20 元以 20 元計，故可計算每日需購股數，並寫回另一個文字檔(data5_w.txt)。

▶▶ 範例程式說明

- 2 行載入需要使用的 math 函式庫。

- 3-4 行使用兩個 with as 分開用以讀取(r)與寫入(w)檔案，檔案物件別名分別為 fin 與 fout。

- 5 行迴圈進入迭代讀取資料。

- 6 行將迭代取出的資料 line 轉成浮點數乘上 0.001425 得到每股應付手續費，用 20/每股應付手續費後無條件進整即可得每日需購股數。（所購股數低於此數會因為仍需付 20 元手續費而拉高取得交易成本）

- 7 行以整數格式化輸出 line 與 data，line 的資料型別預設為字串，格式化前先轉成浮點數。

- 8 行將 data 資料寫入 fout 指向的檔案。

▶▶ 輸出結果

```
每股價格:209.00, 每日需購股數:    68
每股價格:207.00, 每日需購股數:    68
每股價格:208.50, 每日需購股數:    68
每股價格:207.50, 每日需購股數:    68
每股價格:206.00, 每日需購股數:    69
```

1-2　CSV 讀取與寫入

1-2-1　csv 套件常用方法

csv 檔案格式是以逗號隔開欄位資料(comma separated value，CSV)的文字檔格式，是資料庫與 excel 檔案之間資料匯入匯出最常用的檔案格式。csv 模組可以實現對 csv 檔案的存取，但目前已不限用逗號隔開，可依欄位分隔字元(delimiter)與識別資料內容的引號(quoting)讀寫 csv 檔。常用的 csv 套件常用的方法見表 1-2-1。

表 1-2-1　csv 套件常用的方法

方法	功能說明
csv.reader(csvfile, dialect ='excel', **fmtparams)	從 csvfile 讀取的每行都作為字串串列回傳給一個可迭代的閱讀器物件，dialect 參數可用來定義採用其他分隔符號的方言，預設為 excel。
csv.writer(csvfile, dialect ='excel', **fmtparams)	傳回一個寫入器物件，dialect 參數用法同上。
next()	取出閱讀器物件內下一列元素。
writerow(row)	將 row 參數傳給寫入器物件，寫入 csv 檔案。

▶▶ 範例程式 **E1-2-1-1.ipynb**

標準庫中有自帶的 csv（逗號分隔值）模組處理 csv 格式的檔案：

In[1]	import csv

讀 csv 文件

假設我們有這樣的一個檔案：

In[2]	%%file data.csv "alpha 1",　100, -1.443 "beat　3",　　12, -0.0934 "gamma 3a", 192, -0.6621 "delta 2a",　15, -4.515
Out[2]	Writing data.csv

打開這個檔案,並產生一個檔 reader:

| In[3] | ```python
fp = open("data.csv")
r = csv.reader(fp)
``` |

可以按行反覆運算資料:

| In[4] | ```python
for row in r:
    print(row)

fp.close()
``` |
| Out[4] | ```
['alpha 1', '  100', ' -1.443']
['beat  3', '   12', ' -0.0934']
['gamma 3a', ' 192', ' -0.6621']
['delta 2a', '  15', ' -4.515']
``` |

預設資料內容都被當作字串處理,不過可以自己進行處理:

| In[5] | ```python
data = []
with open('data.csv') as fp:
    r = csv.reader(fp)
    for row in r:
        data.append([row[0], int(row[1]),
float(row[2])])
data
``` |
| Out[5] | ```
[['alpha 1', 100, -1.443],
 ['beat  3', 12, -0.0934],
 ['gamma 3a', 192, -0.6621],
 ['delta 2a', 15, -4.515]]
``` |
| In[6] | ```python
import os
os.remove('data.csv')
``` |

寫 csv 文件

可以使用 csv.writer 寫入檔,不過相應地,傳入的應該是以寫方式打開的檔,不過一般要用'wb'即二進位元寫入方式,防止出現換行不正確的問題:

| In[7] | ```python
data = [('one', 1, 1.5), ('two', 2, 8.0)]
with open('out.csv', 'w') as fp:
    w = csv.writer(fp)
    w.writerows(data)
``` |
```

顯示結果：

In[8]	`!type out.csv`
Out[8]	one,1,1.5 two,2,8.0

更換分隔符號

預設情況下，csv 模組預設 csv 檔都是由 excel 產生的，實際中可能會遇到這樣的問題：

In[9]	```data = [('one, \"real\" string', 1, 1.5), ('two', 2, 8.0)]```

	```with open('out.csv', 'w') as fp:```
	    ```w = csv.writer(fp)```
	    ```w.writerows(data)```

In[10]	`!type out.csv`
Out[10]	"one, ""real"" string",1,1.5 two,2,8.0

可修改分隔符號來處理這組資料：

In[11]	```data = [('one, \"real\" string', 1, 1.5), ('two', 2, 8.0)]```

	```with open('out.psv', 'w') as fp:```
	    ```w = csv.writer(fp, delimiter="|")```
	    ```w.writerows(data)```

In[12]	`!type out.csv`
Out[12]	"one, ""real"" string"|1|1.5 two|2|8.0

In[13]	```import os```
	```os.remove('out.psv')```
	```os.remove('out.csv')```

1-2-2　csv 讀取

csv 檔的讀取，只要呼叫 csv 模組的 reader 方法即可達成，如下範例所示：

▶▶ 範例程式 **E1-2-2-1.py**

```
1   """
2   'E1-2-2-1-input.csv'為新北市公共自行車即時資訊
    主要欄位說明： sno：站點代號、sna：場站名稱(中文)、tot：場站總停車格
    、sbi：場站目前車輛數量、sarea：場站區域(中文)、mday：資料更新時間
    、lat：緯度、lng：經度、ar：地址(中文)、sareaen：場站區域(英文)、snaen
    ：場站名稱(英文)、aren：地址(英文)、bemp：空位數量、act：全站禁用狀
    態
3   """
4   import csv
5   with open('E1-2-2-1-input.csv','r',encoding = 'utf8') as
    csvfile:
6       plots = csv.reader(csvfile, delimiter=',')
7       for row in plots:
8     print(row[0]+" "+row[1]+" "+row[3]+" "+row[5]+" "+row[12])
```

▶▶ 範例程式說明

- 1-3 行為說明訊息，說明'E1-2-2-1-input.csv'為新北市公共自行車即時資訊及其主要欄位。本檔案是由 http://data.ntpc.gov.tw/od/zipfiledl?oid=54DDDC93-589C-4858-9C95-18B2046CC1FC&ft=zip 取得，需要解壓縮才能取得 csv 檔案。

- 4 行 import 所需套件。

- 5 行以唯讀方式開啟'E1-2-2-1-input.csv'，編碼方式為'utf8',並設定為 csvfile 物件。

- 6 行呼叫 csv 模組的 reader 方法讀取 csvfile 物件，間隔符號為逗號，讀取內容設定給 plots 物件（此為串列物件）。

- 7-8 行針對 plots 物件中的每個欄位(row)，列印欄位 0（no：站點代號）、欄位 1（sna：場站名稱(中文)）、欄位 3（sbi：場站目前車輛數量）、欄位 5（sbi：場站目前車輛數量）、欄位 12（bemp：空位數量）。

▶▶ 輸出結果

```
1001 人鵬華城 16 20180704221320 22
1002 汐止火車站 20 20180704221320 36
1003 汐止區公所 12 20180704221323 33
1004 國泰綜合醫院 34 20180704221327 22
1005 裕隆公園 23 20180704221319 17
1006 捷運大坪林站(3號出口) 2 20180704221222 30
1007 汐科火車站(北) 31 20180704221317 3
1008 興華公園 12 20180704221341 28
...略
```

▶▶ 範例程式 **E1-2-2-2.py**

```
1    """
2    全國環境輻射偵測即時資訊
     主要欄位說明： 監測站,監測站(英文),監測值(微西弗/時),時間,GPS經度
     ,GPS緯度
3    """
4    import csv
5    with open('E1-2-2-2-input.csv','r',encoding = 'utf8') as
     csvfile:
6        plots = csv.reader(csvfile, delimiter=',')
7        for row in plots:
8      print(row[0]+" "+row[2]+" "+row[3])
```

▶▶ 範例程式說明

- 1-3 行為說明訊息，說明'E1-2-2-2-input.csv'為全國環境輻射偵測即時資訊及其主要欄位。本檔案是由行政院原子能委員會的 http://www.aec.gov.tw/open/gammamonitor.csv 取得。

- 4 行 import 所需套件。

- 5 行以唯讀方式開啟'E1-2-2-2-input.csv'，編碼方式為'utf8',並設定為 csvfile 物件。

  請特別留意，若直接用原委會取得的 csv 檔案來執行，會得到下列錯誤：

  ```
  UnicodeDecodeError: 'utf-8' codec can't decode byte 0xba in
  position 0: invalid start byte
  ```

其原因為原委會的資料產出並非以 UTF-8 編碼，而是用 ANSI 編碼，在 Python
3.6 版預設的 UTF-8 編碼下就會產生上述錯誤。其解決方式是用記事本開啓下
載檔案，再另存新檔時要設定編碼方式為 UTF-8，如下圖。

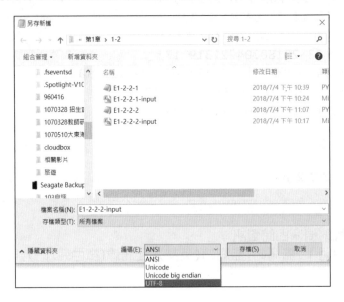

- 6 行呼叫 csv 模組的 reader 方法讀取 csvfile 物件，間隔符號為逗號，讀取內容
  設定給 plots 物件（此為串列物件）。

- 7-8 行針對 plots 物件中的每個欄位(row)，列印欄位 0（監測站）、欄位 2（監
  測值(微西弗/時)）、欄位 3（時間))。

▶▶ 輸出結果

```
監測站 監測值(微西弗/時) 時間
彭佳嶼 0.060 2018-07-04 22:10
石門 0.054 2018-07-04 22:10
三芝 0.052 2018-07-04 22:05
石崩山 0.039 2018-07-04 22:05
茂林 0.040 2018-07-04 22:10
金山 0.049 2018-07-04 22:10
野柳 0.053 2018-07-04 22:10
大鵬 0.052 2018-07-04 22:05
陽明山 0.038 2018-07-04 22:10
大坪 0.065 2018-07-04 22:05
...略
```

1-2-3 csv 寫入

csv 檔寫入只要呼叫 csv 模組的 writer 方法即可達成，如範例程式 E1-2-3-1.py 中
會開啓 data6.csv 檔案，將日期字串中的'/'改成'-'，並另外儲存成 data6_out.csv。
程式碼如下：

▶▶ 範例程式 **E1-2-3-1.py**

```
1   #開啓data6.csv  檔案，將日期字串中的'/ '改成'- ',並另外儲存成
    data6_out.csv
2   import csv
3   with open('data6.csv','r') as fin:
4       with open('data6_out.csv','w') as fout:
5       csvreader = csv.reader(fin, delimiter=',')
6       csvwriter = csv.writer(fout, delimiter=',')
7       header = next(csvreader)
8       print(header)
9       csvwriter.writerow(header)
10      for row in csvreader:
11      row[6] = row[6].replace('/','-')
12      print(','.join(row))
13      csvwriter.writerow(row)
14      print(','.join(row))
15      csvwriter.writerow(row)
```

▶▶ 範例程式說明

- 1 行為註解，說明本程式目的。
- 2 行匯入 csv 套件。
- 3 行以讀取模式開啓 data6.csv 指派給 fin 物件。
- 4 行以寫入模式開啓 data6.csv 指派給 fout 物件。
- 5-6 行將讀取檔案物件 fin 指派給閱讀器物件 csvreader 物件，分隔符號指定「,」；
  將寫入檔案物件 fout 指派給寫入器物件 csvwriter。
- 7-9 行迭代取出一行表頭，再印出表頭，與將表頭寫入檔案。
- 10-13 行進迴圈逐行讀取資料，每一行日期字串中的'/'改成'-'，印出資料，使用
  字串合併的方法 join()印出字串，寫入器物件將 row 的行資料寫入。

▶▶ 輸出結果

1-3 JSON 讀取與寫入

JSON(JavaScript Object Notation)是源於 JavaScript 的開放資料交換格式,它是 JavaScript 語言的一個子集,若以餐廳的菜單舉例,其形式如下:

```
menu = \
  {
  "breakfast": {
     "hours": "7-11",
     "items": {
  "breakfast burritos": "$60",
  "pancakes": "$40"
  }
     },
  "lunch" : {
     "hours": "11-3",
     "items": {
  "hamburger": "$50"
  }
     },
  "dinner": {
     "hours": "3-10",
     "items": {
  "spaghetti": "$80"
  }
     }
  }
```

1-3-1 JSON 套件常用方法

通過標準庫中的 json 模組，使用函數 dumps()與 loads()進行 json 資料基本讀寫。json.dumps()是將 Python 中的文件序列化為 json 格式的 str，而 json.loads()是反向操作，將已編碼的 JSON 字串解碼為 Python 物件。

```
Encoding basic Python object hierarchies:
```

▶▶ 範例程式 **E1-3-1-1.py**

```
1  import json
2  print(json.dumps(['two', {'bar': ('jaz', None, 2.0, 1)}]))
3  print(json.dumps("\"two\bar"))
4  print(json.dumps('\u4321'))
5  print(json.dumps('\\'))
6  print(json.dumps({"c": 0, "b": 0, "d": 0}, sort_keys=True))
```

▶▶ 輸出結果

```
["two", {"bar": ["jaz", null, 2.0, 1]}]
"\"two\bar"
"\u4321"
"\\"
{"b": 0, "c": 0, "d": 0}
```

▶▶ 範例程式 **E1-3-1-2.py**

```
1  import json
2  print(json.dumps([0,1, 2, 3, {'4': 5, '6': 7}], separators=(',',
   ':')))
3  print(json.dumps({'4': 5, '6': 7}, sort_keys=True, indent=3))
```

▶▶ 輸出結果

```
'' [0,1,2,3,{"4":5,"6":7}]
{
   "4": 5,
   "6": 7
}
```

1-3-2　JSON 讀取與寫入

json.loads

json.loads 用於解碼 JSON 資料，回傳 Python 的資料類型，用於輸入資料。

語法

```
json.loads(s[, encoding[, cls[, object_hook[, parse_float[,
parse_int[, parse_constant[, object_pairs_hook[, **kw]]]]]]]])
```

json 類型轉換到 Python 的類型對照表：

JSON	Python
object	dict
array	list
string	unicode
number (int)	int, long
number (real)	float
true	True
false	False
null	None

以下範例程式展示了 Python 如何解碼 JSON 物件：

▶▶ 範例程式 **E1-3-2-1.py**

```
1  import json
2  jsonData = '{"a":1,"b":2,"c":3,"d":4,"e":5,"f":6}';
3  text = json.loads(jsonData)
4  print(text)
```

▶▶ 輸出結果

```
{'a': 1, 'b': 2, 'c': 3, 'd': 4, 'e': 5, 'f': 6}
```

現在反過來使用 loads() 把 JSON 字串 menu_json 解析成 Python 的資料結構。

▶▶ 範例程式 E1-3-2-2.py

```
1   import json
2   menu = \
     {
     "breakfast": {
        "hours": "7-11",
        "items": {
      "breakfast burritos": "$60",
      "pancakes": "$40"
      }
        },
     "lunch" : {
        "hours": "11-3",
        "items": {
      "hamburger": "$50"
      }
        },
     "dinner": {
        "hours": "3-10",
        "items": {
      "spaghetti": "$80"
      }
        }
     }
3   menu_json = json.dumps(menu)
4   print(menu_json)
5   menu2 = json.loads(menu_json)
6   print(menu2)
```

▶▶ 輸出結果

```
{{"breakfast": {"hours": "7-11", "items": {"breakfast burritos":
"$60", "pancakes": "$40"}}, "lunch": {"hours": "11-3", "items":
{"hamburger": "$50"}}, "dinner": {"hours": "3-10", "items":
{"spaghetti": "$80"}}}
{'breakfast': {'hours': '7-11', 'items': {'breakfast burritos':
'$60', 'pancakes': '$40'}}, 'lunch': {'hours': '11-3', 'items':
{'hamburger': '$50'}}, 'dinner': {'hours': '3-10', 'items':
{'spaghetti': '$80'}}}
```

和標準的字典用法一樣，雖然 menu 和 menu2 是具有相同鍵值的字典，但得到鍵的順序是不盡相同的。

json.dumps

json.dumps 用於將 Python 物件編碼成 JSON 字串，用於輸出資料。

語法

```
json.dumps(obj, skipkeys=False, ensure_ascii=True,
check_circular=True, allow_nan=True, cls=None, indent=None,
separators=None, encoding="utf-8", default=None, sort_keys=False,
**kw)
```

Python	JSON
dict	object
list, tuple	array
str, unicode	string
int, long, float	number
True	true
False	false
None	null

▶▶ 範例程式 E1-3-2-3.py

```
1   """
2   新北市公共自行車即時資訊主要欄位說明： sno：站點代號、sna：場站名稱
3   (中文)、tot：場站總停車格、sbi：場站目前車輛數量、sarea：場站區域(
4   中文)、mday：資料更新時間、lat：緯度、lng：經度、ar：地址(中文)、sareaen
5   ：場站區域(英文)、snaen：場站名稱(英文)、aren：地址(英文)、bemp：
6   空位數量、act：全站禁用狀態
7   """
8   import json
9   with open("E1-3-2-3-input.json",encoding = 'utf8') as file:
10      data = json.load(file)
11      for item in data:
12      print([item['sno'], item['sna'],item['tot']])
```

▶▶ 輸出結果

```
['1001', '大鵬華城', '38']
['1002', '汐止火車站', '56']
['1003', '汐止區公所', '46']
```

```
['1004', '國泰綜合醫院', '56']
['1005', '裕隆公園', '40']
['1006', '捷運大坪林站(3號出口)', '32']
['1007', '汐科火車站(北)', '34']
['1008', '興華公園', '40']
['1009', '三重國民運動中心', '68']
['1010', '捷運三重站(3號出口)', '34']
```

1-3-3　YAML

YAML(YAML Ain't a Markup Language)是一個可讀性高，用來表達資料序列的格式，語法和其他高階語言類似，並且可以簡單表達清單、雜湊表，純量等資料形態，使用空白符號縮排和大量依賴外觀的特色，特別適合用來表達或編輯資料結構、各種設定檔、傾印除錯內容、檔案大綱。通過標準庫中的 yaml 模組，使用函數 dumps() 與 loads()進行 YAML 資料基本讀寫。yaml.dumps()是將 Python 中的文件序列化為 YAML 格式的 str，而 yaml.loads()是反向操作，將已編碼的 YAML 字串解碼為 Python 物件。

yaml.loads

yaml.loads 用於解碼 YAML 資料，回傳 Python 的資料類型，用於輸入資料。語法與 json 非常類似。

yaml.dumps

yaml.dumps 用於將 Python 物件編碼成 JSON 字串。語法與 json 非常類似。以下範例程式展示了 Python 如何解碼 JSON 物件：

▶▶ 範例程式 **E1-3-3-1.py**

```
1  import yaml
2  with open("E1-3-3-1-input.yaml",encoding="utf-8") as f:
3      list_doc = yaml.load(f)
4  for sense in list_doc:
5      if sense["name"] == "sense3":
6          sense["value"] = 1234
7  with open("E1-3-3-1-output.yaml", "w",encoding="utf-8") as f:
       yaml.dump(list_doc, f)
```

▶▶ 輸出結果

```
- {name: sense1, type: float, value: 31}
- {name: sense2, type: uint32_t, value: 1234}
- {name: sense3, type: int32_t, value: 1234}
- {name: sense4, type: int32_t, value: 0}
- {name: sense5, type: int32_t, value: 0}
- {name: sense6, type: int32_t, value: 0}
```

▶▶ 範例程式 **E1-3-3-2.py**

```python
1  import yaml
2  data = {
       'name': '王五',
       'age': '22',
       'tag': '學生'
   }
   """
   可以直接dump到文件或者檔案串流中，
   default_flow_style=False 可將檔案中""去除
   allow_unicode=True 可輸出unicode
   """
3  with open("PYD01-3-output.yaml", "w",encoding="utf-8") as f:
4      yaml.dump(data, f,default_flow_style=False,
   allow_unicode=True)
```

▶▶ 輸出結果

```
age: '22'
name: 王五
tag: 學生
```

1-4 XML 讀取與寫入

1-4-1 XML 檔案格式與 ElementTree 套件

XML（eXtensible Markup Language，可延伸標記式語言），是一種標記式語言。標記(Markup)指電腦所能理解的資訊符號，通過此種標記，電腦之間可以處理包含各種資訊的文章等。XML 是從標準通用標記式語言(SGML)中簡化修改出來的。

它主要用到的有可延伸標記式語言、可延伸樣式語言(XSL)、XBRL 和 XPath 等。
如下面的範例檔 menu.xml 所示：

```xml
<?xml version="1.0"?>
<menu>
  <breakfast hours="7-11">
    <item price="$60">breakfast burritos</item>
    <item price="$40">pancakes</item>
  </breakfast>
  <lunch hours="11-3">
    <item price="$50">hamburger</item>
  </lunch>
  <dinner hours="3-10">
    <item price="80">spaghetti</item>
  </dinner>
</menu>
```

以下是 XML 的一些重要特性：

1. 標籤以一個 < 字元開頭，例如示例中的標籤 menu、breakfast、lunch、dinner 和 item。

2. 忽略空格。

3. 通常開始標籤（例如 <menu>）後接著一段內容，最後是相匹配的結束標籤（例如 </menu>）。

4. 標籤間可能存在多級嵌套，例如範例檔中，標籤 item 是標籤 breakfast、lunch 和 dinner 的子標籤，也是標籤 menu 的子標籤。

5. 可選屬性(attribute)可以出現在開始標籤裡，例如 price 是 item 的一個屬性。

6. 標籤中可以包含值(value)，本例中每個 item 都會有一個值，比如第二個 breakfast item 的 pancakes。

7. 如果一個命名為 thing 的標籤沒有內容或者子標籤，它可以用一個在右尖括弧的前面添加斜槓的簡單標籤來表示，例如 <thing/> 代替開始和結束都存在的標籤 <thing> 和 </thing>。

8. 存放資料的位置可以是任意的——屬性、值或者子標籤。例如也可以把最後一個 item 標籤寫作 <item price ="$8.00" food ="spaghetti"/>。

9. XML 通常用於資料傳送和消息，它存在一些子格式，如 RSS 和 Atom。業界有許多定制化的 XML 格式，例如金融領域。

10. XML 的靈活性導致出現了很多方法和性能各異的 Python 庫。

11. 在 Python 中解析 XML 最簡單的方法是使用 ElementTree，下面的代碼用來解析 menu.xml 檔以及輸出一些標籤和屬性。

1-4-2　XML 讀取

讀 xml 檔案時，通過 ElementTree() 構建空樹，parse() 讀入 xml 檔案，解析映射到空樹；getroot() 獲取根節點，通過下標可訪問相應的節點；tag 獲取節點名，attrib 獲取節點屬性字典，text 獲取節點文本；find() 返回匹配到節點名的第一個節點，findall() 返回匹配到節點名的所有節點，find()、findall() 兩者都僅限當前節點的一級子節點，都支持 xpath 路徑提取節點；iter() 創建樹反覆運算器，遍歷當前節點的所有子節點，返回匹配到節點名的所有節點；remove() 移除相應的節點。

下面的代碼用來解析 menu.xml 檔以及輸出一些標籤和屬性：

▶▶ 範例程式 E1-4-2-1.py

```
1   import xml.etree.ElementTree as et
2   tree = et.ElementTree(file='menu.xml')
3   root = tree.getroot()
4   print(root.tag)
5   for child in root:
6       print('tag:', child.tag, 'attributes:', child.attrib)
7       for grandchild in child:
8     print('\ttag:', grandchild.tag, 'attributes:',
    grandchild.attrib)
9   print(len(root))# 菜單選項的數目
10  print(len(root[0]))   # 早餐選項的數目
```

▶▶ 範例程式說明

- 1 行 import 所需的 xml.etree.ElementTree 套件。

- 2 行利用 xml.etree.ElementTree 套件的 ElementTree 方法讀取'menu.xml'，獲取 tree 物件。

- 3 行運用 tree 物件的 getroot 方法獲取 root 物件。

- 4 行列印 root 物件的 tag 屬性（得到'menu'）。

- 5-6 行以迴圈遍歷 root 物件的 child 子節點並列印 tag 與 attrib 屬性。

- 7-8 行以迴圈遍歷各 child 節點的子節點（孫節點）並列印 tag 與 attrib 屬性。

- 9 行列印菜單選項的數目。

- 10 行列印早餐選項的數目。

▶▶ 輸出結果

```
menu
tag: breakfast attributes: {'hours': '7-11'}
   tag: item attributes: {'price': '$60'}
   tag: item attributes: {'price': '$40'}
tag: lunch attributes: {'hours': '11-3'}
   tag: item attributes: {'price': '$50'}
tag: dinner attributes: {'hours': '3-10'}
   tag: item attributes: {'price': '80'}
3
2
```

country_data.xml 內容如下：

```
<?xml version="1.0"?>
<data>
    <country name="愛爾蘭">
    <rank>4</rank>
    <year>2017</year>
    <gdppc>70638</gdppc>
    <neighbor name="英國" direction="北"/>
     </country>
     <country name="新加坡">
    <rank>8</rank>
    <year>2017</year>
    <gdppc>57713</gdppc>
    <neighbor name="馬來西亞" direction="北"/>
     </country>
     <country name="巴拿馬">
    <rank>68</rank>
    <year>2011</year>
    <gdppc>13600</gdppc>
    <neighbor name="哥斯大黎加" direction="西"/>
    <neighbor name="哥倫比亞" direction="東"/>
     </country>
</data>
```

對 country_data.xml 檔案進行讀取操作，如範例程式 E1-4-2-2.py。

▶▶ 範例程式 **E1-4-2-2.py**

```
1    import xml.etree.ElementTree as ET
2    tree = ET.parse('country_data.xml')
3    root = tree.getroot()
4    print("coutry_data.xml的根節點："+root.tag)
5    print("根節點標籤裡的屬性和屬性值："+str(root.attrib))
6    for child in root:
7        print(child.tag, child.attrib)
8    print("排名:"+root[0][0].text,"國內生產總值
     :"+root[0][2].text,)
9    for neighbor in root.iter('neighbor'):
10       print(neighbor.attrib)
11   for country in root.findall('country'):
12       rank = country.find('rank').text
13       name = country.get('name')
14       print(name,rank)
```

▶▶ 範例程式說明

- 1 行 import 所需套件。

- 2 行解析 xml 檔，返回 ElementTree 物件。

- 3 行獲得根節點。

- 4 行列印根節點標籤名。

- 5 行列印根節點的屬性和屬性值。

- 6-7 行通過遍歷獲取子節點的標籤、屬性和屬性值。

- 8 行獲取 country 標籤下的子標籤的內容。

- 9-10 行把所有 neighbor 標籤找出來，並列印出標籤的屬性和屬性值。

- 11-14 行使用 findall()方法把滿足條件的標籤找出來反覆運算。

▶▶ 輸出結果

```
coutry_data.xml的根節點：data
根節點標籤裡的屬性和屬性值：{}
country {'name': '愛爾蘭'}
country {'name': '新加坡'}
```

```
country {'name': '巴拿馬'}
排名:4 國內生產總值:70638
{'name': '英國', 'direction': '北'}
{'name': '馬來西亞', 'direction': '北'}
{'name': '哥斯大黎加', 'direction': '西'}
{'name': '哥倫比亞', 'direction': '東'}
愛爾蘭 4
新加坡 8
巴拿馬 68
```

1-4-3　XML 寫入

寫 xml 檔案時，通過 Element()構建節點，set()設置屬性和相應值，append()添加子節點，extend()結合循環器中的 chain()合成列表添加一組節點，text 屬性設置文本值，ElementTree()傳入根節點構建樹，write()寫入 xml 檔案。

對 country_data.xml 檔進行修改操作，如下列範例程式。

▶▶ 範例程式 **E1-4-3-1.py**

```
1  import xml.etree.ElementTree as ET
2  tree = ET.parse('country_data.xml')
3  root = tree.getroot()
4  for rank in root.iter("rank"):
5      new_rank=int(rank.text)+1
6      rank.text=str(new_rank)
7      rank.set("updated","yes")
8  tree.write("E1-4-3-1-output.xml",encoding="utf-8")
```

▶▶ 範例程式說明

- 1 行 import 所需套件。

- 2 行解析 xml 檔，返回 ElementTree 物件。

- 3 行獲得根節點。

- 4-7 行迴圈遍歷修改標籤，包括添加屬性和屬性值、修改屬性值、刪除標籤。

- 8 行利用 write()方法創建檔，並把 xml 寫入新的檔，同時指定寫入內容的編碼。

▶▶ 輸出結果

```
修改後保存在E1-4-3-1-output.xml檔的資料：
<data>
    <country name="愛爾蘭">
  <rank updated="yes">5</rank>
  <year>2017</year>
  <gdppc>70638</gdppc>
  <neighbor direction="北" name="英國" />
   </country>
   <country name="新加坡">
  <rank updated="yes">9</rank>
  <year>2017</year>
  <gdppc>57713</gdppc>
  <neighbor direction="北" name="馬來西亞" />
   </country>
   <country name="巴拿馬">
  <rank updated="yes">69</rank>
  <year>2011</year>
  <gdppc>13600</gdppc>
  <neighbor direction="西" name="哥斯大黎加" />
  <neighbor direction="東" name="哥倫比亞" />
   </country>
</data>
```

對 country_data.xml 檔進行刪除操作，如下列範例程式。

▶▶ 範例程式 **E1-4-3-2.py**

```
1  import xml.etree.ElementTree as ET
2  tree = ET.parse('country_data.xml')
3  root = tree.getroot()
4  for country in root.findall('country'):
5      rank=int(country.find("rank").text)
6      if rank>50:
7    root.remove(country)
8  tree.write("E1-4-3-2-output.xml",encoding="utf-8")
```

▶▶ 範例程式說明

- 1 行 import 所需套件。

- 2 行解析 xml 檔，返回 ElementTree 物件。

- 3 行獲得根節點。

- 4-7 行迴圈遍歷獲得滿足條件的元素，並使用 remove()指定刪除。

- 8 行利用 write()方法創建檔，並把 xml 寫入新的檔，同時指定寫入內容的編碼。

▶▶ 輸出結果

```
刪除後保存在E1-4-3-2-output.xml檔的資料：
<data>
    <country name="愛爾蘭">
    <rank>4</rank>
    <year>2017</year>
    <gdppc>70638</gdppc>
    <neighbor direction="北" name="英國" />
    </country>
    <country name="新加坡">
    <rank>8</rank>
    <year>2017</year>
    <gdppc>57713</gdppc>
    <neighbor direction="北" name="馬來西亞" />
    </country>
    </data>
```

1-5　SQLite 資料庫之處理

SQLite 是包含在一個相對小的 C 程式庫中的關聯式資料庫管理系統，它不是一個用戶端/伺服器結構的資料庫引擎，而是被整合在用戶程式中，使用動態的、弱類型的 SQL 語法。SQLite 特性如下：

1. 支援交易的 ACID（Atomic（單一性）、Consistent（一致性）、Isolated（孤立性）、Durable（耐久性））四大性質。

2. 無需設定與管理，因此若要管理需要搭配第三方套件所提供的工具。

3. 支援 ANSI-SQL 92 的語法（資料庫查詢語言的標準）。

4. 其資料庫系統是一個檔案。

5. 檔案大小最大支援到 2TB。

6. 記憶體需求小：原始程式採用不到 3 萬行的 C 語言撰寫，所以僅需小於 250KB 的程式空間。

7. 可以免費使用。

8. 使用 unicode。

1-5-1　SQLite3 模組

在 Python 中 import sqlite3 使用 SQLite 模組，因為 Python 2.5.x 以上版本預設自帶了該模組，因此不需要單獨安裝該模組。可以使用的方法包括：

```
sqlite3.connect(database [,timeout ,other optional arguments])
```

該 API 打開一個到 SQLite 資料庫檔 database 的連結。如果資料庫成功打開，則返回一個連線物件。timeout 參數表示連接等待鎖定的持續時間，直到發生異常斷開連接。timeout 參數預設是 5.0（5 秒）。如果給定的資料庫名稱 filename 不存在，則該呼叫將創建一個資料庫。

```
connection.cursor([cursorClass])
```

該常式創建一個 cursor，將在 Python 資料庫程式設計中用到。

```
cursor.execute(sql [, optional parameters])
```

該常式執行一個 SQL 語句。該 SQL 語句可以被參數化（即使用預留位置代替 SQL 文本）。sqlite3 模組支援兩種類型的預留位置：問號和命名預留位置（命名樣式）。例如：cursor.execute("insert into people values (?, ?)", (who, age))

```
connection.commit()
```

該方法提交當前的交易。如果您未呼叫該方法，那麼自您上一次呼叫 commit()以來所做的任何動作對其他資料庫連接來說是不可見的。

```
connection.rollback()
```

該方法回復自上一次呼叫 commit()以來對資料庫所做的更改。

```
connection.close()
```

該方法關閉資料庫連接。請注意，這不會自動呼叫 commit()。如果您之前未呼叫 commit()方法，就直接關閉資料庫連接，您所做的所有更改將全部丟失！

```
cursor.fetchone()
```

該方法獲取查詢結果集中的下一行，返回一個單一的序列，當沒有更多可用的資料時，則返回 None。

```
cursor.fetchmany([size=cursor.arraysize])
```

該方法獲取查詢結果集中的下一行組，返回一個列表。當沒有更多的可用的行時，則返回一個空的列表。該方法嘗試獲取由 size 參數指定的盡可能多的行。

```
cursor.fetchall()
```

該常式獲取查詢結果集中所有（剩餘）的行，返回一個列表。當沒有可用的行時，則返回一個空的列表。

▶▶ 範例程式 **E1-5-1-1.ipynb**

In[1]	`import sqlite3 as db`

首先我們要建立或者連接到一個資料庫上：

In[2]	`connection = db.connect("my_database.sqlite")`

一旦建立連接，我們可以利用它的 cursor() 來執行 SQL 語句：

| In[3] | ```cursor = connection.cursor()
cursor.execute("""CREATE TABLE IF NOT EXISTS orders(
        order_id TEXT PRIMARY KEY,
        date TEXT,
        symbol TEXT,
        quantity INTEGER,
        price NUMBER)""")
cursor.execute("""INSERT INTO orders VALUES
        ('A0001', '2013-12-01', 'AAPL', 1000, 203.4)""")
connection.commit()``` |
|---|---|

不過為了安全起見，一般不將資料內容寫入字串再傳入，而是使用這樣的方式：

| In[4] | ```
orders = [
            ("A0002","2013-12-01","MSFT",1500,167.5),
            ("A0003","2013-12-02","GOOG",1500,167.5)
]
cursor.executemany("""INSERT INTO orders VALUES
    (?, ?, ?, ?, ?)""", orders)
connection.commit()
``` |
|---|---|

查看支援的資料庫格式：

In[5]	db.paramstyle
Out[5]	'qmark'

在 query 語句執行之後，我們需要進行 commit，否則資料庫將不會接受這些變化，如果想撤銷某個 commit，可以使用 rollback()方法撤銷到上一次 commit()的結果：

```
try:
    ... # perform some operations
except:
    connection.rollback()
    raise
else:
    connection.commit()
```

使用 SELECT 語句對資料庫進行查詢：

| In[6] | ```
stock = 'MSFT'
cursor.execute("""SELECT *
    FROM orders
    WHERE symbol=?
    ORDER BY quantity""", (stock,))
for row in cursor:
    print(row)
``` |
|---|---|
| Out[6] | ('A0002', '2013-12-01', 'MSFT', 1500, 167.5) |

cursor.fetchone()返回下一條內容，cursor.fetchall()返回所有查詢到的內容組成的清單（可能非常大）：

| In[7] | ```python
stock = 'AAPL'
cursor.execute("""SELECT *
    FROM orders
    WHERE symbol=?
    ORDER BY quantity""", (stock,))
cursor.fetchall()
``` |
|---|---|
| Out[7] | `[('A0001', '2013-12-01', 'AAPL', 1000, 203.4)]` |

關閉資料庫：

| In[8] | ```python
cursor.close()
connection.close()
import os
os.remove('my_database.sqlite')
``` |
|---|---|

下面的 Python 程式碼片段將用於在先前創建的資料庫中創建一個表：

▶▶ 範例程式 **E1-5-1-2.py**

```python
1   import sqlite3
2   conn = sqlite3.connect('test.db')
3   print("Opened database successfully")
4   c = conn.cursor()
5   c.execute('''CREATE TABLE COMPANY
      (ID INT PRIMARY KEY NOT NULL,
      NAME TEXT    NOT NULL,
      AGE  INT NOT NULL,
      ADDRESS    CHAR(50),
      SALARY     REAL);''')
6   print("Table created successfully")
7   conn.commit()
8   conn.close()
```

▶▶ 範例程式說明

- 1 行 import 所需套件。

- 2-3 行建立與'test.db'的連結，如果資料庫成功打開，返回一個連線物件 conn。

- 4 行創建一個 cursor 物件 c。

- 5 行執行一個 SQL 建立表格語句，主鍵為整數型態的 ID。此外欄位有文字型態的 NAME、整數型態的 AGE、字元型態的 ADDRESS、實數型態的 SALARY。

- 6 行列印成功建立表格。

- 7-8 行確認操作與關閉連結資料庫。

▶▶ 輸出結果

上述程式執行時，它會在**test.db**中創建**COMPANY**表，並顯示下面所示的消息：
Opened database successfully
Table created successfully

1-5-2　SQLite 資料庫新增、查詢、修改、刪除

▶▶ **INSERT** 操作

下面的 Python 程式顯示了如何在上面創建的 COMPANY 表中創建記錄：

▶▶ 範例程式 **E1-5-2-1.py**

```
1   import sqlite3
2   conn = sqlite3.connect('test.db')
3   c = conn.cursor()
4   print "Opened database successfully";
5   c.execute("INSERT INTO COMPANY (ID,NAME,AGE,ADDRESS,SALARY) \
     VALUES (1, 'Paul', 32, 'California', 20000.00 )");
6   c.execute("INSERT INTO COMPANY (ID,NAME,AGE,ADDRESS,SALARY) \
     VALUES (2, 'Allen', 25, 'Texas', 15000.00 )");
7   c.execute("INSERT INTO COMPANY (ID,NAME,AGE,ADDRESS,SALARY) \
     VALUES (3, 'Teddy', 23, 'Norway', 20000.00 )");
8   c.execute("INSERT INTO COMPANY (ID,NAME,AGE,ADDRESS,SALARY) \
     VALUES (4, 'Mark', 25, 'Rich-Mond ', 65000.00 )");
9   conn.commit()
10  print "Records created successfully";
11  conn.close()
```

▶▶ 範例程式說明

- 1 行 import 所需套件。

- 2-3 行建立與'test.db'的連結，如果資料庫成功打開，返回一個連線物件 conn。

- 4 行創建一個 cursor 物件 c。

- 5 行執行一個 SQL 建立表格語句，主鍵為整數型態的 ID。此外欄位有文字型態的 NAME、整數型態的 AGE、字元型態的 ADDRESS、實數型態的 SALARY。

- 6 行列印成功建立表格。

- 7-8 行確認操作與關閉連結資料庫。

▶▶ 輸出結果

> 上述程式執行時，它會在 **COMPANY** 表中創建給定記錄，並會顯示以下兩行：
> Opened database successfully
> Records created successfully

▶▶ SELECT 操作

下面的 Python 程式顯示了如何從前面創建的 COMPANY 表中獲取並顯示記錄：

▶▶ 範例程式 E1-5-2-2.py

```
1   import sqlite3
2   conn = sqlite3.connect('test.db')
3   c = conn.cursor()
4   print("Opened database successfully")
5   cursor = c.execute("SELECT id, name, address, salary  from
    COMPANY")
    for row in cursor:
       print "ID = ", row[0]
       print "NAME = ", row[1]
       print "ADDRESS = ", row[2]
6      print "SALARY = ", row[3], "\n"
7   print("Operation done successfully")
8   conn.close()
```

▶▶ 範例程式說明

- 1 行 import 所需套件。

- 2-3 行建立與'test.db'的連結，如果資料庫成功打開，返回一個連線物件 conn。

- 4 行創建一個 cursor 物件 c。

- 5 行執行一個 SQL 建立表格語句，主鍵為整數型態的 ID。此外欄位有文字型態的 NAME、整數型態的 AGE、字元型態的 ADDRESS、實數型態的 SALARY。

- 6 行列印成功建立表格。

- 7-8 行確認操作與關閉連結資料庫。

▶▶ 輸出結果

```
Opened database successfully
ID =  1
NAME =  Paul
ADDRESS =  California
SALARY =  20000.0

ID =  2
NAME =  Allen
ADDRESS =  Texas
SALARY =  15000.0

ID =  3
NAME =  Teddy
ADDRESS =  Norway
SALARY =  20000.0

ID =  4
NAME =  Mark
ADDRESS =  Rich-Mond
SALARY =  65000.0

Operation done successfully
```

▶▶ UPDATE 操作

下面的 Python 代碼顯示了如何使用 UPDATE 語句來更新任何記錄，然後從 COMPANY 表中獲取並顯示更新的記錄：

▶▶ 範例程式 E1-5-2-3.py

```
1    import sqlite3
2    conn = sqlite3.connect('test.db')
3    c = conn.cursor()
```

```
4   print("Opened database successfully")
5   c.execute("UPDATE COMPANY set SALARY = 25000.00 where ID=1")
6   conn.commit()
7   print("Total number of rows updated :", conn.total_changes)
8   cursor = conn.execute("SELECT id, name, address, salary  from
    COMPANY")
9   for row in cursor:
10     print("ID = ", row[0])
11     print("NAME = ", row[1])
12     print("ADDRESS = ", row[2])
13     print("SALARY = ", row[3], "\n")
14  print("Operation done successfully")
15  conn.close()
```

▶▶ 範例程式說明

- 1 行 import 所需套件。

- 2-3 行建立與'test.db'的連結，如果資料庫成功打開，返回一個連線物件 conn。

- 4 行創建一個 cursor 物件 c。

- 5 行執行一個 SQL 建立表格語句，主鍵為整數型態的 ID。此外欄位有文字型態的 NAME、整數型態的 AGE、字元型態的 ADDRESS、實數型態的 SALARY。

- 6 行列印成功建立表格。

- 7-8 行確認操作與關閉連結資料庫。

▶▶ 輸出結果

```
IOpened database successfully
Total number of rows updated : 1
ID =  1
NAME =  Paul
ADDRESS =  California
SALARY =  25000.0

ID =  2
NAME =  Allen
ADDRESS =  Texas
SALARY =  15000.0

ID =  3
NAME =  Teddy
```

```
ADDRESS =  Norway
SALARY =  20000.0

ID =  4
NAME =  Mark
ADDRESS =  Rich-Mond
SALARY =  65000.0

Operation done successfully
```

▶▶ DELETE 操作

下面的 Python 代碼顯示了如何使用 DELETE 語句刪除任何記錄，然後從 COMPANY 表中獲取並顯示剩餘的記錄：

▶▶ 範例程式 **E1-5-2-4.py**

```
1    import sqlite3
2    conn = sqlite3.connect('test.db')
3    c = conn.cursor()
4    print("Opened database successfully")
5    c.execute("DELETE from COMPANY where ID=2;")
6    conn.commit()
7    print("Total number of rows deleted :", conn.total_changes)
8    cursor = conn.execute("SELECT id, name, address, salary from
     COMPANY")
9    for row in cursor:
10      print("ID = ", row[0])
11      print("NAME = ", row[1])
12      print("ADDRESS = ", row[2])
13      print("SALARY = ", row[3], "\n")
14   print("Operation done successfully")
15   conn.close()
```

▶▶ 範例程式說明

- 1 行 import 所需套件。

- 2-3 行建立與'test.db'的連結，如果資料庫成功打開，返回一個連線物件 conn。

- 4 行創建一個 cursor 物件 c。

- 5 行執行一個 SQL 建立表格語句，主鍵為整數型態的 ID。此外欄位有文字型態的 NAME、整數型態的 AGE、字元型態的 ADDRESS、實數型態的 SALARY。

- 6 行列印成功建立表格。

- 7-8 行確認操作與關閉連結資料庫。

▶▶ 輸出結果

```
Opened database successfully
Total number of rows deleted : 1
ID =  1
NAME =  Paul
ADDRESS =  California
SALARY =  20000.0

ID =  3
NAME =  Teddy
ADDRESS =  Norway
SALARY =  20000.0

ID =  4
NAME =  Mark
ADDRESS =  Rich-Mond
SALARY =  65000.0

Operation done successfully
```

綜合範例

 綜合範例 1

請撰寫程式，讀取"GE1-1-input.json"（此為新北市公共自行車即時資訊 json 檔案），將其中的 sno：站點代號、sna：場站名稱(中文)、tot：場站總停車格三個欄位另存成"GE1-1-output.csv"。

✓ 提示

> 1. 需要 import json 以讀取 Json 檔案；需要 import csv 以寫入 csv 檔案。
>
> 2. 新北市公共自行車即時資訊主要欄位說明：sno：站點代號、sna：場站名稱(中文)、tot：場站總停車格、sbi：場站目前車輛數量、sarea：場站區域(中文)、mday：資料更新時間、lat：緯度、lng：經度、ar：地址(中文)、sareaen：場站區域(英文)、snaen：場站名稱(英文)、aren：地址(英文)、bemp：空位數量、act：全站禁用狀態。

▶▶ 輸入與輸出樣本

輸入

```
[{"sno":"1001","sna":"大鵬華城","tot":"38", "sbi":"24","sarea":"新
店區","mday":"20180611070918",
"lat":"24.99116","lng":"121.53398",
"ar":"新北市新店區中正路700巷3號", "sareaen":"Xindian
Dist.","snaen":
"Dapeng Community","aren":"No. 3, Lane 700 Chung Cheng Road, Xindian
District", "bemp":"14","act":"1"}]
```

輸出

```
1001,大鵬華城, 38
```

▶▶ 參考解答

```
1    import json
2    import csv
3    with open("GE1-1-input.json",encoding = 'utf8') as file:
4        data = json.load(file)
5    with open("GE1-1-output.csv", "w",encoding = 'utf8') as file:
6        csv_file = csv.writer(file)
7        for item in data:
8      csv_file.writerow([item['sno'], item['sna'],item['tot']])
```

▶▶ 參考解答程式說明

- 1-2 行 import 所需套件。

- 3-4 行讀取 json 檔案,再用 json 的 load 方法將之存為 data 物件。

- 5-6 行設定寫入之 csv 檔案。

- 7-8 行對 data 物件中的每一個 item 物件 (此為 dict 物件) 取出指定的 3 個欄位逐列寫入 csv 檔案。

 綜合範例 2

請撰寫程式上網路抓取農產品交易行情 (此為農委會開放資料,網址:'http://data.coa.gov.tw/Service/OpenData/FromM/FarmTransData.aspx'),將其中交易日期、作物名稱、市場名稱、平均價、交易量等 5 個欄位資料另存為 "GE1-2-output.csv"輸出。

✓ 提示

1. 農產品交易行情主要欄位:交易日期、作物代號、作物名稱、市場代號、市場名稱、上價、中價、下價、平均價、交易量。

2. 本題需要透過網路抓取農委會開放資料,故需 import urllib 與 import urllib.requests。

3. 農產品交易行情資料為 json 檔案,故需 import json 來讀取。本題需要輸出 csv 檔案,故需 import csv。

▶▶ 輸入與輸出樣本

輸入：

```
[
  {
    "交易日期": "107.07.02",
    "作物代號": "FA985",
    "作物名稱": "美女撫子-綠石竹",
    "市場代號": "105",
    "市場名稱": "台北市場",
    "上價": 78.0,
    "中價": 58.0,
    "下價": 32.0,
    "平均價": 56.5,
    "交易量": 92.0
  }]
```

輸出

```
107.07.02, 美女撫子-綠石竹, 台北市場, 56.5, 92.0
```

▶▶ 參考解答

```
1   import urllib
2   import csv
3   import json
4   import urllib.request
5   url = 'http://data.coa.gov.tw/Service/OpenData/FromM/
    FarmTransData.aspx'
6   with urllib.request.urlopen(url) as response:
7       jdata = response.read()
8       data1 = json.loads(jdata)
9   data=sorted(data1, key=lambda k: k["交易量"],reverse=True)
10  with open("GE1-2-output.csv", "w",encoding = 'utf8') as file:
11      csv_file = csv.writer(file)
12      for item in data:
13      csv_file.writerow([item['交易日期'], item['作物名稱'],
    item['市場名稱'], item['平均價'],item['交易量']])
```

▶▶ 參考解答程式說明

● 1-4 行 import 所需套件。

● 5 行設定農委會開放資料 API 之網址。

- 6-8 行讀取農委會開放資料檔案,再用 json 的 load 方法將之存為 data1 物件。

- 9 行對 data1 按照交易量由大到小遞減排序,存入 data 物件。

- 10-11 行設定寫入之 csv 檔案。

- 12-13 行對 data 物件中的每一個 item 物件(此為 dict 物件)取出指定的 5 個欄位逐列寫入 csv 檔案。

 綜合範例 3

請撰寫程式上網路抓取台北市 Youbike(此為台北市政府開放資料,網址: 'https://tcgbusfs.blob.core.windows.net/blobyoubike/YouBikeTP.gz'), 將其中 sno、sna、mday、sbi 等 4 個欄位資料另存為"GE1-3-output.txt"輸出。

✅ 提示

> 1. 台北市 Youbike 開放資料主要欄位:sno:站點代號、sna:場站名稱(中文)、tot:場站總停車格、sbi:場站目前車輛數量、sarea:場站區域(中文)、mday:資料更新時間、lat:緯度、lng:經度、ar:地址(中文)、sareaen:場站區域(英文)、snaen:場站名稱(英文)、aren:地址(英文)、bemp:空位數量、act:全站禁用狀態。
>
> 2. 本題需要透過網路抓取台北市政府開放資料,故需 import urllib 與 import urllib.requests
>
> 3. 台北市政府 Youbike 開放資料為 gz 壓縮檔,故需 import gzip 來處理;解壓縮後為 json 檔案,故需 import json 來讀取。本題輸出 txt 檔案為內建模組,不需 import 其他套件。

▶▶ 輸入與輸出樣本

輸入

> 無(自台北市政府開放資料平台下載壓縮檔)

輸出

> NO.0001 捷運市政府站(3號出口) 20180627154432 57

▶▶ 參考解答

```
1   import urllib
2   import gzip
3   import json
4   import urllib.request
5   url = 'https://tcgbusfs.blob.core.windows.net/blobyoubike/
    YouBikeTP.gz'
6   with urllib.request.urlopen(url) as response:
7        with gzip.GzipFile(fileobj=response) as f:
8       jdata = f.read()
9       f.close()
10      data = json.loads(jdata)
11  fout=open('GE1-3-output.txt', 'w', encoding = 'utf8')
12  for key,value in data["retVal"].items():
13      sno = value["sno"]
14      sna = value["sna"]
15      mday = value["mday"]
16      sbi = value["sbi"]
17      print( "NO." + sno + " " + sna + " " +mday + " " + sbi)
18      data="NO." + sno + " " + sna + " " +mday + " " + sbi
19      fout.write(str(data)+'\n')
20  fout.close()
```

▶▶ 參考解答程式說明

● 1-4 行 import 所需套件。

● 5 行設定台北市 Youbike 開放資料 API 之網址。

● 6-10 行讀取台北市 Youbike 開放資料檔案，再用 gzip 解壓縮，然後用 json 的 load 方法將之存為 data 物件。

● 11 行設定寫入之 txt 檔案。

● 12-19 行對 data 物件中的每一個 item 物件（此為 dict 物件，均有對應之 key,value）取出指定的 4 個欄位逐列寫入 txt 檔案。

● 20 行關檔。

 **綜合範例 4**

請撰寫程式，讀取"GE1-4-input.json"（此為文化部展覽資訊 json 檔案），將其中的 sno：站點代號、title(活動名稱)、showUnit(演出單位)、startDate(活動起始日期)、endDate(活動結束日期)等 4 個欄位另存成"GE1-4-output.csv"。

✓ 提示

1. 需要 import json 以讀取 Json 檔案；需要 import csv 以寫入 csv 檔案。

2. 文化部展覽資訊主要欄位說明：version(發行版本)、UID(唯一辨識碼)、title(活動名稱)、category(活動類別)、showUnit(演出單位)、descriptionFilterHtml(簡介說明)、discountInfo(折扣資訊)、imageURL(圖片連結)、masterUnit(主辦單位)、subUnit(協辦單位)、supportUnit(贊助單位)、otherUnit(其他單位)、webSales(售票網址)、sourceWebPromote(推廣網址)、comment(備註)、editModifyDate(編輯時間)、sourceWebName(來源網站名稱)、startDate(活動起始日期)、endDate(活動結束日期)、hitRate(點閱數)、showinfo(活動場次資訊)、time(單場次演出時間)、location(地址)、locationName(場地名稱)、onSales(是否售票)、latitude(緯度)、longitude(經度)、Price(售票說明)、endTime(結束時間)。

▶▶ 輸入與輸出樣本

輸入

```
[{"version":"1.4","UID":"5a27b93a8e1d4c16b03c6611","title":"第二
特展室：新開聚落的變遷暨鯉魚潭水庫開發史特展","category":"6",
"showInfo":[{"time":"2018/01/01 09:00:00","location":"苗栗縣銅鑼鄉
銅科南路6號","locationName":"臺灣客家文化館","onSales":"Y",
"price":"","latitude":"24.4663812","longitude":"120.7645055","en
dTime":"2018/08/15 17:00:00"}],"showUnit":"(中華民國)客家委員會客家
文化發展中心","discountInfo":"","descriptionFilterHtml":"以不同面
向的敘事方式為經，以多面貌的人群遷徙與物質變動為緯，交織出新開聚落的過去
、現在與未來。來了解不同族群在臺三線開山打林奮鬥之精神，並讓社會大眾認識
臺三線客庄人文、物產之豐饒。","imageUrl":"","masterUnit":["客家委員會
客家文化發展中心"],"subUnit":[],"supportUnit":[],"otherUnit":["(指
導)中華民國客家委員會"],"webSales":"","sourceWebPromote":
"http://thcdc.hakka.gov.tw/wSite/ct?xItem\u003d13659\u0026ctNode
\u003d1077\u0026mp\u003d1","comment":"","editModifyDate":"","sou
rceWebName":"全國藝文活動資訊系統","startDate":"2018/01/01",
"endDate":"2018/08/15","hitRate":0}]
```

輸出

第二特展室：新開聚落的變遷暨鯉魚潭水庫開發史特展,(中華民國)客家委員會客家文化發展中心,2018/01/01,2018/08/15

▶▶ 參考解答

```
1   import json
2   import csv
3   with open("GE1-4-input.json",encoding = 'utf8') as file:
4       data = json.load(file)
5   with open("GE1-4-output.csv", "w",encoding = 'utf8') as file:
6       csv_file = csv.writer(file)
7       for item in data:
8       csv_file.writerow([item['title'], item['showUnit'],
    item['startDate'],item['endDate']])
```

▶▶ 參考解答程式說明

- 1-2 行 import 所需套件。

- 3-4 行讀取 json 檔案，再用 json 的 load 方法將之存為 data 物件。

- 5-6 行設定寫入之 csv 檔案。

- 7-8 行對 data 物件中的每一個 item 物件（此為 dict 物件）取出指定的 3 個欄位逐列寫入 csv 檔案。

 綜合範例 5

請撰寫程式，讀取"GE1-5-input.xml"（此為新北市公共自行車即時資訊 xml 檔案），將其中的 sno：站點代號、sna：場站名稱(中文)、tot：場站總停車格三個欄位另存成"GE1-5-output.csv"。

✔ 提示

1. 需要 import xml.etree.ElementTree 以讀取 xml 檔案；需要 import csv 以寫入 csv 檔案。

2. 新北市公共自行車即時資訊主要欄位說明：sno：站點代號、sna：場站名稱(中文)、tot：場站總停車格、sbi：場站目前車輛數量、sarea：場站區

域(中文)、mday：資料更新時間、lat：緯度、lng：經度、ar：地址(中文)、
sareaen：場站區域(英文)、snaen：場站名稱(英文)、aren：地址(英文)、
bemp：空位數量、act：全站禁用狀態。

▶▶ 輸入與輸出樣本

輸入

```
<?xml version="1.0" encoding="UTF-8"?>

<data>
  <row>
    <sno>1001</sno>
    <sna>大鵬華城</sna>
    <tot>38</tot>
    <sbi>23</sbi>
    <sarea>新店區</sarea>
    <mday>20180611071429</mday>
    <lat>24.99116</lat>
    <lng>121.53398</lng>
    <ar>新北市新店區中正路700巷3號</ar>
    <sareaen>Xindian Dist.</sareaen>
    <snaen>Dapeng Community</snaen>
    <aren>No. 3, Lane 700 Chung Cheng Road, Xindian District</aren>
    <bemp>15</bemp>
    <act>1</act>
  </row>
```

輸出

```
1001,大鵬華城, 38
```

▶▶ 參考解答

```
1   import xml.etree.ElementTree as ET
2   import csv
3   tree = ET.parse("GE1-5-input.xml")
4   root = tree.getroot()
5   ubikefile = open("GE1-5-output.csv", "w",encoding = 'utf8')
6   csvwriter = csv.writer(ubikefile)
7   for row in root:
8     ubike = []
```

```
9    sno = row.find('sno').text
10   ubike.append(sno)
11   sna = row.find('sna').text
12   ubike.append(sna)
13   tot = row.find('tot').text
14   ubike.append(tot)
15   csvwriter.writerow(ubike)
16 ubikefile.close()
```

▶▶ 參考解答程式說明

- 1-2 行 import 所需套件。

- 3-4 行讀取 xml 檔案,再用 xml.etree.ElementTree 的 getroot 方法將之存為 toot
  物件。

- 5-6 行設定寫入之 csv 檔案。

- 7-15 行對 root 物件中的每一個 row 物件(此為 dict 物件)運用 find 方法取出
  指定的 3 個欄位中的 text 屬性,逐一運用串列物件的 append 方法加到迴圈開
  始時重置為空串列的 ubike 串列物件,最後逐列寫入 csv 檔案。

- 16 行關閉 csv 檔案。

 綜合範例 6

請撰寫程式,讀取"GE1-6-input.xml"(此為中華郵政公司縣市鄉鎮中英對照資訊
xml 檔案),將其中的欄位 1:郵遞區號、欄位 2:縣市鄉鎮(中文)、欄位 3:縣市
鄉鎮(英文)等 3 個欄位另存成"GE1-6-output.csv"。

✓ 提示

1. 需要 import xml.etree.ElementTree 以讀取 xml 檔案;需要 import csv 以
   寫入 csv 檔案。

2. 中華郵政公司縣市鄉鎮中英對照資訊主要欄位說明:欄位 1:郵遞區號、
   欄位 2:縣市鄉鎮(中文)、欄位 3:縣市鄉鎮(英文)。

▶▶ 輸入與輸出樣本

輸入

```
<County_h_10706>
<欄位1>100</欄位1>
<欄位2>臺北市中正區</欄位2>
<欄位3>Zhongzheng Dist., Taipei City</欄位3>
</County_h_10706>
```

輸出

```
100,臺北市中正區,"Zhongzheng Dist., Taipei City"
```

▶▶ 參考解答

```
1    import xml.etree.ElementTree as ET
2    import csv
3    tree = ET.parse("GE1-6-input.xml")
4    root = tree.getroot()
5    Countyfile = open("GE1-6-output.csv", "w",encoding = 'utf8')
6    csvwriter = csv.writer(Countyfile)
7    for row in root:
8     County = []
9     pno = row.find('欄位1').text
10    County.append(pno)
11    cname = row.find('欄位2').text
12    County.append(cname)
13    ename = row.find('欄位3').text
14    County.append(ename)
15    csvwriter.writerow(County)
16   Countyfile.close()
```

▶▶ 參考解答程式說明

- 1-2 行 import 所需套件。

- 3-4 行讀取 xml 檔案，再用 xml.etree.ElementTree 的 getroot 方法將之存為 toot 物件。

- 5-6 行設定寫入之 csv 檔案。

- 7-15 行對 root 物件中的每一個 row 物件（此為 dict 物件）運用 find 方法取出指定的 3 個欄位中的 text 屬性，逐一運用串列物件的 append 方法加到迴圈開始時重置為空串列的 County 串列物件，最後逐列寫入 csv 檔案。

- 16 行關閉 csv 檔案。

 綜合範例 7

請撰寫程式，讀取"GE1-7-input.xml"（此為經勞動部會商衛生福利部認可得辦理勞工體格及健康檢查之醫療機構名單 xml 檔案），將其中的縣市別、醫療機構名稱、醫療機構地址等 3 個欄位另存成"GE1-7-output.csv"。

✓ 提示

1. 需要 import xml.etree.ElementTree 以讀取 xml 檔案；需要 import csv 以寫入 csv 檔案。

2. 經勞動部會商衛生福利部認可得辦理勞工體格及健康檢查之醫療機構名單主要欄位說明：縣市別、醫療機構名稱、醫療機構地址、勞工健檢聯絡人、連絡電話、認可項目及認可期限、備註。

▶▶ 輸入與輸出樣本

輸入

```
<?xml version="1.0" encoding="UTF-8"?>
<dataset><row><縣市別>新北市</縣市別><醫療機構名稱>國立臺灣大學醫學院
附設醫院金山分院</醫療機構名稱><醫療機構地址>新北市金山區五湖里玉爐路7
號</醫療機構地址><勞工健檢聯絡人>蔡語恩</勞工健檢聯絡人><連絡電話
>02-24989898</連絡電話><認可項目及認可期限>一般健檢
(1040101-1061231)</認可項目及認可期限><備註>依勞職綜4字第1050008037
號函，修改地址及聯絡人。</備註></row>
```

輸出

```
新北市,國立臺灣大學醫學院附設醫院金山分院,新北市金山區五湖里玉爐路7號
```

▶▶ 參考解答

```
1   import xml.etree.ElementTree as ET
2   import csv
3   tree = ET.parse("GE1-7-input.xml")
4   root = tree.getroot()
5   Hospitalfile = open("GE1-7-output.csv", "w",encoding = 'utf8')
6   csvwriter = csv.writer(Hospitalfile)
7   for row in root:
8    Hospital = []
9    pno = row.find('縣市別').text
10   Hospital.append(pno)
11   cname = row.find('醫療機構名稱').text
12   Hospital.append(cname)
13   ename = row.find('醫療機構地址').text
14   Hospital.append(ename)
15   csvwriter.writerow(Hospital)
16  Hospitalfile.close()
```

▶▶ 參考解答程式說明

- 1-2 行 import 所需套件。

- 3-4 行讀取 xml 檔案，再用 xml.etree.ElementTree 的 getroot 方法將之存為 toot 物件。

- 5-6 行設定寫入之 csv 檔案。

- 7-15 行對 root 物件中的每一個 row 物件（此為 dict 物件）運用 find 方法取出指定的 3 個欄位中的 text 屬性，逐一運用串列物件的 append 方法加到迴圈開始時重置為空串列的 Hospital 串列物件，最後逐列寫入 csv 檔案。

- 16 行關閉 csv 檔案。

綜合範例 8

請撰寫一程式，完成下列：

A.讀取 GE1-8n-input.json 此為新北市公共自行車即時資訊 json 檔案)

B.將資料轉存為 jaml 檔 GE1-8n-output.yaml 輸出。

提示

> 1. 需要 import json 以處理 json 檔案，需要 import yaml 以處理 yaml 檔案。

▶ 輸入與輸出樣本

輸入

```
{"sno":"1001","sna":"大鵬華城","tot":"38","sbi":"24","sarea":"新
店區
","mday":"20180611070918","lat":"24.99116","lng":"121.53398","ar
":"新北市新店區中正路700巷3號","sareaen":"Xindian
Dist.","snaen":"Dapeng Community","aren":"No. 3, Lane 700 Chung
Cheng Road, Xindian
District","bemp":"14","act":"1"},{"sno":"1002","sna":"汐止火車站
","tot":"56","sbi":"42","sarea":"汐止區
","mday":"20180611070936","lat":"25.068914","lng":"121.662748","
ar":"南昌街/新昌路口(西側廣場)","sareaen":"Xizhi
Dist.","snaen":"Xizhi Railway Station","aren":"Nanchang
St./Xinchang Rd.","bemp":"14","act":"1"},{"sno":"1003","sna":"汐
止區公所","tot":"46","sbi":"4","sarea":"汐止區
","mday":"20180611070821","lat":"25.064162","lng":"121.658301","
ar":"新台五路一段/仁愛路口(新台五路側汐止地政事務所前機車停車場
)","sareaen":"Xizhi Dist.","snaen":"Xizhi Dist.
Office","aren":"Sec. 1, Xintai 5th Rd./Ren'ai
Rd.","bemp":"42","act":"1"},
…下略
```

輸出

```
- act: '1'
  ar: 新北市新店區中正路700巷3號
  aren: No. 3, Lane 700 Chung Cheng Road, Xindian District
  bemp: '14'
  lat: '24.99116'
  lng: '121.53398'
```

```
    mday: '20180611070918'
    sarea: 新店區
    sareaen: Xindian Dist.
    sbi: '24'
    sna: 大鵬華城
    snaen: Dapeng Community
    sno: '1001'
    tot: '38'
-  act: '1'
    ar: 南昌街/新昌路口(西側廣場)
    aren: Nanchang St./Xinchang Rd.
    bemp: '14'
    lat: '25.068914'
    lng: '121.662748'
    mday: '20180611070936'
    sarea: 汐止區
    sareaen: Xizhi Dist.
    sbi: '42'
    sna: 汐止火車站
    snaen: Xizhi Railway Station
    sno: '1002'
    tot: '56'
…下略
```

▶▶ 參考解答

```
1   import yaml
2   import json
3   with open("GE1-8n-input.json",encoding = 'utf-8-sig') as file:
4       data = json.load(file)
5   with open("GE1-8n-output.yaml", "w",encoding="utf-8") as f:
6       yaml.dump(data, f,default_flow_style=False,
    allow_unicode=True)
```

▶▶ 參考解答程式說明

- 1-2 行 import 所需套件。

- 3 行開啟"GE1-8n-input.json"輸入檔案，編碼方式設定為'utf-8-sig'。

- 4 行以 json.load 方法解析此一輸入之 json 檔案。

- 5 行開啟"GE1-8n-output.yaml"輸出檔案，編碼方式設定為'utf-8'。

- 6 行運用 yaml.dump 方法，將所讀到的資料轉換為 yaml 格式輸出，並以 default_flow_style=False 消除字串中的"(雙引號)；以 allow_unicode=True 容許輸出 unicode。

 綜合範例 9

請撰寫程式，將本機的"電腦技能基金會.html"轉成"out0.pdf"；字串'Hello Python!' 轉成"out1.pdf"；再連同本機已有的"input.pdf"，合併為"combine.pdf"。最後將 'combine.pdf'轉成文字檔"output.txt"輸出。

✅ 提示

1. 需要 import pdfkit 以轉換 PDF 檔案；需要 import PyPDF2 以核定 PDF 檔案。

2. 需要 pdfminer 將 PDF 檔案轉成文字檔。

▶▶ 輸入與輸出樣本

輸入

```
"電腦技能基金會.html"
字串'Hello Python!'
"input.pdf"
```

輸出

```
"out0.pdf"
'out1.pdf'
'combine.pdf'
'output.txt'→最後輸出結果
```

▶▶ 參考解答

```
1   import pdfkit
2   config = pdfkit.configuration(wkhtmltopdf=r"C:\Program
    Files\wkhtmltopdf\bin\wkhtmltopdf.exe")
3   pdfkit.from_url("電腦技能基金會.html",
    "out0.pdf",configuration=config)
4   #字串轉換成pdf
    pdfkit.from_string('Hello Python!',
```

```
       'out1.pdf',configuration=config)
5      import PyPDF2
6      pdfFiles = ["out0.pdf","out1.pdf","input.pdf"]
7      pdfWriter = PyPDF2.PdfFileWriter()
8      for fileName in pdfFiles:
9          pdfReader = PyPDF2.PdfFileReader(open(fileName,'rb'))
10         for pageNum in range(pdfReader.numPages):
11             pdfWriter.addPage(pdfReader.getPage(pageNum))
12             pdfOutput = open('combine.pdf','wb')
13     pdfWriter.write(pdfOutput)
14     pdfOutput.close()
15     from pdfminer.pdfparser import PDFParser, PDFDocument
16     from pdfminer.pdfinterp import PDFResourceManager,
       PDFPageInterpreter
17     from pdfminer.layout import LAParams
18     from pdfminer.converter import PDFPageAggregator
19     from pdfminer.pdfinterp import PDFTextExtractionNotAllowed
20     def parse():
21         fn = open('combine.pdf','rb')
22         parser = PDFParser(fn)
23         doc = PDFDocument()
24         parser.set_document(doc)
25         doc.set_parser(parser)
26         doc.initialize("")
27         if not doc.is_extractable:
28             raise PDFTextExtractionNotAllowed
29         else:
30             resource = PDFResourceManager()
31             laparams = LAParams()
32             device = PDFPageAggregator(resource,laparams=laparams)
33             interpreter = PDFPageInterpreter(resource,device)
34             for page in doc.get_pages():
35                 interpreter.process_page(page)
36                 layout = device.get_result()
37                 for out in layout:
38                     if hasattr(out,"get_text"):
39                         with
open('output.txt','a',encoding='utf-8') as f:
40                             f.write(out.get_text()+'\n')
41     if __name__ == '__main__':
42         parse()
```

▶▶ 參考解答程式說明

- 1 行 import 所需套件 pdfkit。

- 2 行指定 wkhtmltopdf.exe 的安裝路徑。

- 3 行從本機抓取網頁轉換成 pdf。

- 4 行字串轉換成 pdf。

- 5 行 import 所需套件 PyPDF2。

- 6 行設定需要合併的 PDF 檔案，本題以"out0.pdf"、"out1.pdf"、"input.pdf"來舉例。

- 7 行獲取 pdfWriter 物件。

- 8-9 行讀取 PDF 檔案，獲取 PdfFileReader 物件。

- 10-11 行取得讀取檔案的頁數。

- 12 行設定輸出檔案，並獲取 pdfFileWriter 物件。

- 13-14 行在檔的最後一頁寫入一個空白頁，保存至檔中。

- 15-19 行 import pdfminer 所需套件。

- 20 行開始解析與獲取所需資訊。

- 21 行設定輸入的'combine.pdf'，'rb'參數表示以二進位元讀取模式打開本機 pdf 檔案，此為前面得到的合併 PDF 檔案。

- 22 行創建一個 pdf 檔案分析器。

- 23 行創建一個 PDF 檔案。

- 24-25 行連接分析器與檔案物件。

- 26 行提供初始化密碼，如果沒有密碼就創建一個空的字串。

- 27-29 行檢測檔案是否提供 txt 轉換，不提供就忽略，執行 29 行以後程式。

- 30 行創建 PDf 資源管理器。

- 31 行創建一個 PDF 參數分析器。

- 32 行創建聚合器，用於讀取檔案的物件。

- 33 行創建解譯器，對檔案編碼，解釋成 Python 能夠識別的格式。

- 34 行的 doc.get_pages()獲取 page 列表，然後用迴圈遍歷清單，每次處理一頁的內容。

- 35 行利用解譯器的 process_page()方法解析讀取單獨頁數。

- 36 行使用聚合器的 get_result()方法獲取內容。

- 37 行的 layout 是一個 LTPage 物件，裡面存放著這個 page 解析出的各種物件，利用迴圈來遍歷。

- 38-40 行判斷是否含有 get_text()方法，獲取我們想要的文字，然後採用附加方式寫入'output.txt'。

- 41-42 行呼叫 parse()。

Chapter 1 習題

1. 請撰寫程式讀取"input.csv"，寫入下面兩筆資料：

['花茶','15','12','500']

['蜜茶','10','9','300']

最後將之存為"output.csv"。

✅ 提示

> 本題需要 import csv 進行 csv 檔案的讀寫。

▶▶ 輸入與輸出樣本

輸入

```
input.csv中資料舉例
產品,價格,成本,庫存量
紅茶,10,8,600
```

輸出

```
Output.csv中需要增加下面兩筆資料
花茶,15,12,500
蜜茶,10,9,300
```

2. 請撰寫程式，建立一個 SQLite3 記憶體資料庫'Supplier.db'，建立有五個屬性的資料表 Supplier，欄位為 Supplier_Name VARCHAR(20)、Part_Number VARCHAR(20)、Cost FLOAT、Purchase_Date DATE。接著讀取 CSV 檔 'data.csv'，將資料插入 Suppliers 資料表。最後查詢 Suppliers 資料表，列出所有內容。

✅ 提示

> 本題需要 import csv 進行檔案的讀寫 csv；import sqlite3 進行資料庫處理。

▶▶ 輸入與輸出樣本

輸入

```
data.csv資料舉例
供應商姓名,批號,價格,購買日期
立群,1234,$500.00,6/21/18
立群,2345,$500.00,8/24/18
```

輸出

```
同上
```

Chapter **2**

網頁資料擷取與轉換

網頁資料擷取與轉換

根據 Wikipedia，網頁抓取（Web scraping）是一種從網頁上取得頁面內容的電腦軟體技術。通常透過軟體使用低階別的超文字傳輸協定模仿人類的正常存取。側重於轉換網路上非結構化資料（常見的是 HTML 格式）成為能在資料庫和電子試算表中儲存和分析的結構化資料。當前較為普遍的網頁抓取解決方案包括下列：

1. 人工複製貼上

    當網站設置障礙以防止機器自動化網頁抓取時（例如驗證碼、reCapcha），這可能是唯一可行的解決方案，而且即使是最好的網絡抓取技術也無法取代人工的檢查和複製貼上。

2. 文字模式匹配

    這是從網頁中提取資訊的簡單而強大的方法，可以基於 Python 語言的正規表示式匹配工具（例如 re）。

3. HTTP 編程

    通過使用如 requests 將 HTTP 請求發佈到遠端 Web 伺服器來檢索靜態和動態 Web 頁面。

4. HTML 解析

    許多網站都有大量的頁面集合，這些頁面會用一般腳本語言或範本將相同類別的資料編碼到類似頁面中。因此可以用 BeautifulSoup 等工具檢測此類範本，提取其內容並將其轉換為關係形式。

5. DOM 解析

    通過嵌入完整的 Web 瀏覽器控制項（如 Chrome 使用 Chromedriver），Selenium 套件程式可以檢索客戶端腳本生成的動態內容，這些瀏覽器控制項還將網頁解析為 DOM 樹以檢索部分頁面。此外，許多動態網站經常在內部 JavaScript 變數中公開其資料。因此，搭配 Selenium 套件使用 PhantomJS 可以通過訪問儲存的變數來提取所需的資料。

由此可知，Python 網頁資料擷取過程如下：

1. 存取網站取得內容

    可以 urllib 或 requests 等網站存取套件存取網站內容（包括靜態頁面與動態頁面），若該網站有提供 API（通常指 Web Application Interface）則可以直接透過 HTTP 協定獲取內容，此內容通常會以本書第 1 章所介紹的開放資料格式（如 csv、XML 或 JSON）。

2. 解析取得內容

可以配合 re 正規表示式匹配工具、BeautifulSoup 網頁解析套件、Selenium 套件（搭配 Chromedriver、PhantomJS 進行 DOM 解析），Pandas 解析表格資料，若所獲取內容為開放資料格式，則可用第 1 章介紹工具進行解析。

3. 處理資料

接著可以利用本書第 3 章、第 4 章介紹工具進行資料處理與展示。

本章將介紹 Python 存取網站方式、urllib 網站存取套件配合 re 正規表示式匹配工具、requests 網站存取與 HTTP 編程套件、BeautifulSoup 網頁解析套件、Selenium 套件（搭配 Chromedriver、PhantomJS 進行 DOM 解析）。

2-1　Python 存取網站方式

2-1-1　靜態網頁擷取

靜態網頁中不包含任何.js 檔，伺服器回傳的時候就是完整的網頁，所以此時網路爬蟲程式中最重要的部分就是如何解析網頁的 HTML 檔案。HTML 最主要的功能在定義元素，並且將這些元素以樹狀結構架構起來，每個元素由 Tag（標籤）、Attribute（屬性）與 Content（內容）三個部分來定義。Tag 就是元素的名字，Attribute 描述元素的屬性，Content 則是元素的內容。

1. 網路爬蟲常用的標籤

HTML 的標籤通常是成對出現，形式如下：

<標籤名稱> 內容 </標籤名稱>

常用的標籤如下：

- <header>：表示網站的開頭部分。

- <body>：定義網頁檔案之主體。

- <div>：定義網頁檔案的一個區塊，裡面可以包含很多元素。

- <title>：定義網頁標題名稱（顯示於視窗標題和分頁之名稱）。

- <h1>：定義 HTML 內文標題 1(最高級)標題，通常也是標題中最重要的。

- <a href>：定義超連結，跟著 href 屬性一起合用。

- <form>：定義用於使用者輸入之 HTML 表單。

- <tr> / <td> ：定義表格時最常用的兩個標籤，<tr> 是列，<td> 則是欄。

2. 網路爬蟲常用的屬性

id：獨一無二的代表網頁。

class：描述類似的元素的歸類。

href：超連結，有超連結我們就可以繼續深入下一個連結。

3. 靜態網頁網路爬蟲步驟

(1) 獲取網頁

以 http://rate.bot.com.tw/xrt?Lang=zh-TW（台銀牌告匯率）舉例，其網頁如圖 2-1-1-1。

圖 2-1-1-1　台銀牌告匯率網頁

(2) 分析網頁

分析網頁的 html 檔案，找出可能有關係的標籤，可從中抽取有用的資訊。

如圖 2-1-1-2，從前面網頁中按滑鼠右鍵，出現快顯功能表後，點選檢視網頁原始碼按鈕，接著會出現圖 2-1-1-3 我們想分析的內容。

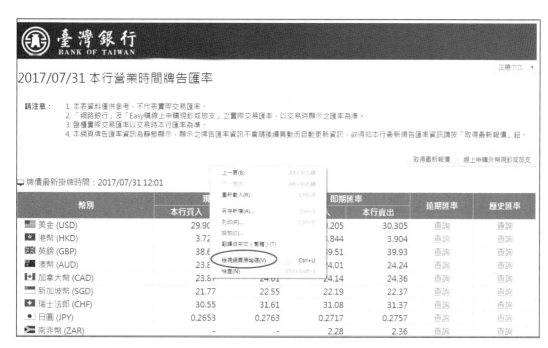

圖 2-1-1-2　點選快險功能表中檢視網頁原始碼按鈕

```
<html lang="zh-TW" class="no-js">
<head>
    <meta charset="utf-8" />
    <title>臺灣銀行牌告匯率</title>
<tr>
    <td data-table="幣別" class="currency phone-small-font">
        <div>
            <div class="sp-div sp-america-div">
                <img title="幣別國旗" alt="幣別國旗" src="/Content/images/sprite_lateral.png" class="sp-img sp-america-img" />
            </div>
            <br class="visible-phone print_hide" />
            <div class="visible-phone print_hide">
                美金 (USD)
            </div>
            <div class="hidden-phone print_show" style="text-indent:30px;">
                美金 (USD)
            </div>
        </div>
    </td>
    <td data-table="本行現金買入" class="rate-content-cash text-right print_hide">29.915</td>
    <td data-table="本行現金賣出" class="rate-content-cash text-right print_hide">30.457</td>
    <td data-table="本行即期買入" class="rate-content-sight text-right print_hide" data-hide="phone">30.215</td>
    <td data-table="本行即期賣出" class="rate-content-sight text-right print_hide" data-hide="phone">30.315</td>
```

圖 2-1-1-3　網頁原始碼(本圖為拼接圖)

從上面的原始碼可以看出，這個網頁的表格包括由 tr（表格的列標籤）分割的各個幣別，各幣別內還有 td（表格的行標籤）搭配 div class 和 visible-phone 描述的幣別資訊（如上圖中的美金(USD)）與由 td 標籤描述的各種匯率資料（如上圖中本行現金買入匯率為 29.915）所組成，資訊幾乎都在這個部分，可以從中爬出我們想要的資料。

(3) 儲存結果

可用 csv 檔案儲存，以利後續作業。

其基本操作如下範例所示：

▶ 範例程式 E2-1-1-1.py

```
1   #抓取台銀匯率資訊
2   import requests
3   from bs4 import BeautifulSoup
4   import csv
5   from time import localtime, strftime, strptime, mktime
6   from datetime import datetime
7   from os.path import exists
8   html = requests.get("https://rate.bot.com.tw/xrt?Lang=zh-TW")
9   bsObj = BeautifulSoup(html.content, "lxml")
10  for single_tr in bsObj.find("table", {"title":"牌告匯率
    "}).find("tbody").findAll("tr"):
11      cell = single_tr.findAll("td")
12      currency_name = cell[0].find("div",
    {"class":"visible-phone"}).contents[0]
13      currency_name = currency_name.replace("\r","")
14      currency_name = currency_name.replace("\n","")
15      currency_name = currency_name.replace(" ","")
16      currency_rate = cell[2].contents[0]
17      print(currency_name, currency_rate)
18      file_name = "E2-1-1-1" + currency_name + ".csv"
19      now_time = strftime("%Y-%m-%d %H:%M:%S", localtime())
20      if not exists(file_name):
21          data = [['時間', '匯率'], [now_time, currency_rate]]
22      else:
23          data = [[now_time, currency_rate]]
24      f = open(file_name, "a")
25      w = csv.writer(f)
26      w.writerows(data)
27      f.close()
```

▶ 範例程式說明

- 2-7 行導入 requests（存取網站取得內容）、BeautifulSoup（解析網頁）、csv（處理 csv 檔案格式）、time（處理時間）、datetime（處理日期時間）、os.path（處理檔案儲存路徑）模組。

- 8 行從台銀的 http://rate.bot.com.tw/xrt?Lang=zh-TW 回傳一個 HTML 檔案，轉存回 html 物件。

- 9 行呼叫 BeautifulSoup 將 8 行所得的物件分析建立 bsObj。

- 10 行觀察所得的靜態網頁，可以發現資訊要從 table → tbody → tr 才能抓到，由於 tr 有很多個，因此 10 行使用 findAll 方法找出所有的 tr，存入各個 single_tr 物件。

- 11 行從 single_tr 物件中找出所有的 td，存入 cell 物件中。

- 12 行在 cell[0](也就是 td[0])下面找 class 屬性是 visible-phone 的欄位，contents 會回傳裡面的內容給 currency_name，13-15 行將 currency_name 中不必要的 字串（如\r、\n,）空白鍵都去掉。

- 16-17 行將 cell[2].contents[0]設定給 currency_rate，再印出 currency_name、 currency_rate 的結果。

- 18 行手動建立所得的 csv 檔案名稱。

- 19 行使用 time 函式庫得到現在的時間 now_time。

- 20-23 行處理準備寫入檔案內容，如果檔案不存在，先把一行描述加上去；接 下來用串列中的串列來處理每天的匯率，裡面的每一個串列代表爬到的一筆匯 率資料。

- 24-27 行處理 csv 檔案，先將檔案開啟，此時的參數"a"會讓加上去的資料持續 寫在檔案的末端，接著將 data 物件寫入，最後把檔案關閉。

▶▶ 輸出結果

```
美金(USD) 30.82
港幣(HKD) 3.942
英鎊(GBP) 41.03
澳幣(AUD) 22.96
加拿大幣(CAD) 23.59
新加坡幣(SGD) 22.68
瑞士法郎(CHF) 30.83
日圓(JPY) 0.2744
南非幣(ZAR) -
瑞典幣(SEK) 3.57
紐元(NZD) 20.97
泰幣(THB) 0.9816
...
Done
最後產生E2-1-1-1-XXX.csv(XXX為幣別)
```

如果網頁非常格式化，也可以利用 Pandas 進行靜態網頁抓取，如下範例所示：

▶▶ 範例程式 **E2-1-1-2.py**

```
1    #查詢台灣證交所本國上市證券國際證券辨識號碼一覽表
2    import pandas as pd
3    df=pd.read_html('http://isin.twse.com.tw/isin/C_public.jsp?strMode=2
     ',  encoding='big5hkscs',header=0)
4    newdf=df[0][df[0]['產業別'] > '0']
5    del newdf['CFICode'],newdf['備註']
6    df2=newdf['有價證券代號及名稱'].str.split(' ', expand=True)
7    df2 = df2.reset_index(drop=True)
8    newdf = newdf.reset_index(drop=True)
9    for i in df2.index:
10       if '  ' in df2.iat[i,0]:
11           df2.iat[i,1]=df2.iat[i,0].split('  ')[1]
12           df2.iat[i,0]=df2.iat[i,0].split('  ')[0]
13   newdf=df2.join(newdf)
14   newdf=newdf.rename(columns = {0:'股票代號',1:'股票名稱'})
15   del newdf['有價證券代號及名稱']
16   newdf.to_excel('E2-1-1-2-output.xlsx',sheet_name='Sheet1',
     index=False)
```

▶▶ 範例程式說明

- 2 行導入 pandas 函式庫。

- 3 行利用 pandas 的 read_html 方法，讀取台灣證交所的本國上市證券國際證券辨識號碼一覽表 http://isin.twse.com.tw/isin/C_public.jsp?strMode=2 回傳一個 HTML 檔案，轉存回 df 物件（此為 pandas 中 dataframe 物件）。

- 4-8 行處理 df 物件的 index，去除不需要的'CFICode'與'備註'欄位，並將'有價證券代號及名稱'欄位分為 2 欄位（14-15 行將之命名為'股票代號'與'股票名稱'欄位，並刪除'有價證券代號及名稱'欄位），回存為 df 物件與 newdf 物件（存放 index）。

- 9-12 行將'有價證券代號及名稱'欄位的資料內容分割為 2，回存 df2 物件中。

- 13 行將 df2 合併到 newdf 物件中。

- 16 行利用 pandas 的 to_excel 方法將 newdf 寫入'E2-1-1-2-output.xlsx'中，工作表命名為'Sheet1'。

▶▶ 輸出結果

最後產生'E2-1-1-2-output.xlsx'如下：

2-1-2　動態網頁擷取

動態網頁中用戶會輸入資訊，而後與伺服器互動，因此可以從這個過程下手進行爬取動作。過程如下：

觀察用戶資料獲取方式

進行動態網頁擷取前，都要知道用戶端網頁是怎麼跟伺服器互動取得資料，我們可用模仿的方式模擬網頁去跟伺服器互動要求資料。下面將以從 ibon 網站中查詢各門市的資訊（http://www.ibon.com.tw/retail_inquiry.aspx#gsc.tab=0）為例來說明，以下分成 3 個步驟來觀察：

圖 2-1-2-1　查詢 ibon 門市網頁

1. 在原來頁面下按滑鼠右鍵，出現快顯功能表後，點選【檢查】按鈕，打開 Chrome 的開發者模式。

圖 2-1-2-2　點選【檢查】按鈕，打開 Chrome 的開發者模式

圖 2-1-2-3　Chrome 的開發者模式

2. 重新整理網頁頁面：在原來頁面下按滑鼠右鍵，出現快顯功能表後，點選【重新載入】重整網頁頁面。

圖 2-1-2-4　重新載入網頁

接著點選【Network】按鈕，開始觀察用戶與伺服器間的互動。

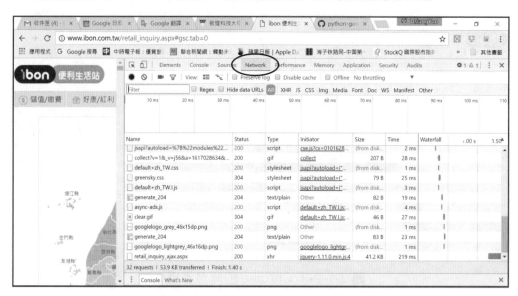

圖 2-1-2-5 點選【Network】按鈕

3. 觀察資料獲取的方式：從右邊各指令花費時間發現 retail_inquiry_ajax.aspx
   耗時最長，可以推論是進行資料傳接造成。

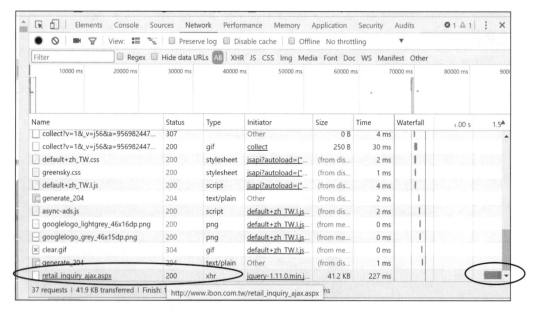

圖 2-1-2-6 觀察資料獲取的方式

以滑鼠點擊圖 2-1-2-6 中的 retail_inquiry_ajax.aspx，可得到圖 2-1-2-7，瞭
解此時請求的網址是 http://www.ibon.com.tw/retail_inquiry_ajax.aspx，請求的
方式是 post。

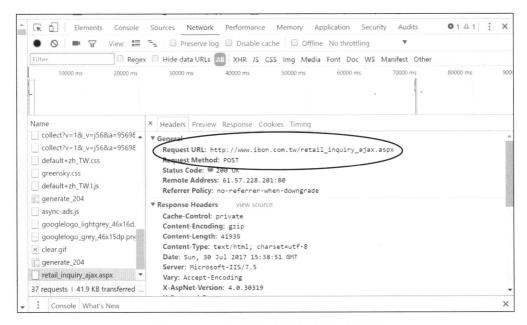

圖 2-1-2-7 查詢請求網址與請求方式

往下捲動頁面到最底，可得圖 2-1-2-8，瞭解使用 Post 方式請求時，傳出的
資訊與相關變數名稱，分別是'strTargetField':'COUNTY'、'strKeyWords':'
縣市別'。

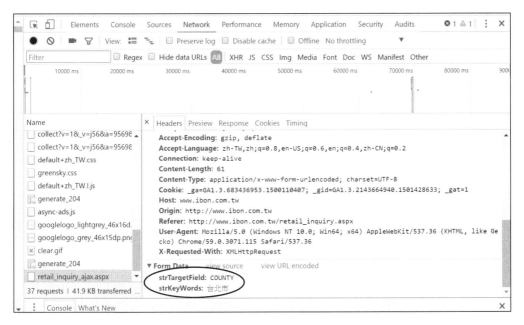

圖 2-1-2-8 使用 Post 請求傳出的資訊與相關變數名稱

接著點選【Response】按鈕確認回傳資訊是否存在，能發現從中可得所要的
店名、地址等資訊。

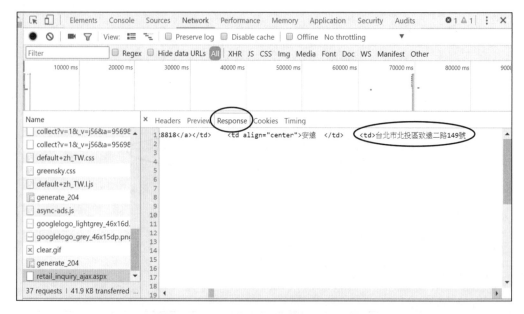

圖 2-1-2-9　確認回傳資訊是否存在

使用 Python 爬取資訊

觀察完就可以開始用 Python 爬取資訊，如下範例：

▶▶ 範例程式 **E2-1-2-1.py**

```
1   #抓取7-eleven各門市資訊
2   import requests
3   import pandas as pd
4   city = ['基隆市', '臺北市', '新北市', '桃園市', '新竹市','新竹縣','苗栗
    縣','台中市','彰化縣', '雲林縣', '南投縣', '嘉義縣', '嘉義市', '台南市',
    '高雄市', '屏東縣', '台東縣', '花蓮縣', '宜蘭縣', '連江縣', '金門縣', '
    澎湖縣']
5   for index, city in enumerate(city):
6       data = {'strTargetField':'COUNTY','strKeyWords':'%s' % city}
7       res =
    requests.post('http://www.ibon.com.tw/retail_inquiry_ajax.aspx',
    data=data)
8       if index == 0:
9           df_7_11_store = pd.read_html(res.text, header=0)[0]
10          df_7_11_store['縣市'] = city
11      if index > 0:
12          df_7_11_store_ = pd.read_html(res.text, header=0)[0]
13          df_7_11_store_['縣市'] = city
14          df_7_11_store = df_7_11_store.append(df_7_11_store_)
```

| 15 | `print('%2d) %-*s %4d' % (index+1, 5, city,`
`pd.read_html(res.text, header=0)[0].shape[0]))` |
| 16 | `df_7_11_store.to_excel('E2-1-2-1-output.xlsx', encoding="UTF-8",`
`index=False)` |

▶▶ 範例程式說明

- 2-3 行導入 requests、pandas 函式庫。

- 4 行建立需要抓取縣市的串列。

- 5 行開始使用迴圈來依序取得每一個城市的門市資訊，並用 index 來做為串列標註。

- 6-7 行根據在 Chrome 開發者模式觀察到的 Post 發出資訊，傳送給 http://www.ibon.com.tw/retail_inquiry_ajax.aspx 模擬 Post 發出資訊 data。

- 由於所觀察到回傳資料的形式是 table，8-10 行迴圈一次處理時呼叫 pandas 的 read_html 方法建立 dataframe，並將城市填入。

- 11-14 行迴圈二次以上處理時呼叫 pandas 的 read_html 方法將資訊直接 append 到 dataframe 裡，並將城市填入。

- 15 行印出執行進度。

- 16 行將資料利用 pandas 的 to_excel 方法輸出成 Excel 檔案'E2-1-2-1.xlsx'。

▶▶ 輸出結果

```
過程中會印出下列(即7-11在各縣市的門市數量，此為2018/7/15資料)
 1) 基隆市     72
 2) 臺北市    756
 3) 新北市    889
 4) 桃園市    584
 5) 新竹市    138
 6) 新竹縣    155
 7) 苗栗縣    107
 8) 台中市    646
 9) 彰化縣    187
10) 雲林縣    101
11) 南投縣     89
12) 嘉義縣     87
13) 嘉義市     57
14) 台南市    453
15) 高雄市    524
```

16） 屏東縣	143
17） 台東縣	54
18） 花蓮縣	83
19） 宜蘭縣	85
20） 連江縣	8
21） 金門縣	15
22） 澎湖縣	25

最後得到的'E2-1-2-1-output.xlsx'如下：

2-1-3 Logging 模組

此模組為應用程式和函式庫的函數和類別進行了事件記錄，主要好處是所有 Python 模組都可參與日誌記錄，因此應用程式日誌能包含您加入且可辨識的訊息，以記錄與識別在進行網頁抓取時所發生的事件。

記錄級別

日誌記錄之級別數值在下表中給出。如果要定義自己的級別,並且需要它們具有相對於預定義級別的特定值,則主要關注這些級別。如果您使用相同的數值定義級別,它將覆蓋預定義的值及其名稱。

Level	Numeric value
CRITICAL	50
ERROR	40
WARNING	30
INFO	20
DEBUG	10
NOTSET	0

▶▶ 範例程式 E2-1-3-1.ipynb

'logging'模組可以用來記錄日誌:

In[1]	import logging

'logging'的日誌類型有以下幾種:

- 'logging.critical(msg)'

- 'logging.error(msg)'

- 'logging.warning(msg)'

- 'logging.info(msg)'

- 'logging.debug(msg)'

級別排序為:'CRITICAL > ERROR > WARNING > INFO > DEBUG > NOTSET'。

預設情況下,'logging'的日誌級別為'WARNING',只有不低於'WARNING'級別的日誌才會顯示在命令列。

```
In[2]    logging.critical('This is critical message')
         logging.error('This is error message')
         logging.warning('This is warning message')

         不會顯示
         logging.info('This is info message')
         logging.debug('This is debug message')
```

可以這樣修改預設的日誌級別：

```
In[3]    logging.root.setLevel(level=logging.INFO)
         logging.info('This is info message')
```

可以通過 `logging.basicConfig()` 函數來改變預設的日誌顯示方式：

```
In[4]    logging.basicConfig(format='%(asctime)s: %(levelname)s:
         %(message)s')

         logger = logging.getLogger("this program")

         logger.critical('This is critical message')
```

下面的 Python 程式碼片段將用於在先前創建的資料庫中創建一個表：

▶▶ 範例程式 **E2-1-3-2.py**

```
1    import logging
2    import time
3    from logging.handlers import RotatingFileHandler
4    def create_rotating_log(path):
         # Creates a rotating log
5        logger = logging.getLogger("Rotating Log")
6        logger.setLevel(logging.INFO)
         # add a rotating handler
7        handler = RotatingFileHandler(path, maxBytes=20,
                                       backupCount=5)
8        logger.addHandler(handler)
9         for i in range(10):
10            logger.info("This is test log line %s" % i)
11            time.sleep(1.5)
12   if __name__ == "__main__":
13       log_file = "test.log"
14       create_rotating_log(log_file)
```

▶▶ 範例程式說明

- 1-3 行 import 所需套件。

- 4-11 行建立 rotating log，可以循環使用，並增設 rotating handler。9-11 行則是在試寫 log。

- 12-14 行為主程式，呼叫 create_rotating_log，建立 log_file = "test.log"。

▶▶ 輸出結果

產生如下之 log

test	2018/7/16 下午 11:41	文字文件		1 KB
test.log	2018/7/16 下午 11:41	1 檔案		1 KB
test.log	2018/7/16 下午 11:41	2 檔案		1 KB
test.log.3	2018/7/16 下午 11:41	3 檔案		1 KB
test.log.4	2018/7/16 下午 11:40	4 檔案		1 KB
test.log.5	2018/7/16 下午 11:40	5 檔案		1 KB
timed_test	2018/7/16 下午 11:41	文字文件		1 KB

▶▶ 範例程式 **E2-1-3-3.py**

```
1   import time
2   from logging.handlers import TimedRotatingFileHandler
3   def create_timed_rotating_log(path):
4       logger = logging.getLogger("Rotating Log")
5       logger.setLevel(logging.INFO)
6       handler = TimedRotatingFileHandler(path,
                                            when="m",
                                            interval=1,
                                            backupCount=5)
7       logger.addHandler(handler)
8       for i in range(20):
9           logger.info("This is a test!")
10          time.sleep(1.5)
11  if __name__ == "__main__":
12      log_file = "timed_test.log"
13      create_timed_rotating_log(log_file)
```

▶▶ 範例程式說明

- 1-2 行 import 所需套件。

- 3-10 行建立 timed_rotating_log，可以循環使用，並增設 TimedRotatingFile-Handler。8-10 行則是在試寫 log。

- 11-13 行為主程式，呼叫 create_rotating_log，建立 log_file = " timed_test.log "。

▶▶ 輸出結果

```
    create_timed_rotating_log(log_file)
  File "C:/Users/User/TQC+ 網頁資料擷取與分析特訓教材/第2章
/2-1/E2-1-3-3.py", line 15, in create_timed_rotating_log
    logger.info("This is a test!")
Message: 'This is a test!'
Arguments: ()
```

2-2 urllib 與 re

2-2-1 urllib 常用的方法

urllib 套件收集了下列用於處理 URL 的模組：

- urllib.request 用於打開和讀取 URL

- urllib.error 處理 urllib.request 引發的異常訊息

- urllib.parse 用於解析 URL

- urllib.robotparser 用於解析 robots.txt 文件

urllib.request 模組定義了開啟 URL（主要是 HTTP）的函數和類別，提供基本和摘要式身份驗證、重定向、cookie 等功能。

urllib.request 模組定義了以下功能：

```
urllib.request.urlopen(url，data = None，[timeout，] *，cafile = None
，capath = None，cadefault = False，context = None)
```

打開 URL url，可以是字串或 Request 物件。

此函數始終返回一個物件，該物件可用作上下文管理器並具有下列操作方法：

● geturl()：返回檢索到資源的 URL，通常用於確定是否遵循重定向。

● info()：以 email.message_from_string()實例的形式返回頁面的資訊，例如標題。

● getcode()：返回回應的 HTTP 狀態代碼。

對於 HTTP 和 HTTPS URL，此函數返回稍微修改的 http.client.HTTPResponse 物件。除了上面的三個新方法之外，msg 屬性包含與 reason 屬性相同的資訊，而不是 HTTPResponse 文件中指定的回應標頭。

▶▶ 範例程式 E2-2-1-1.ipynb

本範例將開啓簡單的網頁 http://www.python.org/，接著列印其中所有的內容。

| In[1] | ```
import urllib.request
with urllib.request.urlopen('https://
taipeicity.github.io/traffic_realtime/') as html:
    print(html.read(500))
``` |
|---|---|
| Out[1] | ```
b'<!doctype html>\n<html>\n <head>\n <meta charset=
"utf-8">\n <meta http-equiv="X-UA-Compatible" content=
"chrome=1">\n <title>\xe8\x87\xba\xe5\x8c\x97\xe5\xb8
\x82\xe6\x94\xbf\xe5\xba\x9c \xe4\xba\xa4\xe9\x80\x9a
\xe5\x8d\xb3\xe6\x99\x82\xe8\xb3\x87\xe6\x96\x99 \xe9
\x96\x8b\xe6\x94\xbe\xe8\xb3\x87\xe6\x96\x99\xe5\xb0
\x88\xe5\x8d\x80 by taipeicity</title>\n\n <link rel=
"stylesheet" href="stylesheets/styles.css">\n <link rel=
"stylesheet" href="stylesheets/github-light.css">\n
<script src="javascripts/scale.fix.js"></script>\n\t
<script type="text/javascript" src="javascripts
/normal.js"></script>\n <meta name="viewport" content=
"width=device-'
``` |

若遇到網站採用 utf-8 encoding 編碼，則需要加上 decode('utf-8')

| In[2] | ```
with urllib.request.urlopen('https://
taipeicity.github.io/traffic_realtime/') as html:
    print(html.read(300).decode('utf-8'))
``` |
|---|---|
```

| Out[2] | `<!doctype html> <html> <head> <meta charset="utf-8"> <meta http-equiv="X-UA-Compatible" content="chrome=1"> <title>`臺北市政府 交通即時資料 開放資料專區 by taipeicity`</title> <link rel="stylesheet" href="stylesheets /styles.css"> <link rel="stylesheet" href="sty` |

若要處理可能的例外情況，例如找不到網頁或網站目前暫時關閉，需要利用 urllib.error 模組所回傳的資訊來處理。

| In[3] | ```python
from urllib.request import urlopen
from urllib.error import HTTPError
from bs4 import BeautifulSoup
import sys


def getTitle(url):
    try:
        html = urlopen(url)
    except HTTPError as e:
        print(e)
        return None
    try:
        bsObj = BeautifulSoup(html, "html.parser")
        title = bsObj.body.h1
    except AttributeError as e:
        return None
    return title

title = getTitle("https://taipeicity.github.io
/traffic_realtime/")
if title == None:
    print("Title could not be found")
else:
    print(title)
``` |
| Out[3] | `<h1 class="header">`臺北市政府 交通即時資料 開放資料專區`</h1>` |
```

正規運算式

常見匹配模式

模式	描述
\w	匹配字母數位元及底線
\W	匹配非字母數位元及底線
\s	匹配任意空白字元，等價於[\t\n\r\f]
\S	匹配任意非空字元
\d	匹配任意數字，等價於[0-9]
\D	匹配任意非數字
\A	匹配字串開始
\Z	匹配字串結束，如果是存在換行，只匹配到換行前的結束字串
\z	匹配字串結束
\G	匹配最後匹配完成的位置
\n	匹配一個分行符號
\t	匹配一個定位字元
^	匹配字串的開頭
$	匹配字串的末尾
.	匹配任意字元，除了分行符號，當 re.DOTALL 標記被指定時，則可以匹配包括分行符號的任意字元
[...]	用來表示一組字元，單獨列出：[amk] 匹配 'a','m'或'k'
[^...]	不在[]中的字元：[^abc] 匹配除了 a、b、c 之外的字元
*	匹配 0 個或多個的運算式
+	匹配 1 個或多個的運算式
?	匹配 0 個或 1 個由前面的正規運算式定義的片段
{n}	精確匹配 n 個前面運算式
{n, m}	匹配 n 到 m 次由前面的正規運算式定義的片段
a|b	匹配 a 或 b
( )	匹配括弧內的運算式

```
re.match
```

嘗試從字串的起始位置匹配一個模式，如果不是起始位置匹配成功的話，就返回 none。

```
re.match(pattern, string, flags=0)
```

最常規的匹配

| In[4] | ```import re
content = 'Hello 123 4567 World_This is a Regex Demo'
print(len(content))
result =
re.match('^Hello\s\d\d\d\s\d{4}\s\w{10}.*Demo$',
content)
print(result)
print(result.group())
print(result.span())``` |
|---|---|
| Out[4] | ```41
<_sre.SRE_Match object; span=(0, 41), match='Hello 123
4567 World_This is a Regex Demo'>
Hello 123 4567 World_This is a Regex Demo
(0, 41)``` |

泛匹配

| In[5] | ```import re
content = 'Hello 123 4567 World_This is a Regex Demo'
result = re.match('^Hello.*Demo$', content)
print(result)
print(result.group())
print(result.span())``` |
|---|---|
| Out[5] | ```<_sre.SRE_Match object; span=(0, 41), match='Hello 123
4567 World_This is a Regex Demo'>
Hello 123 4567 World_This is a Regex Demo
(0, 41)``` |

匹配目標

| In[6] | ```python
import re
content = 'Hello 1234567 World_This is a Regex Demo'
result = re.match('^Hello\s(\d+)\sWorld.*Demo$',
content)
print(result)
print(result.group(1))
print(result.span())
``` |
|---|---|
| Out[6] | ```
<_sre.SRE_Match object; span=(0, 40), match=
'Hello 1234567 World_This is a Regex Demo'>
1234567
(0, 40)
``` |

貪婪匹配

| In[7] | ```python
import re
content = 'Hello 1234567 World_This is a Regex Demo'
result = re.match('^He.*(\d+).*Demo$', content)
print(result)
print(result.group(1))
``` |
|---|---|
| Out[7] | ```
<_sre.SRE_Match object; span=(0, 40), match='Hello
1234567 World_This is a Regex Demo'>
7
``` |

非貪婪匹配

| In[8] | ```python
import re
content = 'Hello 1234567 World_This is a Regex Demo'
result = re.match('^He.*?(\d+).*Demo$', content)
print(result)
print(result.group(1))
``` |
|---|---|
| Out[8] | ```
<_sre.SRE_Match object; span=(0, 40), match='Hello
1234567 World_This is a Regex Demo'>
1234567
``` |

匹配模式

In[9]	``` import re content = '''Hello 1234567 World_This is a Regex Demo''' result = re.match('^He.*?(\d+).*?Demo$', content, re.S) print(result.group(1)) ```
Out[9]	1234567

轉義

In[10]	``` import re content = 'price is $5.00' result = re.match('price is $5.00', content) print(result) ```
Out[10]	None
In[11]	``` import re content = 'price is $5.00' result = re.match('price is \$5\.00', content) print(result) ```
Out[11]	<_sre.SRE_Match object; span=(0, 14), match='price is $5.00'>

總結：儘量使用泛匹配，多使用括弧得到確切匹配目標；儘量使用非貪婪模式，有分行符號就用 re.S。

```
re.search
```

re.search 掃描整個字串並返回第一個成功的匹配。

In[12]	``` import re content = 'Extra stings Hello 1234567 World_This is a Regex Demo Extra stings' result = re.match('Hello.*?(\d+).*?Demo', content) print(result) ```
Out[12]	None

In[13]	``` import re content = 'Extra stings Hello 1234567 World_This is a Regex Demo Extra stings' result = re.search('Hello.*?(\d+).*?Demo', content) print(result) print(result.group(1)) ```
Out[13]	``` <_sre.SRE_Match object; span=(13, 53), match='Hello 1234567 World_This is a Regex Demo'> 1234567 ```

總結：為匹配方便，能用 search 就不用 match。

接著利用 re 正規表示式對網頁標籤內容進行辨識

In[14]	``` import re html=urlopen('https://taipeicity.github.io/traffic_real time/') htmlcontent=html.read(500).decode('utf-8') res = re.findall(r"<title>(.+?)</title>", htmlcontent) print("\nPage title is: ", res[0]) ```
Out[14]	Page title is: 臺北市政府 交通即時資料 開放資料專區 by taipeicity

另一個從網頁抓取內容選取段落的例子

In[15]	```
	html=urlopen('https://taipeicity.github.io/traffic_real time/')
	htmlcontent=html.read(10000).decode('utf-8')
	res = re.findall(r"<p>(.*?)</p>", htmlcontent, flags=re.DOTALL) # re.DOTALL if multi line
	print("\nPage paragraph is: ", res[0])
	``

Out[15]	Page paragraph is: 若您有任何問題，歡迎來信 <a href="mailto:services@mail.taipei.gov.tw">services @mail.taipei.gov.tw</a> 或來電(02)2720-8889#2858（李先生），感謝您！

也可以利用 regex 找出 link

In[16]	``` html=urlopen('https://taipeicity.github.io/traffic_real time/') htmlcontent=html.read(10000).decode('utf-8') res = re.findall(r'href="(.*?)"', htmlcontent) ```

	print("\nAll links: ", res)
Out[16]	All links: ['stylesheets/styles.css', 'stylesheets /github-light.css', 'https://github.com/taipeicity /traffic_realtime/zipball/master', 'https://github.com /taipeicity/traffic_realtime/tarball/master', 'https://github.com/taipeicity/traffic_realtime', 'https://github.com/taipeicity', '#%E8%B3%87%E6%96%99 %E9%9B%86%E5%88%97%E8%A1%A8-%E8%B3%87%E6%96%99%E7%82%BA -json-%E6%A0%BC%E5%BC%8F', 'mailto:services @mail.taipei.gov.tw', '#%E5%85%AC%E8%BB%8A%E5%8D%B3%E6 %99%82%E8%B3%87%E6%96%99-%E8%AA%AA%E6%98%8E%E6%96%87%E4 %BB%B6', 'https://drive.google.com/file/d /0BzL9ldn5Fg6dcVZ3eUgybkdiTXc/view?usp=sharing', 'https://tcgbusfs.blob.core.windows.net/blobbus/GetPath Detail.gz', 'http://data.taipei/opendata/datalist /datasetMeta?oid=174d780f-6e87-45d8-b779-c608c6f01432', 'https://tcgbusfs.blob.core.windows.net/ntpcbus /GetPathDetail.gz', 'http://data.taipei /opendata/datalist/datasetMeta?oid=2a8f5f42-942c-4974-8 366-b44e90ad9701', 'https:// tcgbusfs.blob.core.windows.net/blobbus/GetCarInfo.gz', 'http://data.taipei/opendata/datalist/datasetMeta?oid=e 1281862-c974-49ca-837e-77f4074e32eb', …下略

2-2-2 urllib

只要運用 urllib.request 中的 urlopen 方法即可取得遠端網頁，取回後利用 read()方法即可讀取網頁內容，如下範例所示：

▶▶ 範例程式 **E2-2-2-1.py**

```
1   from __future__ import unicode_literals, print_function
2   import urllib
3   from bs4 import BeautifulSoup
4   import urllib.request
    # 財政部官網
5   request_url = 'http://invoice.etax.nat.gov.tw/'
    # 取得HTML
6   htmlContent = urllib.request.urlopen(request_url).read()
7   soup = BeautifulSoup(htmlContent, "html.parser")
8   results = soup.find_all("span", class_="t18Red")
```

```
9    subTitle = ['特別獎', '特獎', '頭獎', '增開六獎'] # 獎項
10   months = soup.find_all('h2', {'id': 'tabTitle'})
     # 最新一期
11   month_newest = months[0].find_next_sibling('h2').text
     # 上一期
12   month_previous = months[1].find_next_sibling('h2').text
13   print("最新一期統一發票開獎號碼 ({0})：".format(month_newest))
14   for index, item in enumerate(results[:4]):
15   print('>> {0} : {1}'.format(subTitle[index], item.text))
16   print ("上期統一發票開獎號碼 ({0})：".format(month_previous))
17   for index2, item2 in enumerate(results[4:8]):
18   print ('>> {0} : {1}'.format(subTitle[index2], item2.text))
```

▶▶ 範例程式說明

- 1-4 行 import 所需套件。

- 5-6 行設定呼叫網頁網址，而後以 urllib.request 中的 urlopen 開啓網頁物件，再以此物件的 read()方法讀取，設定為 htmlContent 物件。

- 7-8 行指定由 BeautifulSoup 對 htmlContent 進行解析，並設定以"html.parser"方式解析並設定為 soup 物件，接著利用 soup 物件的 find_all 方法找尋網頁中所有標籤為"span"且 class 屬性值為"t18Red"的內容，設定給 result 物件。

- 9 行設定欲找尋獎項的串列。

- 10 行利用 soup 物件的 find_all 方法找尋網頁中所有標籤為'h2'且 id 屬性值為'tabTitle'的內容，設定給 months 物件。

- 11-12 行運用 months 物件的 find_next_sibling 方法找尋標籤為'h2'的下二個內容，將其中 text 設定為 month_newest（最新一期）與 month_previous（上一期）物件。

- 13-15 行依照格式列印最新一期統一發票開獎號碼。

- 16-18 行依照格式列印上期統一發票開獎號碼。

▶▶ 輸出結果

```
最新一期統一發票開獎號碼 (107年03-04月)：
>> 特別獎 : 12342126
>> 特獎 : 80740977
>> 頭獎 : 36822639、38786238、87204837
>> 增開六獎 : 991、715
```

上期統一發票開獎號碼 (107年01-02月)：
>> 特別獎 ： 21735266
>> 特獎 ： 91874254
>> 頭獎 ： 56065209、05739340、69001612
>> 增開六獎 ： 591、342

運用 urllib.request 中的 urlopen 方法亦可取得本地網頁讀取網頁內容，如下範例所示：

▶▶ 範例程式 **E2-2-2-2.py**

```
1   import csv
2   from urllib.request import urlopen
3   from bs4 import BeautifulSoup
4   file_name = " E2-2-2-2-output.csv"
5   f = open(file_name, "w", encoding = 'utf8')
6   w = csv.writer(f)
7   htmlname="file:E2-2-2-2-input.html"
8   html = urlopen(htmlname)
9   bsObj = BeautifulSoup(html, "lxml")
10  for single_tr in
    bsObj.find("table").find("tbody").findAll("tr"):
11      cell = single_tr.findAll("td")
12      F0 = cell[0].text
13      F1 = cell[1].text
14      data = [[F0,F1]]
15      w.writerows(data)
16  f.close()
```

▶▶ 範例程式說明

- 1-3 行 import 所需套件。

- 4-6 行以寫入方式開啟'E2-2-2-2-output.csv'，編碼方式為'utf8'，並設定為 f 物件，再對 f 物件運用其 writer 方法設定為 w 物件。

- 7-8 行運用 urllib.request 中的 urlopen 開啟網頁物件，設定為 html 物件。

- 9-10 行運用 BeautifulSoup 以"lxml"方式解析 html 物件，設定為 bsObj 物件。再運用 bsObj 物件中的 find 方法找尋 bsObj 物件中的"table"標籤；再對其找尋"tbody"標籤，再對其運用 findAll 方法找尋所有的"tr"標籤，設定為 single_tr 物件。

- 11 行對 single_tr 物件運用其中的 findAll 方法找尋所有的"td"標籤，設定為 cell 物件。

- 12-14 行將 cell[0]與 cell[1]中的 text 取出（此二欄位即為資料清單中預報名稱 與代號）組合為 data 串列。

- 15 行將 data 寫入 w 物件。

- 16 行關閉 csv 檔案。

▶▶ 輸出結果

```
一週農業氣象預報-未來天氣概況、各地天氣預報及農事建議,F-A0010-001
海面天氣預報-海面天氣預報,F-A0012-001
海面天氣預報-海面天氣預報(英文版),F-A0012-002
長期天氣預報-月長期天氣展望,F-A0013-001
長期天氣預報-季長期天氣展望,F-A0013-002
波浪預報模式資料-臺灣海域預報資料,F-A0020-001
潮汐預報-未來1個月潮汐預報,F-A0021-001
滿潮預報圖-今日滿潮預報影像圖,F-A0022-001
滿潮預報圖-明日滿潮預報影像圖,F-A0022-002
滿潮預報圖-後天滿潮預報影像圖,F-A0022-003
滿潮預報圖-第4天滿潮預報影像圖,F-A0022-004
滿潮預報圖-第5天滿潮預報影像圖,F-A0022-005
滿潮預報圖-第6天滿潮預報影像圖,F-A0022-006
滿潮預報圖-第7天滿潮預報影像圖,F-A0022-007
潮汐表-明年高低潮時潮高預報,F-A0023-001
藍色公路海況預報-藍色公路預報逐時海氣象資訊,

- 基隆馬祖航線,F-A0037-001
- 臺中馬公航線,F-A0037-002
- 高雄馬公航線,F-A0037-003
- 東港小琉球航線,F-A0037-004
...略
```

2-2-3　re 模組

運用 re 模組可對 urllib.request 中的 urlopen 方法取得遠端網頁讀取的網頁內容進 行簡單解析，如下範例所示：

▶▶ 範例程式 **E2-2-3-1.py**

```
1    import re
2    import urllib.request
3    import urllib.error
4    def gethtmlfile(url):
5        try:
6            html = urlopen(url)
7        except HTTPError as e:
8            print(e)
9            return None
10       return html
     # 財政部官網
11   request_url = 'http://invoice.etax.nat.gov.tw/'
12   htmlfile = gethtmlfile(request_url)
13   htmlcontent = htmlfile.read().decode('utf-8')
14   if htmlfile != None:
15       pattern = input("請輸入欲搜尋的字串 : ")  # pattern存放欲搜尋的字串
16       if pattern in htmlcontent:
17           print("搜尋 {:s} 成功".format(pattern))
18       else:
19           print("搜尋 {:s} 失敗".format(pattern))
20       name = re.findall(pattern, htmlcontent)
21       if name != None:
22           print("{:s} 出現 {:d} 次".format(pattern, len(name)))
23       else:
24           print("{:s} 出現 0 次".format(pattern))
25   else:
26       print("網頁下載失敗")
```

▶▶ 範例程式說明 :

- 1-3 行 import 所需套件。

- 4-10 行定義 gethtmlfile 模組,以 urllib.request 中的 urlopen 開啟網頁物件,並處理可能抓取失敗。

- 11-13 行設定呼叫 gethtmlfile 模組,將回傳值設定為 htmlfile,再以此物件的 read()方法讀取,設定為 htmlcontent 物件。

- 14 行判定網頁是否讀取成功,若成功則執行 15-24 行,否則執行 25-26 行列印失敗訊息。

- 15 行輸入在此網頁中欲搜尋資串。

- 16-24 行利用 re 模組中的 findAll 計算所輸入字串出現次數並列印。

▶ 輸出結果

```
請輸入欲搜尋的字串 ： 特獎
搜尋 特獎 成功
特獎 出現 10 次

請輸入欲搜尋的字串 ： 頭獎
搜尋 頭獎 成功
頭獎 出現 18 次
```

2-3　requests

2-3-1　requests 常用的方法

▶ 範例程式 **E2-3-1-1.ipynb**

Python 標準庫中的 urllib 模組提供了的大多數 HTTP 功能，但是它的 API 不是特別方便使用。requests 模組號稱 HTTP for Human，它可以這樣使用：

```
In[1]    import requests
         r = requests.get("http://httpbin.org/get")
         r = requests.post('http://httpbin.org/post', data =
         {'key':'value'})
         r = requests.put("http://httpbin.org/put")
         r = requests.delete("http://httpbin.org/delete")
         r = requests.head("http://httpbin.org/get")
         r = requests.options("http://httpbin.org/get")
```

傳入 URL 參數

假如我們想訪問 httpbin.org/get?key=val，我們可以使用 params 傳入這些參數：

```
In[2]    payload = {'key1': 'value1', 'key2': 'value2'}
         r = requests.get("http://httpbin.org/get",
         params=payload)
```

查看 url：

In[3]	print(r.url)
Out[3]	http://httpbin.org/get?key1=value1&key2=value2

讀取回應內容

Requests 會自動解碼來自伺服器的內容。大多數 unicode 字元集都能被無縫地解碼。

In[4]	r = requests.get('https://github.com/timeline.json') print(r.text)
Out[4]	{"message":"Hello there, wayfaring stranger. If you're reading this then you probably didn't see our blog post a couple of years back announcing that this API would go away: http://git.io/17AROg Fear not, you should be able to get what you need from the shiny new Events API instead.","documentation_url":"https://developer.github.com/v3/activity/events/#list-public-events"}

查看文字編碼方式：

In[5]	r.encoding
Out[5]	'utf-8'

每次改變文字編碼，text 的內容也隨之變化：

In[6]	r.encoding = "ISO-8859-1" r.text
Out[6]	'{"message":"Hello there, wayfaring stranger. If youâ\x80\x99re reading this then you probably didnâ\x80\x99t see our blog post a couple of years back announcing that this API would go away: http://git.io/17AROg Fear not, you should be able to get what you need from the shiny new Events API instead.","documentation_url":"https://developer.github.com/v3/activity/events/#list-public-events"}'

Requests 中也有一個內置的 JSON 解碼器處理 JSON 資料：

In[7]	r.json()
Out[7]	{'message': 'Hello there, wayfaring stranger. If youâ\x80\x99re reading this then you probably didnâ\x80\x99t see our blog post a couple of years back announcing that this API would go away: http://git.io/17AROg Fear not, you should be able to get what you need from the shiny new Events API instead.', 'documentation_url': 'https://developer.github.com/v3/activity/events/#list-public-events'}

如果 JSON 解碼失敗，r.json 就會拋出一個異常。

回應狀態碼

In[8]	r = requests.get('http://httpbin.org/get')
Out[8]	200

回應頭

In[9]	r.headers['Content-Type']
Out[9]	'application/json'

▶▶ 範例程式 **E2-3-1-2.py**

```
1   import requests
2   import json
3   url = 'http://opendata2.epa.gov.tw/AQI.json'
4   response = requests.get(url)
5   print('Content-Length:', response.headers['Content-Length'])
6   response = json.loads(response.text)
7   print('新北市PM2.5相關資料：')
8   for record in response:
9       if record['County'] == '新北市':
10          print('%s：' % record['SiteName'])
11          print('\tAQI：%s' % record['AQI'])
12          print('\tPM2.5：%s' % record['PM2.5'])
13          print('\tPM10：%s' % record['PM10'])
14          print('\t資料更新時間：%s' % record['PublishTime'])
```

▶▶ 範例程式說明：

- 1-2 行匯入 requests、json 套件。

- 3-4 行設定開放資料 json 格式連結，並發出 get 請求。

- 5 行回傳內容長度。

- 6 行將取得的回傳內容轉換成 json 格式。

- 7-14 行顯示新北市每一個地區的 PM2.5 相關資料。判斷每一筆的 County 欄位，若為'新北市'則將相關訊息印出，包括地區名稱、AQI 指數、PM2.5 指數、PM10 指數、資料更新時間。

▶▶ 輸出結果

```
新北市PM2.5相關資料：
汐止：
        AQI：11
        PM2.5：ND
        PM10：4
        資料更新時間：2018-07-16 14:00
萬里：
        AQI：25
        PM2.5：8
        PM10：40
        資料更新時間：2018-07-16 14:00
新店：
        AQI：31
        PM2.5：
        PM10：
        資料更新時間：2018-07-16 14:00
土城：
        AQI：16
        PM2.5：4
        PM10：11
        資料更新時間：2018-07-16 14:00
板橋：
        AQI：18
        PM2.5：6
        PM10：14
        資料更新時間：2018-07-16 14:00
下略
```

2-3-2　requests 使用範例

▶ 範例程式 **E2-3-2-1.py**

```
1   import json
2   import requests
3   import pandas as pd
4   from sqlalchemy import create_engine
5   req = requests.get('http://opendata2.epa.gov.tw/AQI.json')
6   data = json.loads(req.content.decode('utf8'))
7   df = pd.DataFrame(data)
8   engine = create_engine('sqlite:///:memory:')
9   df.to_sql('AQI_table', engine, index=False)
10  print(pd.read_sql_query('SELECT `County` as `縣市`, `SiteName`
    as `區域`, \
        CAST(`PM2.5_AVG` AS int) as `PM2.5` FROM `AQI_table` \
        order by CAST(`PM2.5_AVG` AS int) DESC', engine))
```

▶ 範例程式說明

- 1-4 行匯入所需套件。

- 5 行指定環保署開放資料 API 網址,並用 requests 的 get 方法取得檔案,設為 req 物件。

- 6 行以 json 模組的 loads 方法解析 req 物件,存為 data 物件。

- 7 行將 data 物件解析為 pandas 的 DataFrame 結構,設為 df 物件。

- 8 行資料庫的讀寫使用 SQLAlchemy,透過 sqlalchemy 模組中的 create_engine 函數來建立 sqlite 的連線,並設定將資料表儲存在 memory 中。

- 9-10 行將 df 利用 to_sql 方法指定給'AQI_table',接著用 SQL 語法顯示縣市、 區域、PM2.5,並以 PM2.5 排序。

▶ 輸出結果

```
請輸入欲搜尋的字串 ：特獎
搜尋 特獎 成功
特獎 出現 10 次

請輸入欲搜尋的字串 ：頭獎
搜尋 頭獎 成功
頭獎 出現 18 次
```

2-4 BeautifulSoup

BeautifulSoup 主要用來解析所得的網頁，有下列解析模式：

解析器	使用方法	優點	缺點
Python's html.parser	BeautifulSoup(markup, "html.parser")	python 自身帶有，速度比較快且能較好相容 Python 2.7.3 與 3.2.2 以後版本	不能很好地相容於 Python 2.7.3 或 3.2.2 以前版本
lxml's HTML parser	BeautifulSoup(markup, "lxml")	速度很快 相容性好	與外部 C 語言相關
lxml's XML parser	BeautifulSoup(markup, "lxml-xml") BeautifulSoup(markup, "xml")	速度很快，是前唯一支持的 XML 解析器	與外部 C 語言相關
html5lib	BeautifulSoup(markup, "html5lib")	相容性很好；可以像 web 瀏覽器一樣解析 html 頁面；可以產生正確的 HTML5	速度很慢；與外部 Python 語言相關

2-4-1 BeautifulSoup

▶ 範例程式 **E2-4-1-1.ipynb**

BeautifulSoup 是一個可以從 HTML 或 XML 檔中提取資料的 Python 庫，它能夠通過您喜歡的轉換器實現慣用的文件導航、查找、修改文件的方式，下面是一個範例操作：

```
In[1]    html_doc = """
         <html><head><title>The Dormouse's story</title></head>

         <p class="title"><b>The Dormouse's story</b></p>

         <p class="story">Once upon a time there were three little
         sisters; and their names were
         <a href="http://example.com/elsie" class="sister"
         id="link1">Elsie</a>,
         <a href="http://example.com/lacie" class="sister"
         id="link2">Lacie</a> and
```

```
<a href="http://example.com/tillie" class="sister"
id="link3">Tillie</a>;
and they lived at the bottom of a well.</p>

<p class="story">...</p>
"""
from bs4 import BeautifulSoup
soup = BeautifulSoup(html_doc, "lxml")
print(soup.prettify())
```

Out[1]:
```
<html>
 <head>
  <title>
   The Dormouse's story
  </title>
 </head>
 <body>
  <p class="title">
   <b>
    The Dormouse's story
   </b>
  </p>
  <p class="story">
   Once upon a time there were three little sisters; and
their names were
   <a class="sister" href="http://example.com/elsie"
id="link1">
    Elsie
   </a>
   ,
   <a class="sister" href="http://example.com/lacie"
id="link2">
    Lacie
   </a>
   and
   <a class="sister" href="http://example.com/tillie"
id="link3">
    Tillie
   </a>
   ;
and they lived at the bottom of a well.
  </p>
  <p class="story">
   ...
```

	</p> </body> </html>

操作文件樹最簡單的方法就是告訴它想獲取的 tag 的 name。如果想獲取標籤,只要用 soup.head:

In[2]	soup.head
Out[2]	`<head><title>The Dormouse's story</title></head>`
In[3]	soup.title
Out[3]	`<title>The Dormouse's story</title>`

通過選取屬性的方式只能獲得當前名字的第一個 tag:

In[4]	soup.a
Out[4]	`<a class="sister" href="http://example.com/elsie" id="link1">Elsie</a>`

如果想要得到所有的標籤,或是通過名字得到比一個 tag 更多的內容的時候,就需要用到 Searching the tree 中描述的方法,比如:find_all()

In[5]	soup.find_all('a')

Out[5]	`[<a class="sister" href="http://example.com/elsie" id="link1">Elsie</a>,`
	 `<a class="sister" href="http://example.com/lacie" id="link2">Lacie</a>,`
	 `<a class="sister" href="http://example.com/tillie" id="link3">Tillie</a>]`

tag 的 .contents 屬性可以將 tag 的子節點以清單的方式輸出:

In[6]	head_tag = soup.head head_tag
Out[6]	`<head><title>The Dormouse's story</title></head>`
In[7]	head_tag.contents
Out[7]	`[<title>The Dormouse's story</title>]`

如果傳入列表參數，BeautifulSoup 會將與清單中任一元素匹配的內容返回，下面程式碼找到文件中所有標籤：

In[8]	soup.find_all(["a", "b"])
Out[8]	[<b>The Dormouse's story</b>, <a class="sister" href="http://example.com/elsie" id="link1">Elsie</a>, <a class="sister" href="http://example.com/lacie" id="link2">Lacie</a>, <a class="sister" href="http://example.com/tillie" id="link3">Tillie</a>]
In[9]	soup.find_all("p", "title")
Out[9]	[<p class="title"><b>The Dormouse's story</b></p>]

使用多個指定名字的參數可以同時過濾 tag 的多個屬性：

In[10]	import re soup.find_all(href=re.compile("elsie"), id='link1')
Out[10]	[<a class="sister" href="http://example.com/elsie" id="link1">Elsie</a>]

按照 CSS 類名搜索 tag 的功能非常實用，但標識 CSS 類名的關鍵字 class 在 Python 中是保留字，使用 class 做參數會導致語法錯誤。從 BeautifulSoup 的 4.1.1 版本開始，可以通過 class_ 參數搜索有指定 CSS 類名的 tag：

In[11]	soup.find_all("a", class_="sister")
Out[11]	[<a class="sister" href="http://example.com/elsie" id="link1">Elsie</a>, <a class="sister" href="http://example.com/lacie" id="link2">Lacie</a>, <a class="sister" href="http://example.com/tillie" id="link3">Tillie</a>]

find_all() 方法將返回文件中符合條件的所有 tag，儘管有時候我們只想得到一個結果。比如文件中只有一個標籤，那麼使用 find_all()方法來查找標籤就不太合適，使用 find_all 方法並設置 limit=1 參數不如直接使用 find()方法，下面兩行程式碼是等價的：

In[12]	soup.find_all('title', limit=1)
Out[12]	[<title>The Dormouse's story</title>]
In[13]	soup.find('title')
Out[13]	<title>The Dormouse's story</title>

BeautifulSoup 支持大部分的 CSS 選擇器，在 Tag 或 BeautifulSoup 物件的.select() 方法中傳入字串參數，即可使用 CSS 選擇器的語法找到 tag，也可以逐層查找：

In[14]	soup.select("body a")
Out[14]	[<a class="sister" href="http://example.com/elsie" id="link1">Elsie</a>, <a class="sister" href="http://example.com/lacie" id="link2">Lacie</a>, <a class="sister" href="http://example.com/tillie" id="link3">Tillie</a>]
In[15]	soup.select("html head title")
Out[15]	[<title>The Dormouse's story</title>]

2-4-2 以 html.parser 模式解析

▶▶ 範例程式 E2-4-2-1.py

```
1   #抓取Youtube資訊
2   import requests
3   from bs4 import BeautifulSoup
4   url = "https://www.youtube.com/results?search_query=fifa+2018"
5   response = requests.get(url)
6   content = response.content
7   soup = BeautifulSoup(content, "html.parser")
8   for all_mv in soup.select(".yt-lockup-video"):
9       data = all_mv.select("a[rel='spf-prefetch']")
10      print("名稱: {}".format(data[0].get("title")))
11      print("連結:
    https://www.youtube.com{}".format(data[0].get("href")))
12      data = all_mv.select(".yt-lockup-meta-info")
13      time = data[0].get_text("#").split("#")[0]
14      see = data[0].get_text("#").split("#")[1]
15      print("發佈時間: {}".format(time))
```

```
16    print("觀看人數: {}".format(see))
17    data = all_mv.select("a[rel='spf-prefetch']")
18    img = all_mv.sclcct("img")
19    if img[0].get("src") != "/yts/img/pixel-vfl3z5WfW.gif":
20        print("照片: {}".format(img[0].get("src")))
21    else:
22        print("照片: {}".format(img[0].get("data-thumb")))
23    print("-------------------")
```

▶ 範例程式說明

- 2-3 行 import 所需套件。

- 4-6 行設定呼叫網頁網址，而後以 requests 中的 get 開啓網頁物件，再此物件的 content，設定為 content 物件。

- 7-11 行指定由 BeautifulSoup 對 content 進行解析，並設定以"html.parser"方式解析並設定為 soup 物件，接著利用 soup 物件的 select 方法抓取 Title & Link。10-11 行將之列印出來。

- 12-16 行抓取觀看時間與人數並列印。

- 17-22 行利抓取 Img 並列印。

- 23 行列印分隔行。

▶ 輸出結果

```
名稱: France v Croatia - 2018 FIFA World Cup™ FINAL - HIGHLIGHTS
連結: https://www.youtube.com/watch?v=GrsEAvRerTg
發佈時間: 11 小時前
觀看人數: 觀看次數：6,619,626
照片:
https://i.ytimg.com/vi/GrsEAvRerTg/hqdefault.jpg?sqp=-oaymwEXCPY
BEIoBSEbyq4qpAwkIARUAAIJCGAE=&rs=AOn4CLBp7kxzdHjtgIDYnLpD50-Vzx5
_Lw
-------------------
名稱: Russia 2018 - An Unforgettable World Cup
連結: https://www.youtube.com/watch?v=ILOFwBBcGv4
發佈時間: 8 小時前
觀看人數: 觀看次數：1,234,888
照片:
https://i.ytimg.com/vi/ILOFwBBcGv4/hqdefault.jpg?sqp=-oaymwEXCPY
BEIoBSEbyq4qpAwkIARUAAIJCGAE=&rs=AOn4CLB7y5T_skQNtaXpPX31QKc8HLK
```

```
IdQ
-------------------
名稱: Luka MODRIC - Post Match Interview - 2018 FIFA World Cup™ FINAL
連結: https://www.youtube.com/watch?v=F1FuMq9ijRU
發佈時間: 9 小時前
觀看人數: 觀看次數：144,568
照片:
https://i.ytimg.com/vi/F1FuMq9ijRU/hqdefault.jpg?sqp=-oaymwEXCPY
BEIoBSEbyq4qpAwkIARUAAIJCGAE=&rs=AOn4CLA5MSIhVJa88FXrZ8d8-9lg1JI
1Qw
-------------------
名稱: Croatia v England - 2018 FIFA World Cup Russia™ - Match 62
連結: https://www.youtube.com/watch?v=gi_2GELMwfY
發佈時間: 4 天前
觀看人數: 觀看次數：15,220,713
照片:
https://i.ytimg.com/vi/gi_2GELMwfY/hqdefault.jpg?sqp=-oaymwEXCPY
BEIoBSEbyq4qpAwkIARUAAIJCGAE=&rs=AOn4CLB4Iuz4cSw7cXM-jwHEDxT85SC
2jQ
…下略
```

範例程式 E2-4-2-2.py 可以從愛評網抓取其中特定資訊：

▶▶ 範例程式 **E2-4-2-2.py**

```
1    import requests
2    from bs4 import BeautifulSoup
3    import re
4    HTML_PARSER = "html.parser"
5    ROOT_URL = 'http://www.ipeen.com.tw'
6    LIST_URL = 'http://www.ipeen.com.tw/search/taiwan/000/1-0-0-0/'
7    SHOP_PATH = 'shop/'
8    SPACE_RE = re.compile(r'\s+')
9    def get_shop_link_list():
10       list_req = requests.get(LIST_URL)
11       if list_req.status_code == requests.codes.ok:
12           soup = BeautifulSoup(list_req.content, HTML_PARSER)
13           shop_links_a_tags = soup.find_all('a', attrs={'data-label': '
     店名'})
14           shop_links = []
15           for link in shop_links_a_tags:
16               shop_link = ROOT_URL + link['href']
17               print(shop_link)
```

```
18          shop_links.append(shop_link)
19          parse_shop_information(shop_link)
20  def parse_shop_information(shop_link):
21      shop_id = re.sub(re.compile(r'^.*/' + SHOP_PATH), '',
    shop_link).split('-')[0]
22      print(shop_id)
23      req = requests.get(shop_link)
24      if req.status_code == requests.codes.ok:
25          soup = BeautifulSoup(req.content, HTML_PARSER)
26          shop_header_tag = soup.find('div', id='shop-header')
27          name_tag = shop_header_tag.find('span', attrs={'itemprop':
    'name'})
28          print(re.sub(SPACE_RE, '', name_tag.text))
29          category_tag = shop_header_tag.find("p", class_={'cate i'})
30          print(re.sub(SPACE_RE, '', category_tag.a.text))
31          address_tag = shop_header_tag.find('a', attrs={'data-label': '
    上方地址'})
32          print(re.sub(SPACE_RE, '', address_tag.text))
33          gps_str = address_tag['href']
34          gps_str = re.search('/c=(\d+.\d*),(\d+.\d*)/',
    gps_str).group().replace('/', '')
35          lat = gps_str.split(',')[0]
36          lng = gps_str.split(',')[1]
37          print(lat.split('=')[1], lng)
38  if __name__ == '__main__':
39      get_shop_link_list()
```

▶▶ 範例程式說明

- 1-3 行 import 所需套件。

- 4-7 行設定呼叫相關參數，包括 4-7 行的網頁網址與後續分頁網址，8 行的正規
  表示式搜尋參數等。

- 9-19 行定義取得店鋪連結串列模組，其中先在 10 行運用 requests 的 get 方法
  取得網頁，接著呼叫 BeautifuleSoup 用"html.parser"模式解析，13-18 行爬取
  各店鋪資料並列印，19 行再進一步呼叫 parse_shop_information 模組。

- 20-37 行定義解析店鋪資訊模組，先在 21-22 行用 re 模組的 sub/compile/split
  方法產生 shop_id 再列印；23-25 行取得店鋪資訊後，再使用 HTML_PARSER
  解析模式，26-28 行解析店鋪名稱與列印；29-30 行解析類別並列印；31-32 行
  解析地址並列印；33-37 行解析經緯度並列印。

- 38-39 行為主程式，呼叫 get_shop_link_list 模組。

▶▶ 輸出結果

```
http://www.ipeen.com.tw/shop/1256958-Lazy-Point-Restaurant-Bar
1256958
LazyPointRestaurant&Bar
義式料理
臺北市內湖區洲子街78號
25.0795924 121.5718062
http://www.ipeen.com.tw/shop/67012-螺絲瑪莉-Rose-Mary
67012
螺絲瑪莉RoseMary
義式料理
臺北市中山區南京西路12巷13弄9號
25.051715000850002 121.52191300095004
http://www.ipeen.com.tw/shop/28362-喀佈貍-大眾和風洋食居酒屋-一店
28362
喀佈貍-大眾和風洋食居酒屋(一店)
居酒屋
臺北市大安區樂利路11巷8號1樓
25.02818901766 121.55156001782
http://www.ipeen.com.tw/shop/8940-三味食堂日式料理
8940
三味食堂日式料理
綜合日式料理
臺北市萬華區貴陽街二段116號
25.03991700297 121.5026590146
...略
```

2-4-3 以 lxml 與 xml 模式解析

範例程式 E2-4-3-1.py 可以從新北市房仲公會網頁中抓取其中特定資訊：

▶▶ 範例程式 **E2-4-3-1.py**

```
1   #抓取新北市房仲公會會員名冊
2   from urllib.request import urlopen
3   from bs4 import BeautifulSoup
4   import csv
5   file_name = "新北市仲介" + ".csv"
6   f = open(file_name, "w", encoding = 'utf8')
```

```
7   w = csv.writer(f)
8   httphead="http://www.tcr.org.tw/a/table_blogs/index/21654"
9   for i in range(1,17):
10      if i==1:
11          htmlname=httphead
12      else:
13          htmlname=httphead+"?page="+str(i)
14      html = urlopen(htmlname)
15      bsObj = BeautifulSoup(html, "lxml")
16      count=0
17      for single_tr in bsObj.find("table").find("table").findAll("tr"):
18          if count==0:
19              cell = single_tr.findAll("th")
20              F0 = cell[0].contents
21              F1 = cell[1].contents
22              F2 = cell[2].contents
23              F3 = cell[3].contents
24              F4 = cell[4].contents
25          else:
26              cell = single_tr.findAll("td")
27              F0 = cell[0].a.string
28              F1 = cell[1].a.string
29              F2 = cell[2].a.string
30              F3 = cell[3].a.string
31              F4 = cell[4].a.string
32          data = [[F0,F1,F2,F3,F4]]
33          if i>1 and count>0:
34              w.writerows(data)
35          count=count+1
36  f.close()
```

▶▶ 範例程式說明

- 2-4 行 import 所需套件。

- 5-7 行設定 csv 寫入檔名，開啓為 f 物件，再宣告 writer 物件 w。

- 8-14 行根據新北市不動產仲介經紀商業同業公會網站會員介紹首頁與其後各頁差異，如下圖所示：

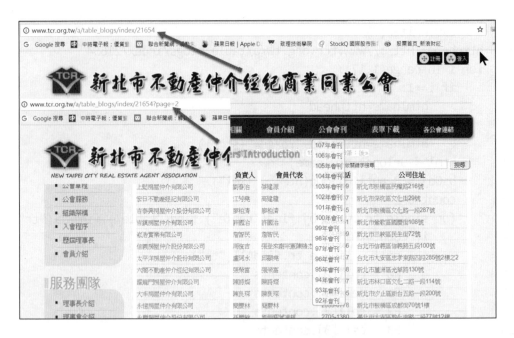

- 根據此頁面規則以 10-13 行的程式碼涵蓋需要抓取頁面。

- 15 行設定以 BeautifulSoup 的"lxml"模式解析網頁,設定為 bsObj 物件。

- 16-35 行從獲取網頁中抓取資料,其中 18-24 行處理表頭;25-34 行處理表格中資料,最後存為 data 串列,逐行寫入 csv 檔案。

- 36 行關閉 csv 檔案。

▶ 輸出結果

佳佳不動產經紀有限公司 賴玉枝　賴玉枝　　　8951-3355　　　　新北市板橋區漢生東路137號
亞洲大象不動產仲介經紀有限公司 郭芳娥 郭芳娥 2902-2030　　　　新北市新莊區福營路316號1樓
祥安不動產開發股份有限公司 陳鴻祥　　陳鴻祥　8978-7889　　　新北市新莊區新北大道三段5號16樓之3
禾森房屋仲介有限公司 廖桂芳　　廖桂芳　2277-9777　　　新北市新莊區復興路一段139號1樓
亞東企業管理顧問股份有限公司 李豐裕　李豐裕　　2221-7811　　　新北市中和區民享街73之3號
冠郁不動產仲介經紀有限公司 劉子萱　　劉子萱　8970-0777　新北市樹林區大義路22號1樓
...下略

範例程式 E2-4-3-2.py 可以從中央氣象局開放資料平台所提供的 API 中下載台北市各區氣象預報資料：

▶▶ 範例程式 **E2-4-3-2.py**

```
1    import pandas as pd
2    import numpy as np
3    from bs4 import BeautifulSoup
4    import datetime
5    import urllib.request
6    import zipfile
7    res
     ="http://opendata.cwb.gov.tw/opendataapi?dataid=F-D0047-093&authoriza
     tionkey=CWB-您自行向中央氣象申請的APIKEY"
8    urllib.request.urlretrieve(res,"F-D0047-093.zip")
9    f=zipfile.ZipFile('F-D0047-093.zip')
10   file = ['63_72hr_CH.xml']
11   CITY = []
12   DISTRICT = []
13   GEOCODE = []
14   DAY = []
15   TIME = []
16   T = []
17   Wx = []
18   for filename in file:
19       try:
20           data = f.read(filename).decode('utf8')
21           soup = BeautifulSoup(data,"xml")
22           city = soup.locationsName.text
23           a = soup.find_all("location")
24           for i in range(0,len(a)):
25               location = a[i]
26               district = location.find_all("locationName")[0].text
27               geocode = location.geocode.text
28               weather = location.find_all("weatherElement")
29               time = weather[1].find_all("dataTime")
30               for j in range(0,len(time)):
31                   x = time[j].text.split("T")
32                   DAY.append(x[0])
33                   time_1 = x[1].split("+")
34                   TIME.append(time_1[0])
35                   CITY.append(city)
36                   DISTRICT.append(district)
```

```
37                      GEOCODE.append(geocode)
38              for t  in weather[0].find_all("value"):
39                  T.append(t.text)
40              wx = weather[9].find_all("value")
41              for w in range(0,len(wx),2):
42                  Wx.append(wx[w].text)
43      except:
44          break
45  f.close()
46  data = {"CITY":CITY,"DISTRICT":DISTRICT,"GEOCODE":GEOCODE,"DAY" :
    DAY,"TIME" : TIME,"T":T,"Wx": Wx}
47  df =
    pd.DataFrame(data,columns=["CITY","DISTRICT","GEOCODE","DAY","TIME","
    T","Wx"])
48  today = str(datetime.date.today())
49  save_name = "taiwan_cwb" + today + ".csv"
50  df.to_csv(save_name,index=False,encoding="utf_8_sig")
```

▶▶ 範例程式說明

- 1-6 行 import 所需套件。

- 7-8 行從中央氣象局開放資料平台 API 取得"F-D0047-093.zip"壓縮檔，請留意
  7 行中的 authorizationkey 需要加入會員提出申請即可獲得。

- 9-10 行對獲取檔案進行解壓縮，並設定需要檔名。'63_72hr_CH.xml'為台北市
  各區氣象預報資料，若有需要可以在 10 行中增加其他縣市資料。

- 11-17 行設定需要收集資料初始空串列，其中欄位意義如下：CITY(縣市)、
  DISTRICT(鄉鎮市區)、GEOCODE(編碼)、DAY(日期)、TIME(時間)、T(溫度)、
  Wx(天氣現象)

- 18-45 行利用 BeautifulSoup 的"xml"模式，解析各 xml 檔案中，找出所需要資
  料新增到各資料串列中。

- 46-50 行將所得資料以 pandas 的 DataFrame 資料格式整理後寫入 csv 檔案。

▶▶ 輸出結果

```
可得taiwan_cwb2018-07-16.csv(會依照程式執行日期而改變)
CITY,DISTRICT,GEOCODE,DAY,TIME,T,Wx
臺北市,南港區,6300900,2018-07-16,12:00:00,33,短暫陣雨
臺北市,南港區,6300900,2018-07-16,15:00:00,32,短暫陣雨
臺北市,南港區,6300900,2018-07-16,18:00:00,30,多雲
```

```
臺北市,南港區,6300900,2018-07-16,21:00:00,29,晴
臺北市,南港區,6300900,2018-07-17,00:00:00,28,短暫陣雨
臺北市,南港區,6300900,2018-07-17,03:00:00,28,短暫陣雨
臺北市,南港區,6300900,2018-07-17,06:00:00,28,晴
臺北市,南港區,6300900,2018-07-17,09:00:00,31,多雲
臺北市,南港區,6300900,2018-07-17,12:00:00,33,多雲
臺北市,南港區,6300900,2018-07-17,15:00:00,32,多雲
臺北市,南港區,6300900,2018-07-17,18:00:00,30,晴
臺北市,南港區,6300900,2018-07-17,21:00:00,29,晴
臺北市,南港區,6300900,2018-07-18,00:00:00,28,晴
臺北市,南港區,6300900,2018-07-18,03:00:00,27,晴
臺北市,南港區,6300900,2018-07-18,06:00:00,27,晴
臺北市,南港區,6300900,2018-07-18,09:00:00,30,晴
臺北市,南港區,6300900,2018-07-18,12:00:00,33,晴
臺北市,南港區,6300900,2018-07-18,15:00:00,32,晴
臺北市,南港區,6300900,2018-07-18,18:00:00,30,晴
臺北市,南港區,6300900,2018-07-18,21:00:00,29,晴
臺北市,南港區,6300900,2018-07-19,00:00:00,28,晴
臺北市,南港區,6300900,2018-07-19,03:00:00,27,晴
臺北市,南港區,6300900,2018-07-19,06:00:00,27,晴
臺北市,南港區,6300900,2018-07-19,09:00:00,30,多雲
臺北市,大安區,6300300,2018-07-16,12:00:00,33,晴
臺北市,大安區,6300300,2018-07-16,15:00:00,33,晴
臺北市,大安區,6300300,2018-07-16,18:00:00,31,晴
臺北市,大安區,6300300,2018-07-16,21:00:00,30,晴
臺北市,大安區,6300300,2018-07-17,00:00:00,29,晴
臺北市,大安區,6300300,2018-07-17,03:00:00,28,多雲
...下略
```

2-5 Selenium

Selenium 是一個用於 Web 應用程式的便攜式軟體測試框架，也可以利用瀏覽器對 Web 進行操作測試，用來進行動態網頁抓取最為方便。

當然 Selenium 也有許多缺點，包括速度慢，每次運行都要開一個瀏覽器，還可能載入圖片、JS 等等一大堆東西；又佔用太多資源，只要開個瀏覽器就要佔用資源，而且很多網站會驗證參數，甚至直接拒絕掉 PhantomJS 訪問請求。因此對網路的要求會更高，爬取規模也不能太大；此外學習 Selenium 的成本太高。因此，大部分進行動態網頁抓取仍然使用 requests 搭配瀏覽器工具。

2-5-1　Selenium 套件運作簡介

用下面這個範例就可以簡單說明 Selenium 的運作過程：

▶▶ 範例程式 **E2-5-1-1.py**

```
1   from selenium import webdriver
2   from selenium.common.exceptions import TimeoutException
3   from selenium.webdriver.support.ui import WebDriverWait
4   from selenium.webdriver.support import expected_conditions as EC
5   driver_path = r"./chromedriver" # 改為你的 driver 路徑
6   driver = webdriver.Chrome(executable_path = driver_path)
7   driver.get("http://www.google.com")
8   print(driver.title)
9   inputElement = driver.find_element_by_name("q")
10  inputElement.send_keys("FIFA 2018")
11  inputElement.submit()
12  try:
13      WebDriverWait(driver, 10).until(EC.title_contains("FIFA
    2018"))
14      print(driver.title)
15  finally:
16      driver.quit()
```

▶▶ 範例程式說明

- 1-4 行 import 所需套件。

- 5-6 行設定 webdriver，此處採用 chromedriver，因此，需要事先打開 ChromeDriver 的官方網站（https://sites.google.com/a/chromium.org/chromedriver/downloads），由此下載對應自己 Chrome 版本的 chromedriver，將之放在與 Selenium 執行時的 python 程式相同的目錄下，以 5-6 行的方式呼叫即可開啟 driver 物件。

- 7-8 行前往 google 首頁，並列印其 title。

- 9 行以 by_name 方式找尋 element"q"（就是 google search box），設定為 inputElement 物件。

- 10-11 行模擬在 google search box 輸入搜尋字串"FIFA 2018"後送出，google 就會針對此一關鍵字開始搜尋。

- 12-14 行等待 google 回傳查詢結果，若查詢成功，title 會成為"FIFA 2018 - Google 搜尋"。

- 15-16 行最後關閉 driver。

▶▶ 輸出結果

```
Google
FIFA 2018 - Google 搜尋...下略
```

▶▶ 範例程式 **E2-5-1-2.py**

```
1   from selenium import webdriver
2   from selenium.webdriver.common.keys import Keys
3   driver_path = r"./chromedriver" # 改為你的 driver 路徑
4   driver = webdriver.Chrome(executable_path = driver_path)
5   driver.get("http://www.python.org")
6   print(driver.title)
7   assert "Python" in driver.title
8   elem = driver.find_element_by_name("q")
9   elem.clear()
10  elem.send_keys("pycon")
11  elem.send_keys(Keys.RETURN)
12  assert "No results found." not in driver.page_source
13  print(driver.page_source)
14  driver.close()
```

▶▶ 範例程式說明

- 1-2 行 import 所需套件。

- 3-4 行設定 webdriver，開啟 driver 物件。

- 5-6 行前往 www.python.org 首頁，並列印其 title。

- 7-11 行以 by_name 方式找尋"q"這個 element（就是www.python.org的 search box），設定為 elem 物件，並模擬在www.python.org的 search box 輸入搜尋字串"pycon"後再按 Keys.RETURN（就是 return）送出，www.python.org就會針對此一關鍵字開始搜尋。

- 12-13 行等待www.python.org回傳查詢結果，若查不到，則提示"No results found."，接著列印網頁內容（後續就可以丟給 re 或 BeautifulSoup 繼續處理）。

- 14 行最後關閉 driver。

▶▶ 輸出結果

```
Welcome to Python.org
<!DOCTYPE html><!--[if lt IE 7]> <html class="no-js ie6 lt-ie7 lt-ie8
lt-ie9"> <![endif]--><!--[if IE 7]> <html class="no-js ie7 lt-ie8
lt-ie9"> <![endif]--><!--[if IE 8]> <html class="no-js ie8 lt-ie9">
<![endif]--><!--[if gt IE 8]><!--><html
xmlns="http://www.w3.org/1999/xhtml" class="js no-touch
geolocation fontface generatedcontent svg formvalidation
placeholder boxsizing retina" lang="en" dir="ltr"
style=""><!--<![endif]--><head> <meta charset="utf-8" /> <meta
http-equiv="X-UA-Compatible" content="IE=edge" /> <link
rel="prefetch"
href="//ajax.googleapis.com/ajax/libs/jquery/1.8.2/jquery.min.js
" /> <meta name="application-name" content="Python.org" /> <meta
name="msapplication-tooltip" content="The official home of the
Python Programming Language" /> <meta
name="apple-mobile-web-app-title" content="Python.org" /> <meta
name="apple-mobile-web-app-capable" content="yes" /> <meta
name="apple-mobile-web-app-status-bar-style" content="black" />
…下略
```

2-5-2　Selenium 實作

下面的程式碼用來模擬進入 IMDB 查詢電影資訊：

▶▶ 範例程式 **E2-5-2-1.py**

```
1   from selenium import webdriver
2   from selenium.webdriver.common.keys import Keys
3   import time
4   driver_path = r"./chromedriver" # 改為你的 driver 路徑
5   driver = webdriver.Chrome(executable_path = driver_path)
6   driver.get("http://www.imdb.com/")
7   search_elem =
    driver.find_element_by_css_selector("#navbar-query")
8   search_elem.send_keys('The Shape of Water')
9   time.sleep(3)
10  search_button_elem =
    driver.find_element_by_css_selector("#navbar-submit-button
    .navbarSprite")
11  search_button_elem.click()
```

```
12  time.sleep(3)
13  first_result_elem =
    driver.find_element_by_css_selector("#findSubHeader+
    .findSection .odd:nth-child(1) .result_text a")
14  first_result_elem.click()
15  time.sleep(3)
16  rating_elem = driver.find_element_by_css_selector("strong
17  span")
    rating = float(rating_elem.text)
18  cast_elem = driver.find_elements_by_css_selector(".itemprop
19  .itemprop")
    cast_list = [cast.text for cast in cast_elem]
20  driver.close()
21  print(rating, cast_list)
```

▶▶ 範例程式說明

- 1-3 行 import 所需套件。

- 4-5 行設定 webdriver，開啓 driver 物件。

- 6 行前往 www.imdb.com 首頁。

- 7-9 行以 by_css_selector 方式找尋 element"#navbar-query"（就是此網頁的 search box），設定為 search_elem 物件。接著模擬在此 search box 輸入'The Shape of Water'（2018 奧斯卡最佳影片），接著暫停 3 秒。

- 10-12 行模擬點選"#navbar-submit-button .navbarSprite"此一按鈕輸入，接著暫停 3 秒。

- 13-15 行模擬點選搜尋結果中的第一個選項，接著暫停 3 秒。

- 16-19 行從回傳結果中找到所要的評等與演員名單。

- 20-21 行最後關閉 driver，並列印出評等與演員名單。

▶▶ 輸出結果

```
'7.4 ['Sally Hawkins', 'Michael Shannon', 'Richard Jenkins',
'Octavia Spencer', 'Michael Stuhlbarg', 'Doug Jones', 'David
Hewlett', 'Nick Searcy', 'Stewart Arnott', 'Nigel Bennett', 'Lauren
Lee Smith', 'Martin Roach', 'Allegra Fulton', 'John Kapelos',
'Morgan Kelly']
```

下面的程式碼用來模擬進入 Yahoo 股市查詢盤後資訊：

▶▶ 範例程式 **E2-5-2-2.py**

```
1   from selenium import webdriver
2   driver_path = r"./chromedriver" # 改為你的 driver 路徑
3   driver = webdriver.Chrome(executable_path = driver_path)
4   driver.get("https://tw.finance.yahoo.com/")
5   more_rank_elem = driver.find_element_by_css_selector('.yui-
    text-left .yui-text-left table tr:nth-child(1) .stext div a')
6   more_rank_elem.click()
7   price_rank_elem = driver.find_element_by_css_selector(
    '.yui-text-left+ .yui-text-left tr:nth-child(5) a')
8   price_rank_elem.click()
9   top_100_elem = driver.find_element_by_css_selector('p a+ a')
10  top_100_elem.click()
11  ticker_name_elem =
    driver.find_elements_by_css_selector('.name')
12  ticker_name = [tn.text for tn in ticker_name_elem]
13  driver.close()
14  print(ticker_name)
```

▶▶ 範例程式說明

- 1 行 import 所需套件。

- 2-3 行設定 webdriver，開啟 driver 物件。

- 4 行前往"https://tw.finance.yahoo.com/"首頁（Yahoo! 奇摩股市）。

- 5-6 行模擬點選**更多排行**。

- 7-8 行模擬點選**上市行情類排行榜：單日成交價排行**。

- 9-10 行模擬點選**列出前一百名排行**。

- 11-12 行將股票代號/名稱擷取下來。

- 13-14 行最後關閉 driver，並列印出股票代號/名稱。

▶▶ 輸出結果

```
['3008 大立光', '2327 國巨', '6415 矽力-KY', '6409 旭隼', '3406 玉
晶光', '5269 祥碩', '2492 華新科', '2059 川湖', '2231 為升', '6414 樺
漢', '6452 康友-KY', '2474 可成', '1590 亞德客-KY', '2049 上銀', '2912
統一超', '1476 儒鴻', '4137 麗豐-KY', '4943 康控-KY', '3443 創意',
'2454 聯發科', '2207 和泰車', '2723 美食-KY', '8464 億豐', '2227 裕
日車', '2357 華碩', '1707 葡萄王', '3026 禾伸堂', '3533 嘉澤', '8341
日友', '2330 台積電', '3665 貿聯-KY', '8454 富邦媒', '3413 京鼎', '4912
聯德控股-KY', '2395 研華', '6456 GIS-KY', '2456 奇力新', '8422 可寧
衛', '2360 致茂', '3130 一零四', '6504 南六', '1256 鮮活果汁-KY', '9910
豐泰', '2239 英利-KY', '3532 台勝科', '1537 廣隆', '9914 美利達', '4190
佐登-KY', '6451 訊芯-KY', '1723 中碳', '2707 晶華', '4551 智伸科',
'3661 世芯-KY', '3530 晶相光', '1536 和大', '8480 泰昇-KY', '2496 卓
越', '3034 聯詠', '1477 聚陽', '6416 瑞祺電通', '6533 晶心科', '2439
美律', '4438 廣越', '9921 巨大', '8070 長華', '1558 伸興', '4763 材
料-KY', '6505 台塑化', '2939 凱羿-KY', '4739 康普', '2379 瑞昱', '8114
振樺電', '9941 裕融', '1326 台化', '2731 雄獅', '4148 全宇生技-KY',
'2412 中華電', '2455 全新', '2478 大毅', '6581 鋼聯', '1301 台塑',
'8016 矽創', '3504 揚明光', '6271 同欣電', '2345 智邦', '3045 台灣
大', '1760 寶齡富錦', '2308 台達電', '1773 勝一', '6269 台郡', '2929
淘帝-KY', '3450 聯鈞', '1338 廣華-KY', '2377 微星', '5871 中租-KY',
'6541 泰福-KY', '1232 大統益', '3090 日電貿', '3617 碩天', '3376 新
日興']
```

綜合範例

 綜合範例 1

請撰寫一程式，讀取"file: GE2-1-input.html"（此為交通部中央氣象局-開放資料平臺網頁，本題需要從其中的「資料清單」取得資料，其中包含下列項目與對應的資料編號等）並將其中資料項目、對應的資料編號等 2 個欄位轉存為 "GE2-1-output.csv"。

✅ 提示

1. 需要 import urllib.request 以擷取網頁；需要 import BeautifulSoup 以解析網頁；需要 import csv 以寫入 csv 檔案。

2. 只需要輸出資料，不需要輸出欄位元名稱。

▶ 輸入與輸出樣本

輸入

讀取file: GE2-1-input.html（此為此為交通部中央氣象局-開放資料平臺網頁，該網頁如下：

交通部中央氣象局-開放資料平臺

- 最新消息
- 關於本站
- 常見問答
- 使用規範
- 網站導覽
- 資料使用說明
- 資料清單
- 資料下載排名

資料清單

中央氣象局開放資料平臺提供的資料包括下列項目與對應的資料編號

預報	
一週農業氣象預報-未來天氣概況、各地天氣預報及農事建議	F-A0010-001
海面天氣預報-海面天氣預報	F-A0012-001
海面天氣預報-海面天氣預報(英文版)	F-A0012-002
長期天氣預報-月長期天氣展望	F-A0013-001
長期天氣預報-季長期天氣展望	F-A0013-002

輸出

輸出GE2-1-output.csv檔案中的內容如下圖中紅色框線中的欄位(資料清單中所有資料均需取得)。

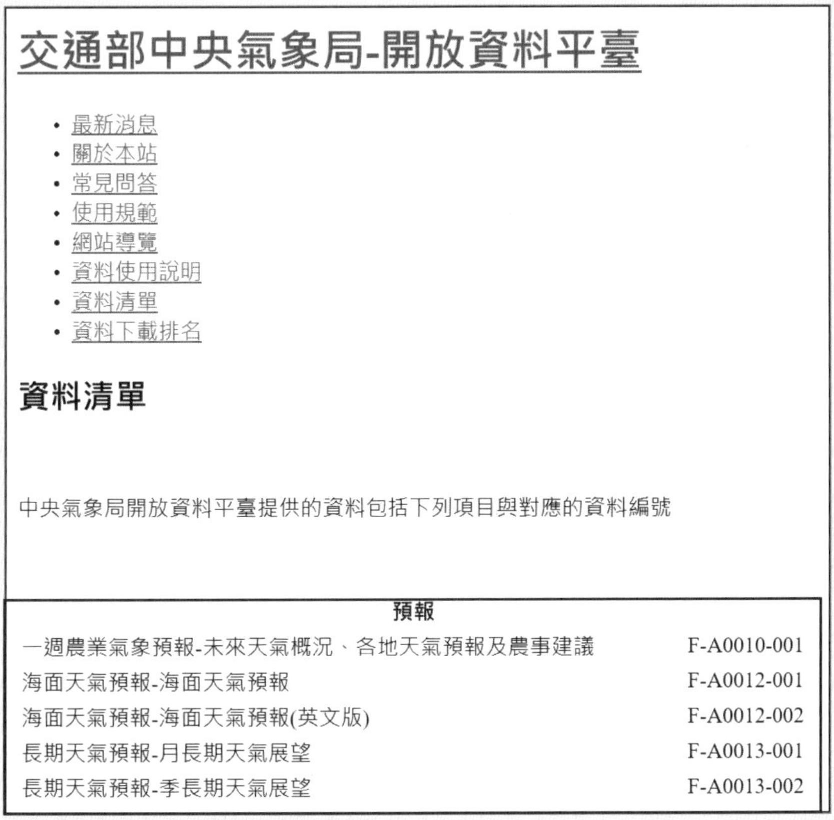

交通部中央氣象局-開放資料平臺

- 最新消息
- 關於本站
- 常見問答
- 使用規範
- 網站導覽
- 資料使用說明
- 資料清單
- 資料下載排名

資料清單

中央氣象局開放資料平臺提供的資料包括下列項目與對應的資料編號

預報	
一週農業氣象預報-未來天氣概況、各地天氣預報及農事建議	F-A0010-001
海面天氣預報-海面天氣預報	F-A0012-001
海面天氣預報-海面天氣預報(英文版)	F-A0012-002
長期天氣預報-月長期天氣展望	F-A0013-001
長期天氣預報-季長期天氣展望	F-A0013-002

▶ 參考解答

```
1   import csv
2   from urllib.request import urlopen
3   from bs4 import BeautifulSoup
4   file_name = "GE2-1-output.csv"
5   f = open(file_name, "w", encoding = 'utf8')
6   w = csv.writer(f)
7   htmlname="file:GE2-1-input.html"
8   html = urlopen(htmlname)
9   bsObj = BeautifulSoup(html, "lxml")
10  for single_tr in bsObj.find("table").find("tbody").findAll("tr"):
11      cell = single_tr.findAll("td")
12      F0 = cell[0].text
13      F1 = cell[1].text
```

14	data = [[F0,F1]]
15	w.writerows(data)
16	f.close()

▶ 參考解答程式說明

- 1-3 行 import 所需套件。

- 4-6 行設定寫入之 csv 檔案。

- 7-8 行設定讀取網頁網址,並用 urlopen 開啟,設定為 html 物件。

- 9-11 行設定以 BeautifulSoup 的"lxml"模式解析,逐層找尋"table"標籤下 "tbody"標籤下的所有"tr"標籤,設定為 single_tr 物件。再找尋 single_tr 物件中 的所有"td"標籤,設定為 cell 物件。

- 12-15 行抓取 cell 物件中需要的 2 個欄位,彙整為 data 物件,逐行寫入 csv 檔 案。

- 16 行關閉 csv 檔案。

 綜合範例 2

請撰寫一程式,讀取"file: GE2-2-input.html"(此為臺北市政府交通即時資料 開放 資料專區網頁,本題需要從其資料集列表中的「公車即時資料」取得資料,包含資 料集、城市、說明、頻率等 4 個欄位)並將其轉存為"GE2-2-output.csv"。

✓ 提示

1. 需要 import urllib.request 以擷取網頁:需要 import BeautifulSoup 以解析 網頁:需要 import csv 以寫入 csv 檔案。

2. 只需要輸出資料,不需要輸出欄位元名稱。

▶▶ 輸入與輸出樣本：

輸入

讀取file: GE2-2-input.html（此為臺北市政府交通即時資料 開放資料平臺網頁），該網頁如下：

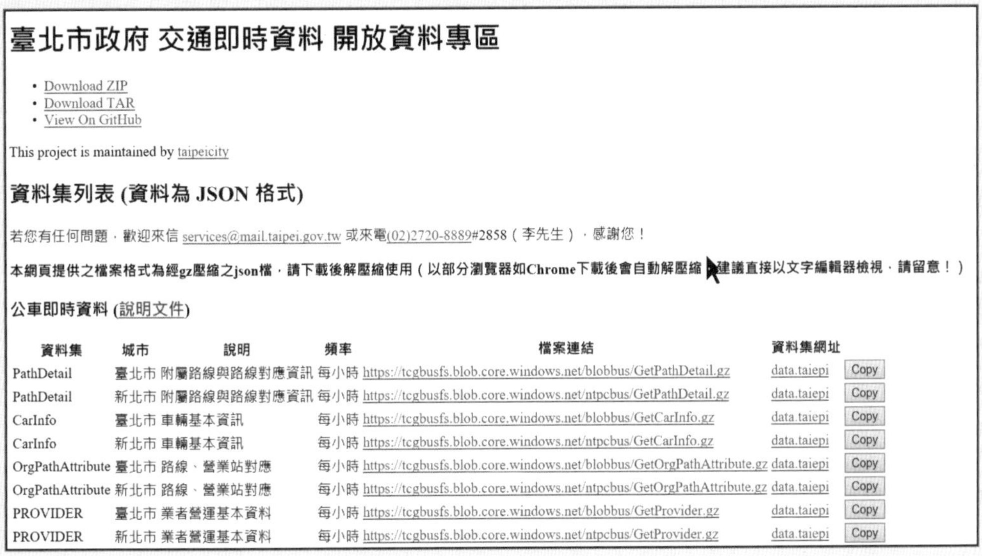

輸出

輸出GE2-2-output.csv檔案中的內容如下圖中紅色框線中的欄位（資料集列表中公車即時資料的所有資料均需取得）。

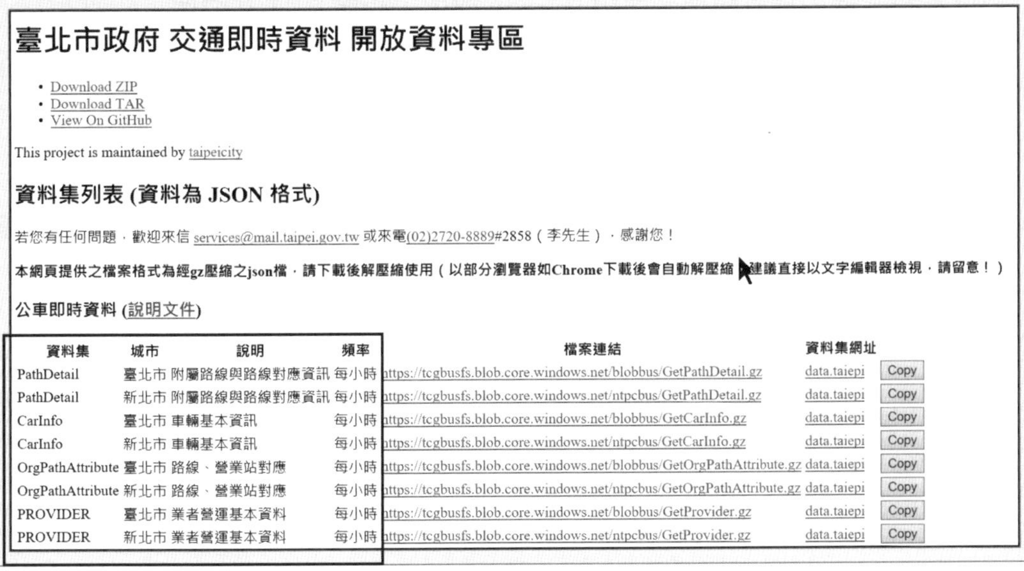

▶ 參考解答

```
1    import csv
2    from urllib.request import urlopen
3    from bs4 import BeautifulSoup
4    file_name = "GE2-2-output.csv"
5    f = open(file_name, "w", encoding = 'utf8')
6    w = csv.writer(f)
7    htmlname="file:GE2-2-input.html"
8    html = urlopen(htmlname)
9    bsObj = BeautifulSoup(html, "lxml")
10   for single_tr in bsObj.find("table").find("tbody").findAll("tr"):
11       cell = single_tr.findAll("td")
12       F0 = cell[0].contents
13       F1 = cell[1].contents
14       F2 = cell[2].contents
15       F3 = cell[3].contents
16       data = [[F0,F1,F2,F3]]
17       w.writerows(data)
18   f.close()
```

▶ 參考解答程式說明

- 1-3 行 import 所需套件。

- 4-6 行設定寫入之 csv 檔案。

- 7-8 行設定讀取網頁網址,並用 urlopen 開啓,設定為 html 物件。

- 9-11 行設定以 BeautifulSoup 的"lxml"模式解析,逐層找尋"table"標籤下 "tbody"標籤下的所有"tr"標籤,設定為 single_tr 物件。再找尋 single_tr 物件中 的所有"td"標籤,設定為 cell 物件。

- 12-17 行抓取 cell 物件中需要的 4 個欄位,彙整為 data 物件,逐行寫入 csv 檔 案。

- 18 行關閉 csv 檔案。

 **綜合範例 3**

請撰寫程式上網路抓取生活資訊網中信義房屋分店資訊（http://www.319papago.idv.tw/lifeinfo/sinyi/sinyi-XX.html，其中 XX 的值由 01-23），將其中分店名稱、分店電話、分店營業地址等 3 個欄位資料（不含欄位名稱）另存為 "GE2-3-output.csv"輸出。

✅ 提示

> 1. 需要 import urllib.request 以擷取網頁；需要 import BeautifulSoup 以解析網頁；需要 import csv 以寫入 csv 檔案。
> 2. 只需要輸出資料，不需要輸出欄位元名稱。

▶▶ 輸入與輸出樣本

輸入

http://www.319papago.idv.tw/lifeinfo/sinyi/sinyi-02.html內容如下：

信義房屋台北市門市資訊

信義房屋分店名稱	分店電話	信義房屋分店營業地址
信義房屋天母七段店	02-28733322	台北市士林區中山北路七段132號
信義房屋士林店	02-28387488	台北市士林區中山北路五段684號1樓
信義房屋天母店	02-28321525	台北市士林區中山北路六段254號
信義房屋天母美校店	02-28715353	台北市士林區中山北路六段703號
信義房屋士林中正	02-28325577	台北市士林區中正路450號1樓
信義房屋天母西路店	02-28731177	台北市士林區天母西路55號1樓
信義房屋天母東路店	02-28756868	台北市士林區天母東路44號
信義房屋士林文林店	02-28326600	台北市士林區文林路454號
信義房屋士林社子店	02-28117888	台北市士林區延平北路五段266號
信義房屋天母忠誠店	02-28314125	台北市士林區忠誠路一段33號
信義房屋天母球場店	02-28767575	台北市士林區忠誠路二段150號
信義房屋天母蘭雅店	02-28338166	台北市士林區忠誠路二段6號1樓
信義房屋士林劍潭店	02-28852332	台北市士林區承德路四段126號

輸出

```
信義房屋天母七段店，02-28733322,臺北市士林區中山北路七段132號

信義房屋士林店，02-28387488,臺北市士林區中山北路五段684號1樓

信義房屋天母店，02-28321525,臺北市士林區中山北路六段254號

信義房屋天母美校店，02-28715353,臺北市士林區中山北路六段703號

信義房屋士林中正店，02-28325577,臺北市士林區中正路450號1樓

信義房屋天母西路店，02-28731177,臺北市士林區天母西路55號1樓

信義房屋天母東路店，02-28756868,臺北市士林區天母東路44號

信義房屋士林文林店，02-28326600,臺北市士林區文林路454號

信義房屋士林社子店，02-28117888,臺北市士林區延平北路五段266號
...下略
```

▶▶ 參考解答

```
1    from urllib.request import urlopen
2    from bs4 import BeautifulSoup
3    import csv
4    file_name = "GE2-3-output" + ".csv"
5    f = open(file_name, "w", encoding = 'utf8')
6    w = csv.writer(f)
7    httphead="http://www.319papago.idv.tw/lifeinfo/sinyi/sinyi-"
8    for i in range(1,23):
9        if i<10:
10           htmlname=httphead+"0"+str(i)+".html"
11       else:
12           htmlname=httphead+str(i)+".html"
13       html = urlopen(htmlname)
14       bsObj = BeautifulSoup(html, "lxml")
15       count=0
16       for single_tr in bsObj.find("table", {"width":"728","border":"1"
     }).findAll("tr"):
17           cell = single_tr.findAll("td")
18           name = cell[0].contents[0]
19           tel = cell[1].contents[0]
```

```
20        address = cell[2].contents[0]
21        print(currency_rate0,tel, address)
22        data = [[name,c tel, address]]
23        if i>1 and count>0:
24            w.writerows(data)
25        count=count+1
26  f.close()
```

▶▶ 參考解答程式說明

- 1-3 行 import 所需套件。

- 4-6 行設定寫入之 csv 檔案。

- 7-12 行設定讀取網頁網址,利用各分頁間名稱規律處理。

- 13 行用 urlopen 開啟,設定為 html 物件。

- 9-17 行設定以 BeautifulSoup 的"lxml"模式解析,逐層找尋"table"標籤且 "width"屬性為"728","border"屬性為"1"下的所有"tr"標籤,設定為 single_tr 物 件。再找尋 single_tr 物件中的所有"td"標籤,設定為 cell 物件。

- 18-25 行抓取 cell 物件中需要 3 個欄位,彙整為 data 物件,逐行寫入 csv 檔案。

- 26 行關閉 csv 檔案。

綜合範例 4

請撰寫一程式,讀取"file: GE2-4-input.html"(此為臺北市政府 交通即時資料開放 資料專區網頁,本題需要從其資料集列表中的「公車即時資料」取得資料,包含資 料集、城市、說明、頻率、檔案連結等 5 個欄位的欄位名稱)並將其轉存為"GE2- 4-output.csv"。

✓ 提示

> 1. 需要 import urllib.request 以擷取網頁;需要 import BeautifulSoup 以解析 網頁;需要 import csv 以寫入 csv 檔案。
>
> 2. 只需要輸出名稱,不需要輸出欄位元資料。

▶▶ 輸入與輸出樣本

輸入

讀取file: GE2-2-input.html（此為臺北市政府 交通即時資料開放資料平臺網頁），該網頁如下：

臺北市政府 交通即時資料 開放資料專區

- Download ZIP
- Download TAR
- View On GitHub

This project is maintained by taipeicity

資料集列表 (資料為 JSON 格式)

若您有任何問題，歡迎來信 services@mail.taipei.gov.tw 或來電(02)2720-8889#2858（李先生），感謝您！

本網頁提供之檔案格式為經gz壓縮之json檔，請下載後解壓縮使用（以部分瀏覽器如Chrome下載後會自動解壓縮，建議直接以文字編輯器檢視，請留意！）

公車即時資料 (說明文件)

資料集	城市	說明	頻率	檔案連結	資料集網址	
PathDetail	臺北市	附屬路線與路線對應資訊	每小時	https://tcgbusfs.blob.core.windows.net/blobbus/GetPathDetail.gz	data.taiepi	Copy
PathDetail	新北市	附屬路線與路線對應資訊	每小時	https://tcgbusfs.blob.core.windows.net/ntpcbus/GetPathDetail.gz	data.taiepi	Copy
CarInfo	臺北市	車輛基本資訊	每小時	https://tcgbusfs.blob.core.windows.net/blobbus/GetCarInfo.gz	data.taiepi	Copy
CarInfo	新北市	車輛基本資訊	每小時	https://tcgbusfs.blob.core.windows.net/ntpcbus/GetCarInfo.gz	data.taiepi	Copy
OrgPathAttribute	臺北市	路線、營業站對應	每小時	https://tcgbusfs.blob.core.windows.net/blobbus/GetOrgPathAttribute.gz	data.taiepi	Copy
OrgPathAttribute	新北市	路線、營業站對應	每小時	https://tcgbusfs.blob.core.windows.net/ntpcbus/GetOrgPathAttribute.gz	data.taiepi	Copy
PROVIDER	臺北市	業者營運基本資料	每小時	https://tcgbusfs.blob.core.windows.net/blobbus/GetProvider.gz	data.taiepi	Copy
PROVIDER	新北市	業者營運基本資料	每小時	https://tcgbusfs.blob.core.windows.net/ntpcbus/GetProvider.gz	data.taiepi	Copy

輸出

輸出GE2-2-output.csv檔案中的內容如下圖中紅色框線中的欄位(資料集列表中公車即時資料的所有資料均需取得)。

臺北市政府 交通即時資料 開放資料專區

- Download ZIP
- Download TAR
- View On GitHub

This project is maintained by taipeicity

資料集列表 (資料為 JSON 格式)

若您有任何問題，歡迎來信 services@mail.taipei.gov.tw 或來電(02)2720-8889#2858（李先生），感謝您！

本網頁提供之檔案格式為經gz壓縮之json檔，請下載後解壓縮使用（以部分瀏覽器如Chrome下載後會自動解壓縮，建議直接以文字編輯器檢視，請留意！）

公車即時資料 (說明文件)

資料集	城市	說明	頻率	檔案連結	資料集網址	
PathDetail	臺北市	附屬路線與路線對應資訊	每小時	https://tcgbusfs.blob.core.windows.net/blobbus/GetPathDetail.gz	data.taiepi	Copy
PathDetail	新北市	附屬路線與路線對應資訊	每小時	https://tcgbusfs.blob.core.windows.net/ntpcbus/GetPathDetail.gz	data.taiepi	Copy
CarInfo	臺北市	車輛基本資訊	每小時	https://tcgbusfs.blob.core.windows.net/blobbus/GetCarInfo.gz	data.taiepi	Copy
CarInfo	新北市	車輛基本資訊	每小時	https://tcgbusfs.blob.core.windows.net/ntpcbus/GetCarInfo.gz	data.taiepi	Copy
OrgPathAttribute	臺北市	路線、營業站對應	每小時	https://tcgbusfs.blob.core.windows.net/blobbus/GetOrgPathAttribute.gz	data.taiepi	Copy
OrgPathAttribute	新北市	路線、營業站對應	每小時	https://tcgbusfs.blob.core.windows.net/ntpcbus/GetOrgPathAttribute.gz	data.taiepi	Copy
PROVIDER	臺北市	業者營運基本資料	每小時	https://tcgbusfs.blob.core.windows.net/blobbus/GetProvider.gz	data.taiepi	Copy
PROVIDER	新北市	業者營運基本資料	每小時	https://tcgbusfs.blob.core.windows.net/ntpcbus/GetProvider.gz	data.taiepi	Copy

▶ 參考解答

```
1    import csv
2    from urllib.request import urlopen
3    from bs4 import BeautifulSoup
4    file_name = "GE2-4-output.csv"
5    f = open(file_name, "w", encoding = 'utf8')
6    w = csv.writer(f)
7    htmlname="file:GE2-2-input.html"
8    html = urlopen(htmlname)
9    bsObj = BeautifulSoup(html, "lxml")
10   cell=bsObj.find("table").find("thead").find("tr").findAll("th")
11   F0 = cell[0].text
12   F1 = cell[1].text
13   F2 = cell[2].text
14   F3 = cell[3].text
15   F4 = cell[4].text
16   F5 = cell[5].text
17   data = [[F0,F1,F2,F3,F4,F5]]
18   w.writerows(data)
19   f.close()
```

▶ 參考解答程式說明

● 1-3 行 import 所需套件。

● 4-6 行設定寫入之 csv 檔案。

● 7-8 行設定讀取網頁網址，並用 urlopen 開啟，設定為 html 物件。

● 9-10 行設定以 BeautifulSoup 的"lxml"模式解析，逐層找尋"table"標籤下"thead"標籤下的"tr"標籤，再找尋 single_tr 物件中的所有"th"標籤，設定為 cell 物件。

● 11-18 行抓取 cell 物件中需要的 4 個欄位，彙整為 data 物件，逐行寫入 csv 檔案。

● 19 行關閉 csv 檔案。

 **綜合範例 5**

請撰寫程式，利用 Requests 套件抓取新北市政府重要地表資訊開放資料，API 連結如下：

> http://data.ntpc.gov.tw/od/data/api/6DCFF24A-838C-40FB-A9DF-F1160AF
> AFE84?$format=json

將新北市每一所大專院校的相關訊息列印出來，包括名稱、地址、聯絡電話、網站、資料更新時間。

✓ 提示

> 需要 import requests 以讀取政府開放資料 API；需要 import json 以寫入
> json 檔案。

▶ 輸入與輸出樣本

輸入

> 抓取新北市政府重要地表資訊開放資料，API連結如下：
> http://data.ntpc.gov.tw/od/data/api/6DCFF24A-838C-40FB-A9DF-F116
> 0AFAFE84?$format=json

輸出

> 新北市大專院校名單：
>
> 名稱：馬偕醫專三芝校區
> 地址：新北市三芝區中正路三段42號
> 聯絡電話：02-26366799
> 網站：www.mkc.edu.tw
> 資料更新時間：2018-07-15 06:00:00.863
>
> 名稱：馬偕醫學院
> 地址：新北市三芝區中正路三段46號
> 聯絡電話：02-26360303
> 網站：www.mmc.edu.tw
> 資料更新時間：2018-07-15 06:00:00.863
>
> 名稱：法鼓大學

```
地址：新北市金山區
聯絡電話：
網站：www.ddc.edu.tw/zh-tw
資料更新時間：2018-07-15 06:00:00.863

名稱：臺北海洋科大淡水校區
地址：新北市淡水區濱海路三段150號
聯絡電話：02-28102292
網站：www.tumt.edu.tw
資料更新時間：2018-07-15 06:00:00.863

名稱：真理大學臺北校區
地址：新北市淡水區真理街32號
聯絡電話：02-26212121
網站：www.au.edu.tw
資料更新時間：2018-07-15 06:00:00.863
…略
```

▶ 參考解答

```
1   import requests
2   import json
3   url =
    'http://data.ntpc.gov.tw/od/data/api/6DCFF24A-838C-40FB-A9DF-
    F1160AFAFE84?$format=json'
4   res = requests.get(url)
5   data = json.loads(res.text)
6   print('新北市大專院校名單：\n')
7   for record in data:
8       if record['type'] == '大專院校':
9           print('名稱：%s' % record['name'])
10          print('地址：%s' % record['address'])
11          print('聯絡電話：%s' % record['tel'])
12          print('網站：%s' % record['website'])
13          print('資料更新時間：%s' % record['update_date'])
14          print()
```

▶ 參考解答程式說明

• 1-2 行匯入 requests、json 套件。

• 3-4 行設定開放資料 json 格式連結，並發出 get 請求。

- 5 行將取得的回傳內容轉換成 json 格式。
- 6-14 行輸出新北市大專院校名單,包括名稱、地址、連絡電話、網站、資料更新時間等資訊。

 綜合範例 6

請撰寫程式,抓取中央銀行新臺幣/美元 銀行間收盤匯率,網址為 https://www.cbc.gov.tw/lp.asp?CtNode=645&CtUnit=308&BaseDSD=32&mp=1,將其中日期與 NTD/USD 兩個欄位資料另存為"GE2-6-output.csv"。

✓ 提示

> 需要 import requests 以讀取政府開放資料 API;需要 import json 以寫入 json 檔案。

▶ 輸入與輸出樣本

輸入

抓取中央銀行新臺幣/美元 銀行間收盤匯率,網頁如下:

┃新臺幣/美元 銀行間收盤匯率

共 1346 筆資料,第 1/90 頁,每頁顯示 15 ▼ 筆, 到第 1 ▼ 頁 下一頁

新臺幣對美元銀行間成交之收盤匯率 (資料來源:台北外匯經紀股份有限公司)

日 期	NTD/USD
2018-07-13	30.556
2018-07-12	30.542
2018-07-11	30.481
2018-07-10	30.403
2018-07-09	30.386
2018-07-06	30.500
2018-07-05	30.540
2018-07-04	30.501
2018-07-03	30.586
2018-07-02	30.523
2018-06-29	30.500
2018-06-28	30.586

輸出

```
日 期,NTD/USD

2018-07-13,30.556

2018-07-12,30.542

2018-07-11,30.481

2018-07-10,30.403

2018-07-09,30.386

2018-07-06,30.500

2018-07-05,30.540

2018-07-04,30.501

2018-07-03,30.586

2018-07-02,30.523

2018-06-29,30.500

2018-06-28,30.586

2018-06-27,30.454

2018-06-26,30.412

2018-06-25,30.403
```

▶▶ 參考解答

```
1    import csv
2    from urllib.request import urlopen
3    from bs4 import BeautifulSoup
4    file_name = "GE2-6-output.csv"
5    f = open(file_name, "w", encoding = 'utf8')
6    w = csv.writer(f)
7    htmlname="https://www.cbc.gov.tw/lp.asp?CtNode=645&CtUnit=308
     &BaseDSD=32&mp=1"
8    html = urlopen(htmlname)
9    bsObj = BeautifulSoup(html, "lxml")
10   count=0
11   for single_tr in
     bsObj.find("table",{"class":"DataTable2"}).findAll("tr"):
12       if count==0:
13           cell = single_tr.findAll("th")
14       else:
15           cell = single_tr.findAll("td")
16       F0 = cell[0].text
17       F1 = cell[1].text
18       data = [[F0,F1]]
19       w.writerows(data)
20       count=count=1
21   f.close()
```

▶▶ 參考解答程式說明

- 1-3 行 import 所需套件。

- 4-6 行設定寫入之 csv 檔案。

- 7-8 行設定讀取網頁網址，並用 urlopen 開啓，設定為 html 物件。

- 9-15 行設定以 BeautifulSoup 的"lxml"模式解析，逐層找尋"table"標籤下 "tbody"標籤下的所有"tr"標籤，設定為 single_tr 物件。再根據 count（count=0 表示會找到表頭）找尋 single_tr 物件中的所有"th"標籤或"td"標籤，設定為 cell 物件。

- 16-20 行抓取 cell 物件中需要的 2 個欄位，彙整為 data 物件，逐行寫入 csv 檔案。

- 21 行關閉 csv 檔案。

 **綜合範例 7**

請撰寫程式，抓取 http://www.paymentscardsandmobile.com/（此為 Payments Cards & Mobile 公司的網站，是一家全球支付新聞、研究和諮詢中心），找出所有的單篇新聞區塊。

✅ 提示

> 需要 import selenium 並搭配 PhantomJS 以模擬進入網站操作。

▶▶ 輸入與輸出樣本

輸入

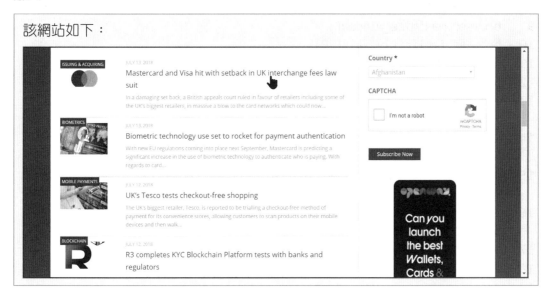

該網站如下：

輸出：

```
[['July 13, 2018',
'https://www.paymentscardsandmobile.com/mastercard-and-visa-hit-
with-setback-in-uk-interchange-fees-law-suit/', 'Mastercard and
Visa hit with setback in UK interchange fees law suit', 'In a damaging
set back, a British appeals court ruled in favour of retailers
including\xa0some of the UK's biggest retailers,\xa0in massive a
blow to the card networks which could now…'], ['July 13, 2018',
'https://www.paymentscardsandmobile.com/biometric-technology-use
-set-to-rocket-for-payment-authentication/', 'Biometric
technology use set to rocket for payment authentication', 'With new
```

> EU regulations coming into place next September, Mastercard is predicting a significant increase in the use of biometric technology to authenticate who is paying. With regards to card...'],
> …下略

▶▶ 參考解答

```
1   import os
2   import sys
3   from bs4 import BeautifulSoup
4   from selenium import webdriver
5   path_PhantomJS    = os.getcwd()+"./PhantomJS.exe"
6   browser = webdriver.PhantomJS(executable_path = path_PhantomJS)
7   scraping_url      = "http://www.paymentscardsandmobile.com/"
8   browser.get(scraping_url)
9   browser.maximize_window()
10  browser.implicitly_wait(10)
11  new_result = []
12  html_soup = BeautifulSoup(browser.page_source, "lxml")
13  for tag_article in html_soup.find("div", attrs={"class": "posts-list
    listing-alt"}).find_all("article"):
14      date    = tag_article.find("time", attrs={"itemprop":
    "datePublished"}).get_text().strip(' \t\n\r')
15      url     = tag_article.find("a", attrs={"itemprop": "name
    url"})['href']
16      title   = tag_article.find("a", attrs={"itemprop": "name
    url"}).get_text().strip(' \t\n\r')
17      content = tag_article.find("p").get_text().strip(' \t\n\r')
18      new_result.append([date, url, title, content])
19  print(str(new_result).encode(sys.stdin.encoding,
    "replace").decode(sys.stdin.encoding))
20  browser.close()
```

▶▶ 參考解答程式說明

- 1-4 行 import 所需套件。

- 5-6 行啟動 WebDriver（在背景執行 PhantomJS）。

- 7-9 行前往 www.paymentscardsandmobile.com 首頁，並最大化螢幕。

- 10 行如果網站在 10 秒內回應則繼續執行下一步，否則等待 10 秒。

- 11-13 行取得網頁原始碼並交由 BeautifulSoup 進行解析,找出所有的單篇新聞區塊。

- 14-18 行取得所需 date(日期)、url(網址)、title(標題)、content(新聞內容),加入 new_result 串列物件中。

- 19 行列印串列物件。

- 20 行最後關閉 browser 物件。

Chapter 2 習題

1. 請撰寫程式抓取台灣彩券大樂透開獎號碼，所在網址為 http://www.taiwanlottery. com.tw，如下面輸出。

✓ 提示

> 本題請找尋在 'div' 標籤下，屬性為 'ball_tx ball_yellow'。

▶▶ 輸入與輸出樣本

輸入：

台灣彩券網址為http://www.taiwanlottery.com.tw，網站如下：

輸出：

```
大樂透開獎 ：
-------------
開出順序 : 14      46      42      31      02      21
大小順序 : 02      14      21      31      42      46
特別號   : 04
```

2. 請撰寫程式，建立一個可以填入要搜尋的網址，以及在此網站上搜索的字串，找尋該字串出現次數。

　✓ 提示

> 本題需要 import requests 進行網頁讀取，import re 進行字串搜尋。

▶▶ 輸入與輸出樣本

輸入

```
請填入要搜尋的網址：http://

請輸入欲搜尋的字串 ：
```

輸出

```
請填入要搜尋的網址：http://www.taiwanlottery.com.tw/

請輸入欲搜尋的字串 ： 開出順序
搜尋 開出順序 成功
開出順序 出現 8 次

請填入要搜尋的網址：http://www.taiwanlottery.com.tw/

請輸入欲搜尋的字串 ： 世足賽
搜尋 世足賽 失敗
世足賽 出現 0 次
```

Chapter **3**

資料分析能力

資料分析能力

資料分析是由原始資料轉換的幾個步驟組成的過程，基於收集的資料進行處理，以產生可視化結果，並且可以通過數學模型化來進行預測。資料分析由以下幾個階段組成：

- 問題定義
- 資料提取
- 資料清理
- 資料轉換
- 資料探索
- 預測建模
- 模型驗證/測試
- 結果的可視化和解釋

Python 本身核心就有支援資料分析的工具，包括串列、索引與分片、字典資料型態等，將在 3-1 中分別介紹。

若要處理大量資料，NumPy 就是用於處理陣列資料的高效函式庫，將在 3-2 中介紹。當涉及嚴重的數據清理時，我們可以使用多功能的 Pandas 套件包，可以為 Python 提供快速簡化的資料處理和資料分析工具。

3-1 Python 資料分析概論

3-1-1 串列(list)

串列基本操作如下範例所示：

▶▶ 範例程式 E3-1-1-1.ipynb

串列

方括號（[]）表示一個串列，串列中的各個元素用逗號分隔。

In[1]	[1, 2, 3, 1, 2]
Out[1]	[1, 2, 3, 1, 2]

In[2]	numbers = [1, 2, 3] type(numbers)
Out[2]	list

In[3]	words = ['cat', 'bat', 'rat', 'elephant'] words
Out[3]	['cat', 'bat', 'rat', 'elephant']

In[4]	mixed_elements = ['hello', 3.1415, True, None, 42] mixed_elements
Out[4]	['hello', 3.1415, True, None, 42]

In[5]	empty_list = [] empty_list
Out[5]	[]

存取串列元素

In[6]	animals = ['cat', 'bat', 'rat', 'elephant'] animals[3]
Out[6]	['bat', 'elephant']

In[7]	animals[0] + 'woman and ' + animals[1] + 'man'
Out[7]	'catwoman and batman'

負值索引（Negative Indexes）

如何獲取串列最後幾個元素？

In[8]	animals[-1]
Out[8]	'elephant'

In[9]	animals[-3]
Out[9]	'bat'

透過切片(Slices)獲得子串列

animals[2]是一個帶索引的串列（一個整數），animals[1：4]是一個帶切片的串列（兩個整數），在切片中，第一個整數是切片開始的索引。第二個整數是切片結束的索引。切片不包括第二個索引處的值。切片被視為為新的串列值。

In[10]	animals[1:4]
Out[10]	['bat', 'rat', 'elephant']

In[11]	animals[0:-1]
Out[11]	['cat', 'bat', 'rat']

In[12]	animals[-2:-1]
Out[12]	['rat']

作為快捷方式，可以在切片的冒號兩側省略一個或兩個索引，省略第一個索引與使用 0 或串列的開頭同義，省略第二個索引與使用串列的長度進行切片同義，串列的長度將切換到串列的末尾。

In[13]	animals[:3]
Out[13]	['cat', 'bat', 'rat']

In[14]	animals[::2]
Out[14]	['cat', 'rat']

經由 len()指令取得串列長度

In[15]	fst_sentence = ['Call', 'me', 'Ishmael'] len(fst_sentence)
Out[15]	3

利用索引更改串列中的值

In[16]	fst_sentence = ['Call', 'me', 'Ishmael'] fst_sentence[1] = 'him' fst_sentence

Out[16]	['Call', 'him', 'Ishmael']

In[17]	fst_sentence[0] = fst_sentence[1] fst_sentence
Out[17]	['him', 'him', 'Ishmael']

In[18]	fst_sentence[-1] = 1000 fst_sentence
Out[18]	['him', 'him', 1000]

串列連接和串列複製

「+」運算符組合了兩個串列，創建一個新的串列；「*」運算符也可與列來和整數值一起使用並複製列。

In[19]	fst_sentence = ['Call', 'me', 'Ishmael'] numbers = [1, 2, 3, 4] concat = fst_sentence + numbers concat
Out[19]	['Call', 'me', 'Ishmael', 1, 2, 3, 4]

In[20]	fst_sentence * 3
Out[20]	['Call', 'me', 'Ishmael', 'Call', 'me', 'Ishmael', 'Call', 'me', 'Ishmael']

使用 del 語句從串列中刪除值

del 語句將刪除串列中索引的值。所有的值在刪除值之後的串列中，將向上移動一個索引。

In[21]	fst_sentence = ['Call', 'me', 'Ishmael'] del fst_sentence[1] fst_sentence
Out[21]	['Call', 'Ishmael']

使用 sorted()對 List 的值進行排序

sorted()函數返回相應串列的排序副本。

| In[22] | ```python
fst_sentence = ['Call', 'me', 'Ishmael']
sorted_sentence = sorted(fst_sentence)
print(sorted_sentence)
print(fst_sentence)
``` |
|---|---|
| Out[22] | ```
['Call', 'Ishmael', 'me']
['Call', 'me', 'Ishmael']
``` |
| In[23] | ```python
numbers = [2, 3, 1, -5]
sorted_numbers = sorted(numbers)
print(sorted_numbers)
print(numbers)
``` |
| Out[23] | ```
[-5, 1, 2, 3]
[2, 3, 1, -5]
``` |

順序(Sequences)

range 返回給定步驟從開始到結束的一系列數字。

In[24]	`range(5)`
Out[24]	`range(0, 5)`

In[25]	`list(range(5))`
Out[25]	`[0, 1, 2, 3, 4]`

In[26]	`list(range(3, 10))`
Out[26]	`[3, 4, 5, 6, 7, 8, 9]`

In[27]	`list(range(3, 20, 4))`
Out[27]	`[3, 7, 11, 15, 19]`

In[28]	`list(range(30, 10, -2))`
Out[28]	`[30, 28, 26, 24, 22, 20, 18, 16, 14, 12]`

使用 sort()方法對 List 的值進行排序

可以使用 sort()方法對數值串列或字串串列進行排序。您還可以為 reverse 關鍵字參數傳遞 True，以使 sort()按相反順序對值進行排序。

In[29]	```python values = [2, 5, 3.14, 1, -7] values.sort() values ```
Out[29]	`[-7, 1, 2, 3.14, 5]`

In[30]	```python fst_sentence = ['Call', 'me', 'Ishmael'] fst_sentence.sort() fst_sentence ```
Out[30]	`['Call', 'Ishmael', 'me']`

In[31]	```python values = [2, 5, 3.14, 1, -7] values.sort(reverse=True) values ```
Out[31]	`[5, 3.14, 2, 1, -7]`

您不能對其中包含數值和字串值的串列進行排序，因為 Python 不知道如何比較這些值。

In[32]	```python values = ['Call', 'me', 'Ishmael', 2, 5, 3.14, 1, -7] values.sort() values ```
| Out[32] | ```
--------------------------------------------------------
TypeError                          Traceback (most
recent call last)
<ipython-input-73-8905006236e4> in <module>()
      1 values = ['Call', 'me', 'Ishmael', 2, 5, 3.14, 1,
-7]
----> 2 values.sort()
      3 values

TypeError: unorderable types: int() < str()
``` |

sort()使用 ASCII 字母順序而不是實際的字母順序來排序字串，因此大寫字母在小寫字母之前。所以對小寫字母 a 進行排序，結果會在大寫字母 Z 之後。
```

In[33]	fst_sentence = ['Call', 'call', 'me', 'Me', 'ishmael', 'Ishmael'] fst_sentence.sort() fst_sentence
Out[33]	['Call', 'Ishmael', 'Me', 'call', 'ishmael', 'me']

如果需要按常規字母順序對值進行排序,請在 sort()方法呼叫中為 key 關鍵字參數
傳遞 str.lower,使 sort()函數處理所有項目。串列就好像它們是小寫而不實際更改
串列中的值。

In[34]	fst_sentence = ['a', 'z', 'A', 'Z'] fst_sentence.sort(key=str.lower) fst_sentence
Out[34]	['a', 'A', 'z', 'Z']

3-1-2 索引與分片

▶▶ 範例程式 **E3-1-2-1.ipynb**

索引和分片

索引

對於一個有序序列,可以通過索引的方法來訪問對應位置的值。字串便是一個有序
序列的例子,Python 使用 [] 來對有序序列進行索引。

In[1]	s = "hello world" s[0]
Out[1]	'h'

Python 中索引是從 0 開始的,所以索引 0 對應到序列的第 1 個元素。為了得到第 4
個元素,需要使用索引值 3。

In[2]	s[3]
Out[2]	'l'

除了正向索引,Python 還引入了負索引值的用法,即從後向前開始計數,例如,
索引-2 表示倒數第 2 個元素:

In[3]	s[-2]
Out[3]	'l'

單個索引大於等於字串的長度時，會回應錯誤：

In[4]	s[11]
Out[4]	-- IndexError　　　　　　　　　　　　　　Traceback (most recent call last) <ipython-input-4-665bb6993e1f> in <module>() ----> 1 s[11] IndexError: string index out of range

分片

分片用來從序列中提取出想要的子序列，其用法為：

```
var[lower:upper:step]
```

其範圍包括 lower，但不包括 upper，step 表示子序列取值間隔大小，如果沒有設定，則預設為 1。

In[5]	s
Out[5]	'hello world'

In[6]	s[1:3]
Out[6]	'el'

分片中包含的元素的個數為 3-1=2。

也可以使用負索引來指定分片的範圍：

In[7]	s[1:-2]
Out[7]	'ello wor'

包括索引 1 但是不包括索引 -2。

lower 和 upper 可以省略,省略 lower 意味著從開頭開始分片,省略 upper 意味著一直分片到結尾。

In[8]	s[:3]
Out[8]	'hel'

In[9]	s[-3:]
Out[9]	'rld'

In[10]	s[:]
Out[10]	'hello world'

每隔兩個取一個值:

In[11]	s[::2]
Out[11]	'hlowrd'

當 step 的值為負時,省略 lower 意味著從結尾開始分片,省略 upper 意味著一直分片到開頭。

In[12]	s[::-1]
Out[12]	'dlrow olleh'

當給定的 upper 超出字串的長度(注意:因為不包含 upper,所以可以等於)時,Python 並不會報錯,不過只會計算到結尾。

In[13]	s[:100]
Out[13]	'hello world'

3-1-3　字典資料型態

▶▶ 範例程式 **E3-1-3-1.ipynb**

字典資料型態提供了一種訪問和組織資料的靈活方式。像串列一樣，字典是許多值的集合。但與串列索引不同，字典索引可以使用許多不同的資料型態，而不僅僅是整數。字典的索引稱為「鍵」，具有關聯值的鍵稱為「鍵值對」。在代碼中，字典用大括號 {} 鍵入。

In[1]	image = {'color': 'greyscale', 'size': 256789, 'type': 'jpg', 　　　　　'address': 'file:PIC_0390.jpg'} image
Out[1]	{'color': 'greyscale', 'size': 256789, 'type': 'jpg', 'address': 'file:PIC_0390.jpg'}

這為 image 變數分配了一個字典。其鍵為'color'、'size'、'type'和'address'。這些鍵的值分別是'greyscale'、256789、'jpg'和'file:PIC_0390.jpg'。

In[2]	image['color']
Out[2]	'greyscale'

In[3]	image['size']
Out[3]	256789

字典仍然可以使用整數值作為鍵，就像列表使用整數作為索引一樣，但它們不必從「0」開始，可以是任何數字。

In[4]	image = {510: 'page in book', 'color': 'greyscale', 　　　　　'size': 256789, 'type': 'jpg', 　　　　　'address': 'file:PIC_0390.jpg'} image[510]
Out[4]	'page in book'

字典與串列

與串列不同，字典中的項目是無序的。名為 values 的串列中的第一項將是 values[0]。但字典中沒有「第一」項。雖然項目的順序對於確定兩個串列是否相同很重要，但鍵值對在字典中鍵入的順序無關緊要。

In[5]	`fst_sentence = ['Call', 'me', 'Howard']`
	`fst_sentence_juggled = ['Howard', 'me', 'Call']`
	
	`fst_sentence == fst_sentence_juggled`

Out[5]	`False`

In[6]	`fst_sentence = {1: 'Call', 2: 'me', 3: 'Howard'}`
	`fst_sentence_juggled = {3: 'Howard', 2: 'me', 1: 'Call'}`
	
	`fst_sentence == fst_sentence_juggled`

Out[6]	`True`

由於字典不是有序的，因此不能像串列那樣切片。

訪問字典中的值

要獲取與鍵關聯的值，請提供字典的名稱，然後將鍵放在一組方括號內。嘗試訪問字典中不存在的鍵將導致出現"KeyError"錯誤消息。

In[7]	`image = {'color': 'greyscale', 'size': 256789,`
	`          'type': 'jpg', 'address': 'file:PIC_0390.jpg'}`
	
	`image['size']`

Out[7]	`256789`

In[8]	`image['author']`

Out[8]	`---------------------------------------------------------`
	`KeyError                       Traceback (most recent call last)`
	`<ipython-input-9-03c3970ec369> in <module>()`
	`----> 1 image['author']`
	
	`KeyError: 'author'`

添加新的鍵值對

字典是動態結構，要添加新的鍵值對，可以給出字典的名稱，後面跟著方括號中的新鍵及新值。

In[9]	```image = {'color': 'greyscale', 'size': 256789,```
	　　　　　　```'type': 'jpg', 'address': 'file:PIC_0390.jpg'}```
	
	```image['source'] = 'Wikipedia'```
	```image```

Out[9]	```{'color': 'greyscale',```
	　```'size': 256789,```
	　```'type': 'jpg',```
	　```'address': 'file:PIC_0390.jpg',```
	　```'source': 'Wikipedia'}```

修改字典中的值

要修改字典中的值，請使用方括號中的鍵給出字典的名稱，然後使用與該鍵關聯的新值。

In[10]	```image = {'color': 'greyscale', 'size': 256789,```
	　　　　　　```'type': 'jpg', 'address': 'file:PIC_0390.jpg'}```
	
	```image['color'] = 'Black&White'```
	```image```

Out[10]	```{'color': 'Black&White',```
	　```'size': 256789,```
	　```'type': 'jpg',```
	　```'address': 'file:PIC_0390.jpg'}```

刪除鍵值對

可以使用 del 語句來完全刪除鍵值對，其中填入字典的名稱和要刪除的鍵。

In[11]	```del image['color']``` ```image```
Out[11]	```{'size': 256789, 'type': 'jpg', 'address':``` ```'file:PIC_0390.jpg'}```

keys()、values()和 items()方法

keys()、values()和 items()這三種字典的方法將返回字典的鍵，值或鍵和值的類似列表值。這些方法返回的值不是真正的串列，因此不能修改，也不能使用 append() 方法，但這些資料型態（分別是 dict_keys、dict_values 和 dict_items）可以用於 for 迴圈。

| In[12] | ```python
image = {'color': 'greyscale', 'size': 256789,
         'type': 'jpg', 'address': 'file:PIC_0390.jpg'}

for key in image.keys():
    print(key)
``` |
|---|---|
| Out[12] | ```
color
size
type
address
``` |

| In[13] | ```python
for value in image.values():
    print(value)
``` |
|---|---|
| Out[13] | ```
greyscale
256789
jpg
file:PIC_0390.jpg
``` |

| In[14] | ```python
for key, value in image.items():
    print(key)
    print('\t -' + value)
``` |
|---|---|
| Out[14] | ```
color
 -greyscale
size
---------------------------------------------------------
TypeError                         Traceback (most recent call last)
<ipython-input-15-26f864fe4c7b> in <module>()
      1 for key, value in image.items():
      2     print(key)
----> 3     print('\t -' + value)

TypeError: must be str, not int
``` |

檢查字典中是否存在鍵或值

利用 in 和 not in 運算子，可以檢查字典中是否存在某個鍵或值。

| In[15] | ```python
image = {'color': 'greyscale', 'size': 256789,
         'type': 'jpg', 'address': 'file:PIC_0390.jpg'}

'color' in image.keys()
``` |
|---|---|
| Out[15] | True |

In[16]	`289983 in image.values()`
Out[16]	False

In[17]	`'compression' not in image.keys()`
Out[17]	True

get()方法

字典的 get()方法接受兩個參數：要檢索的值的鍵，以及如果該鍵不存在則返回的回應值。

| In[18] | ```python
image = {'color': 'greyscale', 'size': 256789,
         'type': 'jpg', 'address': 'file:PIC_0390.jpg'}
color_val = image.get('color', 'unknown')
designer_val = image.get('designer', 'unknown')
designer_val
``` |
|---|---|
| Out[18] | 'unknown' |

setdefault()方法

傳遞給該方法的第一個參數是要檢查的鍵，第二個參數是在該鍵不存在時要設置在該鍵的值。如果鍵確實存在，該 setdefault()方法返回鍵的值。

| In[19] | ```python
# A simple character counter using the setdefault() method
fst_paragraph = ''' Call me Ishmael. Some years ago—never
mind how long precisely having little or no money in my
purse, and nothing particular to interest me on shore, I
thought I would sail about a little and see the watery part
of the world. It is a way I have of driving off the spleen
``` |
|---|---|
```

```
and regulating the circulation. Whenever I find myself
growing grim about the mouth; whenever it is a damp, drizzly
November in my soul; whenever I find myself involuntarily
pausing before coffin warehouses, and bringing up the rear
of every funeral I meet; and especially whenever my
hypothesis get such an upper hand of me, that it requires
a strong moral principle to prevent me from deliberately
stepping into the street, and methodically knocking
people's hats off—then, I account it high time to get to
sea as soon as I can. This is my substitute for pistol and
ball. With a philosophical flourish Cato throws himself
upon his sword; I quietly take to the ship. There is nothing
surprising in this. If they but knew it, almost all men in
their degree, some time or other, cherish very nearly the
same feelings towards the ocean with me.'''

count = {}

for character in fst_paragraph:
    count.setdefault(character, 0)
    count[character] += 1
print(count)
```

| Out[19] | {'\n': 16, 'C': 2, 'a': 57, 'l': 45, ' ': 182, 'm': 30, 'e': 107, 'I': 12, 's': 52, 'h': 51, '.': 8, 'S': 1, 'o': 62, 'y': 22, 'r': 56, 'g': 24, '—': 3, 'n': 61, 'v': 13, 'i': 68, 'd': 21, 'w': 15, 'p': 25, 'c': 16, 't': 74, 'u': 26, ',': 10, 'b': 9, 'f': 22, 'W': 2, ';': 4, 'z': 2, 'N': 1, 'q': 2, 'k': 4, ''': 1, 'T': 2} |

嵌套

有時，您需要將一組字典儲存在串列中，或將項目串列儲存為字典中的值。這稱為嵌套(nesting)。您可以在串列中嵌套一組字典，在字典中嵌套項目串列，甚至在另一個字典中嵌套字典。嵌套是一個強大的功能，如下面 In[20]~In[23]範例。

字典串列

串列對於包含有序的一系列值很有用，而字典對於將鍵與值相關聯很有用。

| In[20] | image_0 = {'color': 'greyscale', 'size': 256789, 'type': 'jpg', 'address': 'file:PIC_0390.jpg'} image_1 = {'color': 'greyscale', 'size': 492872, |

	`'type': 'jpg', 'address':`
	`'https://upload.wikimedia.org/wikipedia/commons/f/f7/Qu`
	`eequeg.JPG'}`
	`image_2 = {'color': 'greyscale', 'size': 497121,`
	`            'type': 'jpg', 'address':`
	`'https://upload.wikimedia.org/wikipedia/commons/8/8b/Mo`
	`by_Dick_final_chase.jpg'}`
	
	`article_images = [image_0, image_1, image_2]`
	
	`article_images`

Out[20]	`[{'color': 'greyscale',`
	`  'size': 256789,`
	`  'type': 'jpg',`
	`  'address': 'file:PIC_0390.jpg'},`
	` {'color': 'greyscale',`
	`  'size': 492872,`
	`  'type': 'jpg',`
	`  'address':`
	`'https://upload.wikimedia.org/wikipedia/commons/f/f7/Qu`
	`eequeg.JPG'},`
	` {'color': 'greyscale',`
	`  'size': 497121,`
	`  'type': 'jpg',`
	`  'address': 'https://upload.wikimedia.org`
	`/wikipedia/commons/8/8b/Moby_Dick_final_chase.jpg'}]`

字典中的串列

可以將串列放在字典中。

In[21]	`images = {'color': 'greyscale', 'size': [256789, 492872,`
	` 497121], 'type': 'jpg', 'address': ['file:PIC_0390.jpg',`
	`'https://upload.wikimedia.org/wikipedia/commons/f/f7/Qu`
	`eequeg.JPG',`
	`'https://upload.wikimedia.org/wikipedia/commons/8/8b/Mo`
	`by_Dick_final_chase.jpg']`
	`        }`
	
	`images['size'][-1]`

Out[21]	`497121`

| In[22] | ```for key, value in images.items():
    print("\n" + key.title())

    if type(value) == list:
        for element in value:
            print("\t * " + str(element))
    else:
        print("\t" + value)``` |
| --- | --- |
| Out[22] | ```Color
greyscale

Size
 * 256789
 * 492872
 * 497121

Type
jpg

Address
 * file:PIC_0390.jpg
 *
https://upload.wikimedia.org/wikipedia/commons/f/f7/Que
equeg.JPG
 *
https://upload.wikimedia.org/wikipedia/commons/8/8b/Mob
y_Dick_final_chase.jpg``` |

字典中的字典

可以將字典嵌套在另一個字典中,但是執行此操作時,程式碼可能會變得複雜。例如,如果要處理網站的用戶,若每個用戶都有一個唯一的用戶名,可以使用用戶名作為字典中的鍵。然後,可以使用字典作為與其用戶名關聯的值來儲存有關每個用戶的資訊。在下面的清單中,我們儲存了有關每個用戶的三條資訊:他們的名字、姓氏和位置。可以利用循環訪問用戶名和與每個用戶名關聯的資訊字典來存取此資訊:

| In[23] | ```users = {
    'aeinstein': {
        'first': 'albert',
        'last': 'einstein',``` |
| --- | --- |

```
                'locations': ['princeton', 'copenhagen'],
                },

            'mcurie': {
                'first': 'marie',
                'last': 'curie',
                'locations': ['paris', 'athens'],
                },
    }
    for username, user_info in users.items():
        print("\nUsername: " + username)
        full_name = user_info['first'] + " " +
    user_info['last']
        locations = user_info['locations']

        print("\tFull name: " + full_name.title())
        for location in locations:
            print("\tLocation: " + location.title())
```

Out[23]	Username: aeinstein
	Full name: Albert Einstein
	Location: Princeton
	Location: Copenhagen
	Username: mcurie
	Full name: Marie Curie
	Location: Paris
	Location: Athens

漂亮的印刷

如果將 pprint 模塊導入到程序中，您將可以訪問 pprint()和 pformat()函數，這些函數將「漂亮打印」字典的值。當您希望在字典中清晰地顯示項目時，這比"print()"提供的內容更有用。

In[24]	print(users)
Out[24]	{'aeinstein': {'first': 'albert', 'last': 'einstein', 'locations': ['princeton', 'copenhagen']}, 'mcurie': {'first': 'marie', 'last': 'curie', 'locations': ['paris', 'athens']}}

In[25]	`import pprint`
	
	`pprint.pprint(users)`

Out[25]	`{'aeinstein': {'first': 'albert',`
	`                'last': 'einstein',`
	`                'locations': ['princeton',`
	`'copenhagen']},`
	` 'mcurie': {'first': 'marie',`
	`            'last': 'curie',`
	`            'locations': ['paris', 'athens']}}`

3-2 NumPy

NumPy 是 Python 語言的一個擴充程式庫,支援高階大量的維度陣列與矩陣運算,此外也針對陣列運算提供大量的數學函數函式庫。在 NumPy 上只要能被表示為針對陣列或矩陣運算的演算法,其執行效率幾乎都可以與編譯過的等效 C 語言程式碼一樣快。

3-2-1 NumPy 建立陣列與存取元素

NumPy 的核心功能是"ndarray"(即 n-dimensional array,多維陣列)資料結構。這是一個表示多維度、同質並且固定大小的陣列物件。

▶▶ 範例程式 **E3-2-1-1.ipynb**

建立一維 NumPy Array

可以經由傳送串列(list)或元組(tuple)給 np.array,即可建立一維陣列。

In[1]	`import numpy as np`
	`a = np.array([1, 2, 3, 4])`
	`b = np.array((1, 2, 3, 4))`
	`print(a)`
	`print(b)`

Out[1]	`[1 2 3 4]` `[1 2 3 4]`

也可以透過 np.arange 建立一維 NumPy Array，其使用方式類似 Python 標準庫中的 rangc，如下範例，可在 3~30（包含 3 但不含 30），以間隔 3 建立一維陣列。

In[2]	c = np.arange(3, 30, 3) print(c)
Out[2]	[3 6 9 12 15 18 21 24 27]

np.linspace 則可建立一個間隔相同的陣列，如下範例，可在 0~10 間建立有 5 個元素的陣列，其間隔相同（均為 2.5）。

In[3]	pi_steps = np.linspace(0, 10, 5) print(pi_steps)
Out[3]	[0. 2.5 5. 7.5 10.]

一維陣列以索引(Index)存取元素

In[4]	print(c) print(c[0]) # 取得在index位置0的元素 print(c[1]) # 取得在index位置1的元素 print(c[2:6]) # 取得在index位置2-5(包含2但不含6)的子陣列 (subarray) print(c[1:-1:2]) # 取得陣列c中index位置1,3,5,..(各間隔1個 元素來選取)的子陣列
Out[4]	[3 6 9 12 15 18 21 24 27] 3 6 [9 12 15 18] [6 12 18 24]

多維陣列(multi-dimensional arrays)

可以經由直接傳送多維串列(list)給 np.array，即可建立多維陣列，接著可以透過 np.shape 取得其外形(shape)。如下範例中 two_dim 為 2 x 3 陣列（2 列 3 行）；three_dim 則為 2 x 3 x 4 陣列：

In[5]	two_dim = np.array([[1, 2, 3, 4],
	                    [5, 6, 7, 8],
	                    [9, 10, 11, 12]])
	three_dim = np.array([[[1, 2, 3, 4],
	                      [5, 6, 7, 8],

	<pre> [9, 10, 11, 12]],
	                         [[13, 14, 15, 16],
	                          [17, 18, 19, 20],
	                          [21, 22, 23, 24]]])
	print(two_dim.shape)
	print(three_dim.shape)</pre>

Out[5]	<pre>(3, 4)
	(2, 3, 4)</pre>

也可以建立一維陣列，接著利用 NumPy 的 reshape 可以轉為所需要的各種外形。如下範例中，a 原為 1×25 陣列，可以 reshape 為 5×5 陣列；也可以直接建立陣列後呼叫 reshape 方法轉為 3×4 陣列。

In[6]	<pre>a = np.arange(1, 26).reshape(5, 5)
	print(a.shape)
	print(a)
	print(a[2, 4])
	print(a.shape)
	np.arange(12).reshape(3, 4)</pre>

Out[6]	<pre>[[1 2 3 4 5]
	 [6 7 8 9 10]
	 [11 12 13 14 15]
	 [16 17 18 19 20]
	 [21 22 23 24 25]]
	15
	(5, 5)
	array([[0, 1, 2, 3],
	       [4, 5, 6, 7],
	       [8, 9, 10, 11]])</pre>

多維陣列以 Index 存取元素

In[7]	<pre>a = np.arange(1, 26).reshape(5, 5)
	print(a)</pre>print(a[0, 1:4]) # 獲取由row 0(第0個橫列)中第1個-第3個元素(不含第4個)產生的一維子陣列
	print(a[1:4, 0]) # 獲取由column 0(第0個直行)中第1個-第3個元素(不含第4個)產生的一維子陣列
	print(a[::2,::2]) # 獲取一個二維陣列，由橫列與直行中隔個元素產生(0、2、4列與0、2、4行，也就是
	(0,0),(0,2),(0,4),(2,0),(2,2),(4),(4,0),(4,2),(4,4等9個

	元素) print(a[:, 1]) # 獲取由整個column 1(第1個直行)中元素產生的一維子陣列
Out[7]	``` [[1 2 3 4 5] [6 7 8 9 10] [11 12 13 14 15] [16 17 18 19 20] [21 22 23 24 25]] [2 3 4] [6 11 16] [[1 3 5] [11 13 15] [21 23 25]] [2 7 12 17 22] ```

In[8]	```python
	a = np.arange(0, 60).reshape((4, 3, 5))
	print("陣列a\n",a)
	
	print("a[0, 1, 2]=",a[0, 1, 2]) # 存取a[0][1][2]
	print("a[:,2]=\n",a[:,2]) # 產生由內部二維陣列中row 2(第三個橫列)組成的串列
	print("a[:,:,2]=\n",a[:,:,2]) # 產生由內部二維陣列中column 2(第三個直行)組成的串列
	print("a[::2,::2,::2]=\n",a[::2,::2,::2]) # 產生一個三維陣列，由橫列與直行中隔個元素產生
	``

Out[8]	```
	陣列a
	 [[[0 1 2 3 4]
	  [5 6 7 8 9]
	  [10 11 12 13 14]]
	
	 [[15 16 17 18 19]
	  [20 21 22 23 24]
	  [25 26 27 28 29]]
	
	 [[30 31 32 33 34]
	  [35 36 37 38 39]
	  [40 41 42 43 44]]
	
	 [[45 46 47 48 49]
	  [50 51 52 53 54]
	  [55 56 57 58 59]]]
	a[0, 1, 2]= 7
	``

```
a[:,2]=
 [[10 11 12 13 14]
 [25 26 27 28 29]
 [40 41 42 43 44]
 [55 56 57 58 59]]
a[:,:,2]=
 [[ 2  7 12]
 [17 22 27]
 [32 37 42]
 [47 52 57]]
a[::2,::2,::2]=
 [[[ 0  2  4]
   [10 12 14]]

  [[30 32 34]
   [40 42 44]]]
```

▶▶ 範例程式 **E3-2-1-2.py**

```
1  import numpy as np
2  nf1 = np.genfromtxt('2017pig.csv', delimiter=',' ,skip_header=1)
3  print("市場全年成交最高平均重量"+str(nf1[:,1].max(axis=0)))
4  print("市場全年成交最低平均價"+str(nf1[:,2].min(axis=0)))
5  print("市場全年總成交頭數"+str(nf1[:,0].sum(axis=0)))
6  total_sales=(nf1[:,0]*nf1[:,1]*nf1[:,2])
7  print("市場全年總成交金額"+str(total_sales.sum(axis=0)))
8  print("市場全年成交平均每頭金額
   "+str(total_sales.sum(axis=0)/nf1[:,0].sum(axis=0)))
```

▶▶ 範例程式說明

- 1 行 import numpy 以進行資料分析。

- 2 行運用 numpy 的 genfromtxt 方法由'2017pig.csv'（此為某市場 2017 年全年毛豬交易行情資料），主要欄位：total_amt（成交頭數-總數）、average_weight（成交頭數-平均重量）、average_price（成交頭數-平均價格）讀入資料，檔案中以","分隔，同時跳過開頭第一行（均為標題），設定為 nf1 物件。

- 3 行運用 numpy 的 max 方法輸出 nf1 的市場全年成交最高平均重量。

- 4 行運用 numpy 的 min 方法輸出 nf1 的市場全年成交最低平均價。

- 5 行運用 numpy 的 sum 方法輸出 nf1 的市場全年總成交頭數。

- 6 行計算每日成交金額，設定為 total_sales 物件。

- 7 行運用 numpy 的 sum 方法輸出 total_sales 的市場全年總成交金額。

- 8 行計算並列印市場全年成交平均每頭金額。

▶▶ 輸出結果

```
市場全年成交最高平均重量148.18
市場全年成交最低平均價66.35
市場全年總成交頭數3383747.0
市場全年總成交金額32115493123.458595
市場全年成交平均每頭金額9491.103538018237
```

▶▶ 範例程式 E3-2-1-3.py

```
1   import numpy as np
2   data = np.genfromtxt('president_heights.csv',
    delimiter=',',skip_header=1 )
3   heights = np.array(data['height(cm)'])
4   print(heights)
5   print("Mean height:        ", heights.mean())
6   print("Standard deviation:", heights.std())
7   print("Minimum height:     ", heights.min())
8   print("Maximum height:     ", heights.max())
9   print("25th percentile:    ", np.percentile(heights, 25))
10  print("Median:             ", np.median(heights))
11  print("75th percentile:    ", np.percentile(heights, 75))
```

▶▶ 範例程式說明

- 1 行 import numpy 以進行資料分析。

- 2 行運用 numpy 的 genfromtxt 方法由'president_heights.csv'（此為美國歷任總統身高資料），主要欄位：order（排序）、name（姓名）、height(cm)（身高）讀入資料，檔案中以","分隔，同時跳過開頭第一行（均為標題），設定為 data 物件。

- 3-4 行將 data 物件的第三個欄位 height(cm)另存為 heights 陣列，並列印輸出。

- 5 行運用 numpy 的 mean 方法輸出美國總統平均身高。

- 6 行運用 numpy 的 std 方法輸出美國總統身高標準差。

- 7 行運用 numpy 的 min 方法輸出美國總統最矮身高。

- 8 行運用 numpy 的 max 方法輸出美國總統最高身高。

- 9 行運用 numpy 的 percentile 方法輸出美國總統身高第一個四分位數。

- 10 行運用 numpy 的 median 方法輸出美國總統身高中位數。

- 11 行運用 numpy 的 percentile 方法輸出美國總統身高第三個四分位數。

▶▶ 輸出結果

```
[189. 170. 189. 163. 183. 171. 185. 168. 173. 183. 173. 173. 175. 178.
 183. 193. 178. 173. 174. 183. 183. 168. 170. 178. 182. 180. 183. 178.
 182. 188. 175. 179. 183. 193. 182. 183. 177. 185. 188. 188. 182. 185.
 190.]
Mean height:         179.97674418604652
Standard deviation: 7.023178807524852
Minimum height:      163.0
Maximum height:      193.0
25th percentile:     174.5
Median:              182.0
75th percentile:     184.0
```

3-2-2　NumPy 聚合操作

▶▶ 範例程式 **E3-2-2-1.ipynb**

NumPy 的聚合操作(Aggregation operations)

通常在面對大量資料時,要先計算相關資料的摘要統計資訊,NumPy 具有內置的聚合操作功能,可用於處理陣列,本範例將展示這些功能。

加總陣列中的資料值

進行加總,可以利用 Python 內建的 sum 功能:

| In[1] | ```python
import numpy as np
L = np.random.random(10)
print(L)
print(sum(L))
``` |
|---|---|
| Out[1] | [0.27519442 0.21383682 0.37824873 0.21087795 0.8437888
0.12147178 |
```

	0.7981921　0.26025743 0.91075127 0.03418838]
	4.046807691021659

在 NumPy 中 np.sum 語法與 Python 內建功能類似，也可以得到相同結果：

In[2]	np.sum(L)
Out[2]	4.046807691021659

但是因為利用編譯後程式碼執行，NumPy 版本遠比 Python 版本快：

In[3]	big_array = np.random.rand(1000000) print("Python內建版本：") %timeit sum(big_array) print("Numpy版本：") %timeit np.sum(big_array)
Out[3]	Python內建版本： 133 ms ± 1.11 ms per loop (mean ± std. dev. of 7 runs, 10 loops each) Numpy版本： 939 µs ± 5.05 µs per loop (mean ± std. dev. of 7 runs, 1000 loops each)

最小值與最大值

同樣的，Python 也有內建的 min 與 max 功能，可用來找尋所給陣列中的最小值與最大值：

In[4]	min(big_array), max(big_array)
Out[4]	(5.678456824753653e-07, 0.9999999024603322)

在 NumPy 中也有 np.min 與 np.max，也可以得到相同結果，但是速度截然不同

In[5]	np.min(big_array), np.max(big_array)
Out[5]	(5.678456824753653e-07, 0.9999999024603322)

In[6]	print("Python內建版本：") %timeit min(big_array) print("Numpy版本：") %timeit np.min(big_array)

| Out[6] | Python內建版本：
54.2 ms ± 356 µs per loop (mean ± std. dev. of 7 runs, 10 loops each)
Numpy版本：
438 µs ± 21.8 µs per loop (mean ± std. dev. of 7 runs, 1000 loops each) |

對於 min、max、sum 和其他幾個 NumPy 聚合功能，更短的寫法是使用陣列物件本身的方法：

| In[7] | `print(big_array.min(), big_array.max(), big_array.sum())` |
| Out[7] | 5.678456824753653e-07 0.9999999024603322
500441.63962966343 |

多維陣列聚合操作

假設您有一些儲存在二維陣列中的資料，預設是對整個陣列進行聚合操作，但也可以依行或列進行聚合操作：

| In[8] | `M = np.random.random((4, 4))`
`print(M)`
`print(M.sum())` |
| Out[8] | `[[0.2161298  0.24452895 0.9039042  0.06511674]`
` [0.95245665 0.96426864 0.66881504 0.32197578]`
` [0.43814338 0.03070089 0.30242855 0.33516801]`
` [0.45101403 0.73766608 0.16497214 0.2081843 ]]`
`7.005473168787838` |

聚合函數採用另一個參數來指定計算聚合的軸。例如，我們可以通過指定 axis = 0 找到每列中的最小值，指定 axis = 1 找到每行中的最小值：

| In[9] | `print(M.min(axis=0))`
`print(M.min(axis=1))` |
| Out[9] | `[0.2161298  0.03070089 0.16497214 0.06511674]`
`[0.06511674 0.32197578 0.03070089 0.16497214]` |

max 與 sum 也可以進行類似的操作。

In[10]	print(M.max(axis=0)) print(M.max(axis=1)) print(M.sum(axis=0)) print(M.sum(axis=1))
Out[10]	[0.95245665 0.96426864 0.9039042 0.33516801] [0.9039042 0.96426864 0.43814338 0.73766608] [2.05774385 1.97716456 2.04011993 0.93044482] [1.42967968 2.90751611 1.10644083 1.56183655]

在此處指定軸的方式中，axis 關鍵字指定將折疊陣列的維度，而不是將返回的維度。因此，指定 axis = 0 意味著第一個軸將被折疊：對於二維陣列，這意味著將聚合每列中的值。

其他聚合操作

NumPy 提供了許多其他聚合函數，大多數聚合都有一個"NaN"安全對應物來計算結果，同時忽略缺失值，缺失值由特殊的 IEEE 浮點"NaN"值標記。下表提供了 NumPy 中有用的聚合函數列表：

功能名稱	NaN 安全版	說明
np.sum	np.nansum	計算元素之和
np.prod	np.nanprod	計算元素的乘積
np.mean	np.nanmean	計算元素的中位數
np.std	np.nanstd	計算標準差
np.var	np.nanvar	計算方差
np.min	np.nanmin	找到最小值
np.max	np.nanmax	找到最大值
np.argmin	np.nanargmin	查找最小值索引
np.argmax	np.nanargmax	查找最大值索引
np.median	np.nanmedian	計算元素的中位數
np.percentile	np.nanpercentile	計算元素基於排名的統計數據
np.any	N / A	評估是否有任何元素為真
np.all	N / A	評估所有元素是否都為真

▶▶ 範例程式 **E3-2-2-2.py**

```
1   import numpy as np
2   data = [37, 24, 6, 51, 83, 28, 51, 58, 82, 95,
            8, 43, 86, 78, 71, 82, 58, 10, 15, 56,
            4, 75, 6, 95, 23, 79, 90, 35, 72, 25,
            50, 29, 44, 67, 67, 61, 40, 44, 13, 59,
            60, 67, 93, 69, 71, 8, 76, 81, 17, 72,
            83, 6, 42, 53, 98, 6, 90, 4, 59, 87,
            28, 17, 28, 46, 40, 53, 70, 49, 55, 41,
            74, 57, 31, 55, 5, 65, 44, 98, 36, 4]
3   data = np.array(data)
4   print('資料型態：%s' % type(data))
5   print('平均值：%.2f' % np.mean(data))
6   print('中位數：%.2f' % np.median(data))
7   print('標準差：%.2f' % np.std(data))
8   print('變異數：%.2f' % np.var(data))
9   print('極差值：%.2f' % np.ptp(data))
```

▶▶ 範例程式說明

- 1 行 import 所需套件。

- 2-3 行運用 numpy 輸入資料建立陣列物件 data。

- 4 行運用 numpy 的 type 方法列印 data 物件的資料型態。

- 5 行運用 numpy 的 mean 方法列印 data 物件的平均值。

- 6 行運用 numpy 的 median 方法列印 data 物件的中位數。

- 7 行運用 numpy 的 std 方法列印 data 物件的標準差。

- 8 行運用 numpy 的 var 方法列印 data 物件的變異數。

- 9 行運用 numpy 的 ptp 方法列印 data 物件的極差值。

▶▶ 輸出結果

```
資料型態：<class 'numpy.ndarray'>
平均值：50.48
中位數：53.00
標準差：27.57
變異數：760.27
極差值：94.00
```

```
1008 興華公園 12 20180704221341 28
...略
```

▶▶ 範例程式 **E3-2-2-3.py**

```
1   import numpy as np
2   matrix1 = np.random.randint(1, 51, 12).reshape(3, 4)
3   matrix2 = np.random.randint(1, 51, 20).reshape(4, 5)
4   print('matrix1: \n%s' % matrix1)
5   print('\nmatrix2: \n%s' % matrix2)
6   print('\nmatrix1每一列的最大值：%s' % np.amax(matrix1, axis=1))
7   print("\nmatrix1第2列小於30的個數：%d" % np.sum(matrix1[2, :] <
    30))
8   print('\nmatrix2每一欄的最大值：%s' % np.amax(matrix2, axis=0))
9   print("\nmatrix2第2欄小於30的個數：%d" % np.sum(matrix2[:, 2] <
    30))
10  print('\nmatrix1第一列和matrix2第一列的聯集結果：%s' %
    np.union1d(matrix1[0,:], matrix2[0,:]))
11  print('\nmatrix1 * matrix2: \n%s' % np.dot(matrix1, matrix2))
```

▶▶ 範例程式說明

- 1 行 import 所需套件。

- 2 行運用 numpy 的 random.randint 方法取得從 1~51 的 12 個隨機數，reshape 為 3*4 陣列 matrix1。

- 3 行運用 numpy 的 random.randint 方法取得從 1~51 的 20 個隨機數，reshape 為 4*5 陣列 matrix2。

- 4-5 行顯示 matrix1 與 matrix2 內容。

- 6 行顯示 matrix1 每一列的最大值。

- 7 行輸出 matrix1 第 2 列小於 30 的個數。

- 8 行顯示 matrix2 每一欄的最大值。

- 9 行輸出 matrix2 第 2 欄小於 30 的個數。

- 10 行輸出 matrix1 第一列和 matrix2 第一列的聯集結果。

- 11 行輸出 matrix1*matrix2 的結果。

▶▶ 輸出結果

```
matrix1:
[[18 36 38  2]
 [29 50 29 44]
 [17 33 12  4]]

matrix2:
[[24 37 20 28  6]
 [ 7 50  2 11  9]
 [15  4 21 20 41]
 [41 26 29 39 21]]

matrix1每一列的最大值：[38 50 33]

matrix1第2列小於30的個數：3

matrix2每一欄的最大值：[41 50 29 39 41]

matrix2第2欄小於30的個數：4

matrix1第一列和matrix2第一列的聯集結果：[ 2  6 18 20 24 28 36 37 38]

matrix1 * matrix2:
[[1336 2670 1288 1738 2032]
 [3285 4833 2565 3658 2737]
 [ 983 2431  774 1235  975]]
```

3-2-3 NumPy 索引與排序

▶▶ 範例程式 **E3-2-3-1.ipynb**

陣列排序(Sorting Arrays)

本範例介紹與 NumPy 陣列中的值排序相關的演算法，例如，一個簡單的選擇排序重複從列表中查找最小值，並進行交換直到列表排序。我們可以在幾行 Python 中完成程式編寫：

| In[1] | ```python
import numpy as np
def selection_sort(x):
    for i in range(len(x)):
        swap = i + np.argmin(x[i:])
        (x[i], x[swap]) = (x[swap], x[i])
    return x
x = np.array([2, 1, 4, 6, 3, 5])
selection_sort(x)
``` |
|---|---|
| Out[1] | `array([1, 2, 3, 4, 5, 6])` |

在 NumPy 中快速排序方式：np.sort 和 np.argsort

儘管 Python 內建 sort 和 sorted 函數來處理串列，但效率較差。在預設的情況下，np.sort 使用 quicksort 算法，但 mergesort 和 heapsort 也可用。要在不修改輸入的情況下返回陣列的排序版本，可以使用 np.sort：

| In[2] | ```python
x = np.array([2, 1, 4, 6, 3, 5])
np.sort(x)
``` |
|---|---|
| Out[2] | `array([1, 2, 3, 4, 5, 6])` |

如果您希望就地對陣列進行排序，則可以使用陣列的 sort 方法：

| In[3] | ```python
x.sort()
print(x)
``` |
|---|---|
| Out[3] | `[1 2 3 4 5 6]` |

相關的函數是 argsort，它返回已排序元素的索引(indices)：

| In[4] | ```python
x = np.array([2, 1, 4, 6, 3, 5])
i = np.argsort(x)
print(i)
``` |
|---|---|
| Out[4] | `[1 0 4 2 5 3]` |

此結果的第一個元素給出最小元素的索引，第二個值給出第二個最小元素的索引，依此類推。如果需要，可以通過花式索引使用這些索引建構排序陣列：

In[5]	`x[i]`
Out[5]	`array([1, 2, 3, 4, 5, 6])`

經由列或行排序

NumPy 排序演算法的一個有用特性是能夠使用 axis 參數對多維陣列的特定行或列進行排序。例如：

In[6]	```rand = np.random.RandomState(42)```
	```X = rand.randint(0, 10, (4, 6))```
	```print(X)```

Out[6]	```[[6 3 7 4 6 9]```
	``` [2 6 7 4 3 7]```
	``` [7 2 5 4 1 7]```
	``` [5 1 4 0 9 5]]```

In[7]	```# sort each column of X``` ```np.sort(X, axis=0)```

Out[7]	```array([[2, 1, 4, 0, 1, 5],```
	``` [5, 2, 5, 4, 3, 7],```
	``` [6, 3, 7, 4, 6, 7],```
	``` [7, 6, 7, 4, 9, 9]])```

In[8]	```# sort each row of X``` ```np.sort(X, axis=1)```

Out[8]	```array([[3, 4, 6, 6, 7, 9],```
	``` [2, 3, 4, 6, 7, 7],```
	``` [1, 2, 4, 5, 7, 7],```
	``` [0, 1, 4, 5, 5, 9]])```

部分排序：分區

有時我們對排序整個陣列不感興趣，但只想在陣列中找到 K 個最小值。NumPy 在 np.partition 函數中提供了這個功能。np.partition 取一個陣列和一個數字 K；結果是一個新陣列，在分區左邊有最小的 K 個值，剩下的值任意顯示在右邊：

In[9]	```x = np.array([7, 2, 3, 1, 6, 5, 4])``` ```np.partition(x, 4)```
Out[9]	```array([2, 1, 3, 4, 5, 6, 7])```

請注意，結果陣列中的前四個值是陣列中的最小四個值，其餘陣列位置包含其餘值。在這兩個分區中，元素具有任意順序。與排序類似，我們可以沿多維陣列的任意軸進行分區：

In[10]	np.partition(X, 2, axis=1)
Out[10]	array([[3, 4, 6, 7, 6, 9], 　　　[2, 3, 4, 7, 6, 7], 　　　[1, 2, 4, 5, 7, 7], 　　　[0, 1, 4, 5, 9, 5]])

結果是一個陣列，其中每列中的前兩個元素為該列中的最小值，其餘值填充剩餘的元素。

▶▶ 範例程式 **E3-2-3-2.py**

```
1   import numpy as np
2   arr = np.array([[3, 2],[1, 6],[12, 11],[10, 9],[4, 8],[5, 7]])
3   print(arr)
4   print(arr.shape)
5   print(np.sort(arr))
6   print(np.sort(arr,axis=-1))
7   print(np.sort(arr,axis=0))
8   arr1=arr.reshape(3,2,2)
9   print(np.sort(arr1,axis=0))
10  print(np.sort(arr1,axis=1))
11  print(np.sort(arr1,axis=-1))
```

▶▶ 範例程式說明

- 1 行匯入 numpy 套件。

- 2 行輸入資料，讀入成為 numpy 的陣列 arr。

- 3 行列印輸出陣列 arr。

- 4 行列印輸出陣列 arr 的 shape，arr 陣列為 6*2 陣列。

- 5 行對 arr 進行排序（未指定則預設對最後一個軸）並輸出。

- 6 行對 arr 進行排序（指定對最後一個軸，因此與 5 行結果相同）並輸出。

- 7 行對 arr 進行排序（指定對第一個軸）並輸出。

- 8 行將 arr 調整成 3 維陣列 3*2*2，設定為 arr1 物件。

- 9 行對 arr1 進行排序（指定對第一個軸）並輸出。

- 10 行對 arr1 進行排序（指定對第二個軸）並輸出。

- 11 行對 arr1 進行排序（指定對最後一個軸）並輸出。

▶▶ 輸出結果

```
[[ 3  2]
 [ 1  6]
 [12 11]
 [10  9]
 [ 4  8]
 [ 5  7]]
(6, 2)
[[ 2  3]
 [ 1  6]
 [11 12]
 [ 9 10]
 [ 4  8]
 [ 5  7]]
[[ 2  3]
 [ 1  6]
 [11 12]
 [ 9 10]
 [ 4  8]
 [ 5  7]]
[[ 1  2]
 [ 3  6]
 [ 4  7]
 [ 5  8]
 [10  9]
 [12 11]]
[[[ 3  2]
  [ 1  6]]

 [[ 4  8]
  [ 5  7]]

 [[12 11]
  [10  9]]]
[[[ 1  2]
  [ 3  6]]
```

```
[[10  9]
 [12 11]]

 [[ 4  7]
  [ 5  8]]]
[[[ 2  3]
  [ 1  6]]

 [[11 12]
  [ 9 10]]

 [[ 4  8]
  [ 5  7]]]
```

▶▶ 範例程式 **E3-2-3-3.py**

```
1   import numpy as np
2   data = [(2,'c',85.4),(3,'java',90),(4,'php',88)]
3   arr2 = np.array(data,dtype
    =[('no',int),('name','S10'),('score',float)])
4   print(np.sort(arr2,order='score'))
5   print(np.sort(arr2,order = ['no','score']))
```

▶▶ 範例程式說明

- 1 行匯入 numpy 套件。

- 2 行輸入資料，設定為 data 物件。

- 3 行將 data 讀入成為 numpy 的陣列，並指定各欄位名稱與資料型態。

- 4 行指定'score'欄位進行遞增排序後輸出。

- 5 行指定'no'、'score'欄位進行多列組合排序排序後輸出。

▶▶ 輸出結果

```
[(2, b'c', 85.4) (4, b'php', 88. ) (3, b'java', 90. )]
[(2, b'c', 85.4) (3, b'java', 90. ) (4, b'php', 88. )]
```

3-3 Pandas

3-3-1 Pandas 的物件

通過標準庫中的 json 模組，使用函數 dumps()與 loads()進行 json 資料基本讀寫。json.dumps()是將 Python 中的五件序列化為 json 格式的 str，而 json.loads()是反向操作，將已編碼的 JSON 字串解碼為 Python 物件。

```
Encoding basic Python object hierarchies:
```

▶▶ 範例程式 **E3-3-1-1.ipynb**

Pandas 物件

在最基本層面上，Pandas 物件可被認為是 NumPy 結構化陣列的增強版本，其中行和列用標籤而不是簡單的整數索引來標識。由此 Pandas 在基本資料結構上提供許多有用的工具、方法和功能，這三個基本的 Pandas 資料結構是：Series、DataFrame 和 Index。

先導入 NumPy 和 Pandas：

In[1]	`import numpy as np` `import pandas as pd`

Pandas Series 物件

Pandas Series 是索引資料的一維陣列，可以從串列或陣列創建，如下所示：

In[2]	`data = pd.Series([0.25, 0.5, 0.75, 1.0])` `data`

Out[2]	`0    0.25`
	`1    0.50`
	`2    0.75`
	`3    1.00`
	`dtype: float64`

如下面輸出，Series 包含一系列值和一系列索引，可使用 values 和 index 屬性來訪問。values 就只是一個 NumPy 陣列，index 則類型為 pd.Index 類似陣列的物件：

In[3]	data.values
Out[3]	array([0.25, 0.5 , 0.75, 1.])

In[4]	data.index
Out[4]	RangeIndex(start=0, stop=4, step=1)

與 NumPy 陣列一樣，相關索引可通過熟悉的 Python 方括號表示法訪問資料：

In[5]	data[1]
Out[5]	0.5

In[6]	data[1:3]
Out[6]	1 0.50 2 0.75 dtype: float64

Pandas Series 比一維 NumPy 陣列更加通用和靈活。

Series 可被看一般化的 NumPy 陣列

可能看起來 Series 物件可與一維 NumPy 陣列互換，其本質區別在於索引的存在：Numpy 陣列有一個隱式定義的整數索引用於訪問值時，Pandas Series 有一個顯式定義的索引與值相關聯。這個顯式索引定義為 Series 物件提供額外的功能。例如，索引不必是整數，但可以包含任何所需類型的值。甚至如果我們願意，我們可以使用字符串作為索引：

In[7]	data = pd.Series([0.25, 0.5, 0.75, 1.0], index=['a', 'b', 'c', 'd']) data
Out[7]	a 0.25 b 0.50 c 0.75 d 1.00 dtype: float64

項目訪問按預期進行：

In[8]	data['b']
Out[8]	0.5

我們甚至可以使用非連續或無順序的索引：

In[9]	data = pd.Series([0.25, 0.5, 0.75, 1.0], index=[2, 5, 3, 7]) data
Out[9]	2 0.25 5 0.50 3 0.75 7 1.00 dtype: float64

In[10]	data[5]
Out[10]	0.5

Series 可以當作特殊的字典

通過這種方式，可以將 Pandas Series 視為 Python 字典的特殊化。字典是將任意鍵映射到一組任意值的結構，而 Series 是將鍵入的鍵映射到一組鍵入值的結構。這種類型很重要：正如 NumPy 陣列後面特定於類型的編譯代碼，使其比某些操作的 Python 串列更有效，Pandas Series 的類型信息使得它比 Python 字典更有效操作。通過直接從 Python 字典建構一個 Series 物件，可以使當作字典的 Series 類比更加清晰：

In[11]	population_dict = {'California': 39250017, 'Texas': 27862596, 'Florida': 20612439, 'New York': 19745289, 'Illinois': 12801539} population = pd.Series(population_dict) population

| Out[11] | California   39250017
Texas   27862596
Florida   20612439
New York   19745289
Illinois   12801539
dtype: int64 |

預設情況下，將創建一個 Series，其中索引是從排序鍵中提取的。從這裡，可以執行典型的字典式項目訪問：

In[12]	population['California']
Out[12]	39250017

但是與字典不同，Series 也支持陣列樣式的操作，例如切片：

In[13]	population['California':'Illinois']
Out[13]	California 39250017 Texas 27862596 Florida 20612439 New York 19745289 Illinois 12801539 dtype: int64

建構 Series 物件

構建 Pandas Series 的方式如下：

pd.Series(data, index=index)其中 index 是一個可選參數，data 可以是許多實體之一。例如，data 可以是串列或 NumPy 陣列，在這種情況下 index 預設為整數序列：

In[14]	pd.Series([2, 4, 6])
Out[14]	0 2 1 4 2 6 dtype: int64

data 可以是純量，或是重複填入特定的索引；data 也可以是一個字典，其中 index 預設為排序的字典鍵；不管在何種情況下，如果會有不同的結果，最好以顯式設置索引：

In[15]	`pd.Series(5, index=[100, 200, 300])`
| Out[15] | ```
100    5
200    5
300    5
dtype: int64
``` |

In[16]	`pd.Series({2:'a', 1:'b', 3:'c'})`
| Out[16] | ```
2    a
1    b
3    c
dtype: object
``` |

In[17]	`pd.Series({2:'a', 1:'b', 3:'c'}, index=[3, 2])`
| Out[17] | ```
3    c
2    a
dtype: object
``` |

Pandas DataFrame 物件

Pandas 的 DataFrame 被認為是 NumPy 陣列的一般化，也可以被認為是 Python 字典的特化。

DataFrame 作為一般化的 NumPy 陣列

DataFrame 是具有靈活列索引和靈活行名的二維陣列模擬，可以將 DataFrame 視為一系列對齊的 Series 物件。在這裡，「對齊」是指它們共享相同的索引。下面首先構建一個新的 Series：

| In[18] | ```
area_dict = {'California': 423967, 'Texas': 695662,
             'New York': 141297, 'Florida': 170312,
             'Illinois': 149995}
area = pd.Series(area_dict)
area
``` |
|--------|

```
Out[18]    California      423967
           Texas           695662
           New York        141297
           Florida         170312
           Illinois        149995
           dtype: int64
```

現在我們已經將它與之前的 population Series 一起使用，我們可以使用字典來建構包含這些信息的單個二維物件：

```
In[19]     states = pd.DataFrame({'population': population,
                                  'area': area})
           states
```

Out[19]		population	area
	California	39250017	423967
	Florida	20612439	170312
	Illinois	12801539	149995
	New York	19745289	141297
	Texas	27862596	695662

DataFrame 有一個 index 屬性，可以訪問索引標籤，還有一個 columns 屬性，它是一個包含行標籤的 Index 物件：

```
In[20]     states.index
```

```
Out[20]    Index(['California', 'Florida', 'Illinois', 'New York',
           'Texas'], dtype='object')
```

```
In[21]     states.columns
```

```
Out[21]    Index(['population', 'area'], dtype='object')
```

因此，DataFrame 可以被認為是二維 NumPy 陣列的一般化，其中行和列都具有用於訪問資料的通用索引。

DataFrame 作為特殊的字典

同樣，我們也可以將 DataFrame 視為字典的特化。當字典將鍵映射到值時，DataFrame 將行名稱映射到行資料的 Series。例如，要求'area'屬性返回包含我們之前看到的面積的 Series 物件：

In[22]	states['area']
Out[22]	California 423967 Florida 170312 Illinois 149995 New York 141297 Texas 695662 Name: area, dtype: int64

注意這裡潛在的混淆點:在一個二維 NumPy 陣列中,data[0]將返回第一個列。對於 DataFrame,data['col0']將返回第一個行。因此,最好將 DataFrame 視為通用字典而不是通用陣列,儘管兩種方式都可看到這種情況。

建構 DataFrame 物件

PandasDataFrame 可以通過多種方式建構,這裡我們舉幾個例子:

來自單個 Series 物件

DataFrame 是 Series 物件的集合,單列 DataFrame 可以從單個 Series 建構:

In[23]	pd.DataFrame(population, columns=['population'])	
Out[23]		population
	California	39250017
	Texas	27862596
	Florida	20612439
	New York	19745289
	Illinois	12801539

從一個字典串列

任何字典串列都可製作 DataFrame。我們將使用簡單的串列推導來創建一些資料:

In[24]	data = [{'a': i, 'b': 2 * i} for i in range(3)] pd.DataFrame(data)		
Out[24]		a	b
	0	0	0
	1	1	2
	2	2	4

即使字典中的某些鍵丟失，Pandas 也會用"NaN"（即「非數字」）值填充它們：

In[25]	pd.DataFrame([{'a': 1, 'b': 2}, {'b': 3, 'c': 4}])
Out[25]	

	a	b	c
0	1.0	2	NaN
1	NaN	3	4.0

從 Series 物件的字典

正如我們之前看到的那樣，DataFrame 也可以從 Series 物件的字典建構：

In[26]	pd.DataFrame({'population': population, 'area': area})
Out[26]	

	population	area
California	39250017	423967
Florida	20612439	170312
Illinois	12801539	149995
New York	19745289	141297
Texas	27862596	695662

來自二維 NumPy 陣列

給定一個二維資料陣列，可以創建一個帶有任何指定行和索引名稱的 DataFrame。如果省略，將為每個使用整數索引：

In[27]	pd.DataFrame(np.random.rand(3, 2), columns=['foo', 'bar'], index=['a', 'b', 'c'])
Out[27]	

	foo	bar
a	0.511105	0.024971
b	0.106175	0.401511
c	0.488746	0.884107

來自 NumPy 結構化陣列

Pandas DataFrame 的運行方式與結構化陣列非常相似，可以直接從一個陣列創建：

In[28]	A = np.zeros(3, dtype=[('A', 'i8'), ('B', 'f8')]) A

| Out[28] | array([(0, 0.), (0, 0.), (0, 0.)], dtype=[('A', '<i8'), ('B', '<f8')]) |

In[29]	pd.DataFrame(A)
Out[29]	

	A	B
0	0	0.0
1	0	0.0
2	0	0.0

Pandas Index 物件

我們在這裡看到 Series 和 DataFrame 物件都包含一個顯式的 Index，它允許引用和修改資料。這個 Index 物件可以被認為是不可變陣列或有序集，舉個簡單的例子，讓我們從整數串列建構一個 Index：

In[30]	ind = pd.Index([2, 3, 5, 7, 11]) ind
Out[30]	Int64Index([2, 3, 5, 7, 11], dtype='int64')

索引為不可變陣列

Index 在很多方面都像陣列一樣運作。例如，我們可以使用標準的 Python 索引表示法來檢索值或切片：

In[31]	ind[1]
Out[31]	3

In[32]	ind[::2]
Out[32]	Int64Index([2, 5, 11], dtype='int64')

Index 物件也有許多 NumPy 陣列中熟悉的屬性：

In[33]	print(ind.size, ind.shape, ind.ndim, ind.dtype)
Out[33]	5 (5,) 1 int64

Index 物件和 NumPy 陣列之間的一個區別是可索引存取且不可變的。也就是說，它們不能通過常規方式修改：

In[34]	ind[1] = 0

Out[34]	```
	--- 	
	TypeError Traceback (most
	recent call last)
	<ipython-input-35-906a9fa1424c> in <module>()
	----> 1 ind[1] = 0
	
	~\Anaconda3\lib\site-packages\pandas\core\indexes\base.
	py in __setitem__(self, key, value)
	   2048
	   2049 def __setitem__(self, key, value):
	-> 2050 raise TypeError("Index does not support mutable
	operations")
	   2051
	   2052 def __getitem__(self, key):
	
	TypeError: Index does not support mutable operations
	``

這使得不變性可以更安全地共享多個 DataFrames 和陣列之間的索引，而不用擔心因為無意間的索引修改造成副作用。

索引作為有序集

Pandas 物件旨在促進跨資料集的連接等操作，這取決於集合算術的許多方面。Index 物件遵循 Python 內置的 set 資料結構使用的許多約定，因此可以用熟悉的方式計算聯合、交集、差異和其他組合：

In[35]	``` indA = pd.Index([1, 3, 5, 7, 9]) indB = pd.Index([2, 3, 5, 7, 11]) indA & indB # intersection ```
Out[35]	Int64Index([3, 5, 7], dtype='int64')

In[36]	indA | indB # union
Out[36]	Int64Index([1, 2, 3, 5, 7, 9, 11], dtype='int64')

In[37]	indA ^ indB # symmetric difference
Out[37]	Int64Index([1, 2, 9, 11], dtype='int64')

3-3-2　Pandas 的索引與資料選取

▶▶ 範例程式 **E3-3-2-1.ipynb**

資料索引(Indexing)與選取(Selection)

在 NumPy 陣列中訪問，設置和修改值的方法和工具包括索引（例如，arr[2,1]），切片（例如，arr[:,1:5]），遮罩（例如，arr[arr>0]），花式索引（例如，arr[0,[1,5]]）及其組合（例如，arr[:,[1,5]]）。在 Pandas Series 和 DataFrame 物件中訪問和修改值有類似方法。

Series 中資料的選取

Series 物件可用於一維 NumPy 陣列與標準的 Python 字典。記住這兩個重疊的類比，可幫助理解這些陣列中資料索引和選擇的模式。

將 Series 當作 dict

像字典一樣，Series 物件提供從一組鍵到一組值的映射：

In[1]	```import pandas as pd```
	 ```data = pd.Series([0.25, 0.5, 0.75, 1.0],```
	 ``` index=['a', 'b', 'c', 'd'])```
	 ```data```

Out[1]	```a 0.25```
	 ```b 0.50```
	 ```c 0.75```
	 ```d 1.00```
	 ```dtype: float64```

In[2]	```data['b']```
Out[2]	0.5

我們還可以使用類似字典的 Python 表示式和方法來檢查鍵、索引和值：

In[3]	```'a' in data```
Out[3]	True

In[4]	`data.keys()`
Out[4]	`Index(['a', 'b', 'c', 'd'], dtype='object')`

In[5]	`list(data.items())`
Out[5]	`[('a', 0.25), ('b', 0.5), ('c', 0.75), ('d', 1.0)]`

Series 物件甚至可以用類似字典的語法修改。如同通過分配新鍵來擴展字典一樣，可以通過分配新的索引值來擴展 Series：

In[6]	`data['e'] = 1.25` `data`

Out[6]	`a    0.25`
	`b    0.50`
	`c    0.75`
	`d    1.00`
	`e    1.25`
	`dtype: float64`

物件的容易可變性是一個方便特性：在物件內，Pandas 正在決定可能需要進行的記憶體佈局和資料複製；用戶通常不需要擔心這些問題。

將 Series 當作一維陣列

一個 Series 建立在這個類似字典的界面上，並通過與 NumPy 陣列相同的基本機制提供陣列樣式的項目選擇，即 slices、masking 和 fancy indexing。例子如下：

In[7]	`# slicing by explicit index` `data['a':'c']`

Out[7]	`a    0.25`
	`b    0.50`
	`c    0.75`
	`dtype: float64`

In[8]	`# slicing by implicit integer index` `data[0:2]`

Out[8]	`a    0.25`
	`b    0.50`
	`dtype: float64`

In[9]	# masking data[(data > 0.3) & (data < 0.8)]
Out[9]	b 0.50 c 0.75 dtype: float64

In[10]	# fancy indexing data[['a', 'e']]
Out[10]	a 0.25 e 1.25 dtype: float64

其中切片可能是混亂的根源。請留意,當使用顯式索引進行切片時(即 data['a':'c']),最終索引在切片中包含,而在使用隱式索引進行切片時(即 data[0:2]),最終索引從切片中排除。

索引採用指令:loc、iloc、和 ix

這些切片和索引約定可能會引起混淆。如果 Series 有一個顯式的整數索引,那麼索引操作,如 data[1],將使用顯式索引,而切片操作,如 data[1:3],將使用隱式的 Python 風格索引。

In[11]	data = pd.Series(['a', 'b', 'c'], index=[1, 3, 5]) data
Out[11]	1 a 3 b 5 c dtype: object

In[12]	# explicit index when indexing data[1]
Out[12]	'a'

In[13]	# implicit index when slicing data[1:3]
Out[13]	3 b 5 c dtype: object

由於在整數索引情況下有這種潛在的混淆，Pandas 提供一些特殊的 indexer 屬性，這些屬性明確顯示某些索引方案。這些不是函數方法，而是將特定切片接口顯示給 Series 的資料屬性。

首先，loc 屬性允許索引和切片始終引用顯式索引：

In[14]	`data.loc[1]`
Out[14]	`'a'`

In[15]	`data.loc[1:3]`
| Out[15] | ```
1    a
3    b
dtype: object
``` |

iloc 屬性允許索引和切片引用隱式的 Python 樣式索引：

In[16]	`data.iloc[1]`
Out[16]	`'b'`

In[17]	`data.iloc[1:3]`
| Out[17] | ```
3    b
5    c
dtype: object
``` |

第三個索引屬性 ix 是兩者的混合。

DataFrame 中的資料選取

DataFrame 類似二維或結構化陣列與共享相同索引的 Series 結構字典。

DataFrame 當作字典(dictionary)

將 DataFrame 作為相關 Series 物件的字典。以美國各州面積與人口數來舉例：

| In[18] | ```
area = pd.Series({'California': 423967, 'Texas': 695662,
                  'New York': 141297, 'Florida': 170312,
                  'Illinois': 149995})
pop = pd.Series({'California': 39250017,'Texas':
27862596,
                  'Florida': 20612439,'New York':
``` |
|--------|--|
```

	19745289, 'Illinois': 12801539}) data = pd.DataFrame({'area':area, 'pop':pop}) data
Out[18]	

	area	pop
California	423967	39250017
Florida	170312	20612439
Illinois	149995	12801539
New York	141297	19745289
Texas	695662	27862596

構成 DataFrame 行的單個 Series 可以通過 column 名稱的字典式索引來訪問：

In[19]	data['area']
Out[19]	California 423967 Florida 170312 Illinois 149995 New York 141297 Texas 695662 Name: area, dtype: int64

同樣，我們可以使用屬性樣式訪問，其 column 名採用字串：

In[20]	data.area
Out[20]	California 423967 Florida 170312 Illinois 149995 New York 141297 Texas 695662 Name: area, dtype: int64

可以看出這兩種訪問會得到完全相同的物件：

In[21]	data.area is data['area']
Out[21]	True

雖然這是一個有用的簡寫，但請記住，它並不適用於所有情況。例如，行名不是字串，或者行名與 DataFrame 方法衝突，則無法進行此屬性樣式的訪問。例如，DataFrame 有一個 pop()方法，所以 data.pop 將指向這個，而不是 pop 行：

In[22]	data.pop is data['pop']
Out[22]	False

特別是要避免運用屬性進行處理（即使用 data['pop']=z，而不是 data.pop=z）。與前述的 Series 物件一樣，這種字典式語法也可用於修改物件，在這種情況下添加一個新行：

In[23]	data['density'] = data['pop'] / data['area'] data
Out[23]	

	area	pop	density
California	423967	39250017	92.578000
Florida	170312	20612439	121.027520
Illinois	149995	12801539	85.346438
New York	141297	19745289	139.743158
Texas	695662	27862596	40.051916

DataFrame 當作二維陣列

如前所述，我們還可將 DataFrame 視為增強的二維陣列。可以使用 values 屬性檢查原始底層資料陣列：

In[24]	data.values
| Out[24] | ```
array([[4.23967000e+05, 3.92500170e+07, 9.25780002e+01],
       [1.70312000e+05, 2.06124390e+07, 1.21027520e+02],
       [1.49995000e+05, 1.28015390e+07, 8.53464382e+01],
       [1.41297000e+05, 1.97452890e+07, 1.39743158e+02],
       [6.95662000e+05, 2.78625960e+07,
4.00519160e+01]])
``` |

考慮到這點，許多熟悉的類似陣列的觀察可在 DataFrame 本身上完成。例如，我們可以將完整的 DataFrame 轉置為交換行和列：

In[25]	data.T
Out[25]	

	California	Florida	Illinois	New York	Texas
area	4.239670e+05	1.703120e+05	1.499950e+05	1.412970e+05	6.956620e+05
pop	3.925002e+07	2.061244e+07	1.280154e+07	1.974529e+07	2.786260e+07
density	9.257800e+01	1.210275e+02	8.534644e+01	1.397432e+02	4.005192e+01
```

然而，當談到 DataFrame 物件的索引時，很明顯行的字典式索引排除我們將其簡單地視為 NumPy 陣列的能力，特別是將單個索引傳遞給陣列會訪問一列：

In[26]	`data.values[0]`
Out[26]	`array([4.23967000e+05, 3.92500170e+07, 9.25780002e+01])`

將單個索引傳遞給 DataFrame 可以訪問一行：

In[27]	`data['area']`
| Out[27] | ```
California    423967
Florida       170312
Illinois      149995
New York      141297
Texas         695662
Name: area, dtype: int64
``` |

因此，對於陣列樣式的索引，我們需要另一個約定。Pandas 再次使用前面提到的 loc、iloc 和 ix 索引器。使用 iloc 索引器，可以將底層陣列索引成好像它是一個簡單的 NumPy 陣列（使用隱式的 Python 樣式索引），但結果中保留了 DataFrame 索引和行標籤：

In[28]	`data.iloc[:3, :2]`
Out[28]	

	area	pop
California	423967	39250017
Florida	170312	20612439
Illinois	149995	12801539

類似地，使用 loc 索引器，我們可以使用顯式索引和行名稱，以類似陣列的樣式索引基礎資料：

In[29]	`data.loc[:'Illinois', :'pop']`
Out[29]	

	area	pop
California	423967	39250017
Florida	170312	20612439
Illinois	149995	12801539
```

ix 索引器允許這兩種方法的混合：

In[30]	data.ix[:3, :'pop']
Out[30]	

	area	pop
California	423967	39250017
Florida	170312	20612439
Illinois	149995	12801539

請記住，對於整數索引，ix 索引器受到與整數索引的 Series 物件討論的相同潛在混淆來源。

任何熟悉的 NumPy 風格的資料訪問模式都可以在這些索引器中使用。例如，在 loc 索引器中，我們可以組合遮罩和花式索引，如下所示：

In[31]	data.loc[data.density > 100, ['pop', 'density']]
Out[31]	

	pop	density
Florida	20612439	121.027520
New York	19745289	139.743158

任何這些索引約定也可用於設置或修改值，也可以使用 NumPy 的標準方式完成：

In[32]	data.iloc[0, 2] = 90 data
Out[32]	

	area	pop	density
California	423967	39250017	90.000000
Florida	170312	20612439	121.027520
Illinois	149995	12801539	85.346438
New York	141297	19745289	139.743158
Texas	695662	27862596	40.051916

其他索引約定

有一些額外的索引約定可能與前面討論不一致，但在實踐中可能非常有用。首先，indexing 引用行，slicing 引用列：

In[33]	data['Florida':'Illinois']

Out[33]		area	pop	density
	Florida	170312	20612439	121.027520
	Illinois	149995	12801539	85.346438

這樣的切片也可以通過數字（而不是索引）來引用列：

In[34]	data[1:3]

Out[34]		area	Pop	density
	Florida	170312	20612439	121.027520
	Illinois	149995	12801539	85.346438

類似地，直接遮罩操作也是按列（而不是按行）解釋的：

In[35]	data[data.density > 100]

Out[35]		area	pop	density
	Florida	170312	20612439	121.027520
	New York	141297	19745289	139.743158

這兩個約定在語法上類似於 NumPy 陣列上的約定，雖然這些約定可能不完全符合 Pandas 約定的模型，但它們在實踐中非常有用。

以下範例程式展示了 Python 如何解碼 JSON 物件：

▶▶ 範例程式 E3-3-2-2.py

```
1  import pandas as pd
2  df1 = pd.read_csv('2017pig.csv',encoding="utf-8", sep=",")
3  df1.columns = [ 'total_amt', 'average_weight', 'average_price']
4  print(df1.describe())
5  print(df1.average_price.max())
6  print(df1.sort_values("average_price", ascending=False).head(5))
7  print(df1[df1.average_price>90])
```

▶▶ 範例程式說明

- 1 行 import pandas 以進行資料分析。

- 2-3 行運用 pandas 的 read_csv 方法由'2017pig.csv'（此為某市場 2017 年全年毛豬交易行情資料），主要欄位：total_amt（成交頭數-總數）、average_weight（成交頭數-平均重量）、average_price（成交頭數-平均價格）讀入資料，檔案中以","分隔，編碼方式為"utf-8"，設定為 df1 物件。

- 4 行運用 pandas 的 describe 方法輸出對 df1 的敘述統計結果。

- 5 行運用 pandas 的 max 方法輸出 df1 的市場全年成交最高平均價。

- 6 行運用 pandas 的 sort_values 方法以"average_price"為排序欄位進行由大到小排序後，將結果輸出前五位的資料。

- 7 行輸出平均成交價大於 90 的資料。

▶▶ 輸出結果

```
         total_amt   average_weight   average_price
count   3001.000000     3001.000000     3001.000000
mean    1127.539820      123.920560       76.744558
std      747.706354        5.858829        3.445397
min       77.000000       94.290000       66.350000
25%      592.000000      119.790000       74.440000
50%      894.000000      122.740000       76.790000
75%     1539.000000      127.540000       78.950000
max     5231.000000      148.180000       95.410000
95.41
      total_amt   average_weight   average_price
2976        100           96.46           95.41
2999         91          103.11           94.50
2992         91          102.42           93.83
2985         90           99.20           93.43
2980         90          100.47           92.98
      total_amt   average_weight   average_price
2942         97          101.68           90.99
2955        101          101.59           90.57
2965        101           94.29           90.78
2969         97          102.70           91.89
2973        101           99.81           91.76
2976        100           96.46           95.41
2980         90          100.47           92.98
2985         90           99.20           93.43
```

| 2992 | 91 | 102.42 | 93.83 |
| 2999 | 91 | 103.11 | 94.50 |

3-3-3　Pandas 的聚合操作

▶▶ 範例程式 **E3-3-3-1.ipynb**

聚合操作(Aggregation)與群聚(Grouping)

對大量資料進行總結主要利用聚合操作,如:sum()、mean()、median()、min()和max(),由此可以深入了解大型資料集中潛在的性質。

```
In[1]    import numpy as np
         import pandas as pd
         class display(object):
             """Display HTML representation of multiple objects"""
             template = """<div style="float: left; padding: 10px;">
             <p style='font-family:"Courier New", Courier,
         monospace'>{0}</p>{1}
             </div>"""
             def __init__(self, *args):
                 self.args = args

             def _repr_html_(self):
                 return '\n'.join(self.template.format(a,
         eval(a)._repr_html_())
                                  for a in self.args)

             def __repr__(self):
                 return '\n\n'.join(a + '\n' + repr(eval(a))
                                    for a in self.args)
```

行星資料

在此使用的行星資料集,提供了天文學家在其他恆星周圍發現的超過 1000 個太陽系外行星資料,可通過 Seaborn 軟件包獲得:

```
In[2]    import seaborn as sns
         planets = sns.load_dataset('planets')
         planets.shape
```
```
Out[2]   (1035, 6)
```

In[3]	planets.head()

Out[3]		method	number	orbital_period	mass	distance	year
	0	Radial Velocity	1	269.300	7.10	77.40	2006
	1	Radial Velocity	1	874.774	2.21	56.95	2008
	2	Radial Velocity	1	763.000	2.60	19.84	2011
	3	Radial Velocity	1	326.030	19.40	110.62	2007
	4	Radial Velocity	1	516.220	10.50	119.47	2009

Pandas 簡單聚合操作

| In[4] | ```
rng = np.random.RandomState(42)
ser = pd.Series(rng.rand(5))
ser
``` |
|---|---|
| Out[4] | ```
0    0.374540
1    0.950714
2    0.731994
3    0.598658
4    0.156019
dtype: float64
``` |

In[5]	ser.sum()
Out[5]	2.811925491708157

In[6]	ser.mean()
Out[6]	0.5623850983416314

對於 DataFrame 預設情況下聚合返回每列中的結果：

| In[7] | ```
df = pd.DataFrame({'A': rng.rand(5),
                   'B': rng.rand(5)})
df
``` |
|---|---|
Out[7]			A	B
	0	0.155995	0.020584
	1	0.058084	0.969910
	2	0.866176	0.832443
	3	0.601115	0.212339
	4	0.708073	0.181825
```

In[8]	df.mean()
Out[8]	A 0.477888 B 0.443420 dtype: float64

通過指定 axis 參數，可以在每行內進行聚合操作：

In[9]	df.mean(axis='columns')
Out[9]	0 0.088290 1 0.513997 2 0.849309 3 0.406727 4 0.444949 dtype: float64

Pandas 中 Series 與 DataFrame 包含所有常用的聚合操作（包括 Min, Max, ...），甚至還有一個 describe()指令提供最常用的敘述統計結果：

In[10]	planets.dropna().describe()					
Out[10]		number	orbital_period	mass	distance	year
	count	498.00000	498.000000	498.000000	498.000000	498.000000
	mean	1.73494	835.778671	2.509320	52.068213	2007.377510
	std	1.17572	1469.128259	3.636274	46.596041	4.167284
	min	1.00000	1.328300	0.003600	1.350000	1989.000000
	25%	1.00000	38.272250	0.212500	24.497500	2005.000000
	50%	1.00000	357.000000	1.245000	39.940000	2009.000000
	75%	2.00000	999.600000	2.867500	59.332500	2011.000000
	max	6.00000	17337.500000	25.000000	354.000000	2014.000000

由此可以開始了解資料集的整體屬性，例如，我們在年份欄中看到，雖然早在 1989 年就發現了系外行星，但是直到 2010 年或之後才發現了一半已知的系外行星。這主要歸功於開普勒計畫，提供一種專門設計用於尋找其他恆星周圍的遮蔽行星的太空望遠鏡。下表總結了其他一些內置的 Pandas 聚合操作方法：

聚合操作	說明
count()	項目總數
first()，last()	第一個和最後一個項目

聚合操作	說明
mean()，median()	平均值和中位數
min()，max()	最小值和最大值
std()，var()	標準差和變異數
mad()	平均絕對偏差
prod()	所有項目的乘積
sum()	所有項目的總和

這些都是 DataFrame 和 Series 物件的方法。

GroupBy: Split, Apply, Combine

簡單的聚合可為您提供資料集的風格，但我們通常更願意在某些標籤或索引上有條件地聚合：這是在所謂的 groupby 操作中實現。groupby 可以進行下列功能：

- Split：根據指定鍵的值分解和 DataFrame 分組。

- Apply：計算單個組內的某些功能，通常是聚合、轉換或過濾。

- Combine：將這些操作的結果合併到輸出陣列中。

In[11]	df = pd.DataFrame({'key': ['A', 'B', 'C', 'A', 'B', 'C'], 　　　　　　　　　'data': range(6)}, 　　　　　　　　columns=['key', 'data']) df
Out[11]	

	key	data
0	A	0
1	B	1
2	C	2
3	A	3
4	B	4
5	C	5

最基本的 split-apply-combine 操作可以使用 DataFrame 的 groupby()方法計算,傳遞所需鍵列的名稱:

In[12]	df.groupby('key')
Out[12]	<pandas.core.groupby.groupby.DataFrameGroupBy object at 0x00000203130DE710>

請注意,返回的不是一組 DataFrame,而是一個 DataFrameGroupBy 物件。這個物件就是神奇的地方:可以把它想像成 DataFrame 的特殊視圖,它可以深入挖掘群組,但在應用聚合操作之前不會進行實際計算。為了產生結果,我們可以將聚合應用於這個 DataFrameGroupBy 物件,該物件將執行適當的應用與組合步驟以產生所需的結果:

In[13]	df.groupby('key').sum()
Out[13]	

	data
key	
A	3
B	5
C	7

sum()方法只是這裡的一種可能性,可以應用幾乎任何常見的 Pandas 或 NumPy 聚合函數,以及幾乎任何有效的 DataFrame 操作,我們將在下面的討論中看到。

GroupBy 物件

GroupBy 物件是一個非常靈活的抽象化操作。在許多方面,可以簡單地將它視為 DataFrame 的集合,它可以解決困難的問題。下面是基本的 GroupBy 操作例子:

行索引(Column indexing)

GroupBy 物件以與 DataFrame 相同的方式支持行索引,並返回修改後的 GroupBy 物件。例如:

In[14]	planets.groupby('method')
Out[14]	<pandas.core.groupby.groupby.DataFrameGroupBy object at 0x00000203130DE780>

In[15]	planets.groupby('method')['orbital_period']

| Out[15] | `<pandas.core.groupby.groupby.SeriesGroupBy object at 0x0000020313108DA0>` |

在這裡，我們通過引用其列名從原始的 DataFrame 組中選擇了一個特定的 Series 組。與 GroupBy 物件一樣，在我們呼叫物件上的聚合之前，不會進行任何計算：

In[16]	`planets.groupby('method')['orbital_period'].median()`
| Out[16] | ```
method
Astrometry                         631.180000
Eclipse Timing Variations         4343.500000
Imaging                          27500.000000
Microlensing                      3300.000000
Orbital Brightness Modulation        0.342887
Pulsar Timing                       66.541900
Pulsation Timing Variations       1170.000000
Radial Velocity                    360.200000
Transit                              5.714932
Transit Timing Variations           57.011000
Name: orbital_period, dtype: float64
``` |

這給出了每種方法對軌道周期（以天為單位）的一般尺度的概念。

群組迭代(Iteration over groups)

GroupBy 物件支持對群組進行直接迭代，將每個群組作為 Series 或 DataFrame 返回：

| In[17] | ```
for (method, group) in planets.groupby('method'):
    print("{0:30s} shape={1}".format(method,
group.shape))
``` |
|---|---|
| Out[17] | ```
Astrometry                     shape=(2, 6)
Eclipse Timing Variations      shape=(9, 6)
Imaging                        shape=(38, 6)
Microlensing                   shape=(23, 6)
Orbital Brightness Modulation  shape=(3, 6)
Pulsar Timing                  shape=(5, 6)
Pulsation Timing Variations    shape=(1, 6)
Radial Velocity                shape=(553, 6)
Transit                        shape=(397, 6)
Transit Timing Variations      shape=(4, 6)
``` |
```

Dispatch 方法

通過一些 Python 類別魔術，任何未由 GroupBy 物件顯式實現的方法都將被傳遞並呼叫群組，無論它們是 DataFrame 還是 Series 物件。例如，您可以使用 DataFrame 的 describe()方法來執行一組聚合，來描述資料中的每個群組：

In[18]	planets.groupby('method')['year'].describe().unstack()
| Out[18] | ```
          method
count  Astrometry                           2.000000
       Eclipse Timing Variations            9.000000
       Imaging                             38.000000
       Microlensing                        23.000000
       Orbital Brightness Modulation        3.000000
       Pulsar Timing                        5.000000
       Pulsation Timing Variations          1.000000
       Radial Velocity                    553.000000
       Transit                            397.000000
       Transit Timing Variations            4.000000
mean   Astrometry                        2011.500000
       Eclipse Timing Variations         2010.000000
       Imaging                           2009.131579
       Microlensing                      2009.782609
       Orbital Brightness Modulation     2011.666667
       Pulsar Timing                     1998.400000
       Pulsation Timing Variations       2007.000000
       Radial Velocity                   2007.518987
       Transit                           2011.236776
       Transit Timing Variations         2012.500000
std    Astrometry                           2.121320
       Eclipse Timing Variations            1.414214
       Imaging                              2.781901
       Microlensing                         2.859697
       Orbital Brightness Modulation        1.154701
       Pulsar Timing                        8.384510
       Pulsation Timing Variations               NaN
       Radial Velocity                      4.249052
       Transit                              2.077867
       Transit Timing Variations            1.290994
                                              ...
50%    Astrometry                        2011.500000
       Eclipse Timing Variations         2010.000000
       Imaging                           2009.000000
``` |
```

```
              Microlensing                        2010.000000
              Orbital Brightness Modulation       2011.000000
              Pulsar Timing                       1994.000000
              Pulsation Timing Variations         2007.000000
              Radial Velocity                     2009.000000
              Transit                             2012.000000
              Transit Timing Variations           2012.500000
        75%   Astrometry                          2012.250000
              Eclipse Timing Variations           2011.000000
              Imaging                             2011.000000
              Microlensing                        2012.000000
              Orbital Brightness Modulation       2012.000000
              Pulsar Timing                       2003.000000
              Pulsation Timing Variations         2007.000000
              Radial Velocity                     2011.000000
              Transit                             2013.000000
              Transit Timing Variations           2013.250000
        max   Astrometry                          2013.000000
              Eclipse Timing Variations           2012.000000
              Imaging                             2013.000000
              Microlensing                        2013.000000
              Orbital Brightness Modulation       2013.000000
              Pulsar Timing                       2011.000000
              Pulsation Timing Variations         2007.000000
              Radial Velocity                     2014.000000
              Transit                             2014.000000
              Transit Timing Variations           2014.000000
Length: 80, dtype: float64
```

Aggregate, filter, transform, apply

GroupBy 物件有 aggregate()、filter()、transform()和 apply()等方法，可以有效實現各種分組資料之前的操作。在此將使用這個 DataFrame：

| In[19] | ```
rng = np.random.RandomState(0)
df = pd.DataFrame({'key': ['A', 'B', 'C', 'A', 'B', 'C'],
                   'data1': range(6),
                   'data2': rng.randint(0, 10, 6)},
                  columns = ['key', 'data1', 'data2'])
df
``` |
|---|---|
```

Out[19]		key	data1	data2
	0	A	0	5
	1	B	1	0
	2	C	2	3
	3	A	3	3
	4	B	4	7
	5	C	5	9

聚合操作(Aggregation)

我們現在熟悉 GroupBy 聚合、sum()與 median()等,但 aggregate()方法允許更多的靈活性。它可以採用字符串、函數或其列表,並一次計算所有聚合。這是一個結合所有這些的快速示例:

In[20]	df.groupby('key').aggregate(['min', np.median, max])

Out[20]		data1			data2		
		min	median	max	min	median	max
	key						
	A	0	1.5	3	3	4.0	5
	B	1	2.5	4	0	3.5	7
	C	2	3.5	5	3	6.0	9

另一個有用的模式是將字典映射行名稱映射到要應用於該行的操作:

In[21]	df.groupby('key').aggregate({'data1': 'min', 'data2': 'max'})

Out[21]		data1	data2
	key		
	A	0	5
	B	1	7
	C	2	9

過濾操作(Filtering)

過濾操作允許您根據群組屬性刪除資料。例如,我們可能希望保留標準偏差大於某個臨界值的所有組:

In[22]	```
	def filter_func(x):
	    return x['data2'].std() > 4
	display('df', "df.groupby('key').std()",
	"df.groupby('key').filter(filter_func)")
	``

Out[22]	df 		key	data1	data2
---	-----	-------	-------
0	A	0	5
1	B	1	0
2	C	2	3
3	A	3	3
4	B	4	7
5	C	5	9 | df.groupby('key').std() |	data1	data2
-----	-------	-------
key		
A	2.12132	1.414214
B	2.12132	4.949747
C	2.12132	4.242641	
	df.groupby('key').filter(filter_func) 		key	data1	data2
---	-----	-------	-------
1	B	1	0
2	C	2	3
4	B	4	7
5	C	5	9	

filter 函數應返回一個布林值,指定群組是否通過過濾。這裡因為群組 A 沒有大於 4 的標準差,所以從結果中刪除它。

轉換(Transformation)

雖然聚合必須返回資料的簡化版本，但轉換可以返回完整資料的某些轉換版本以重新組合。對於這種變換，輸出與輸入的形狀相同。一個常見的例子是通過減去分組均值來使資料居中：

In[23]	df.groupby('key').transform(lambda x: x - x.mean())	

Out[23]		data1	data2
	0	-1.5	1.0
	1	-1.5	-3.5
	2	-1.5	-3.0
	3	1.5	-1.0
	4	1.5	3.5
	5	1.5	3.0

apply()方法

apply()方法允許您將任意函數應用於群組結果。該函數應該採用 DataFrame，並返回一個 Pandas 物件（例如：DataFrame、Series）或一個純量；組合操作將根據返回的輸出類型進行調整。例如，這裡是一個 apply()，它將第一行標準化為第二行的總和：

| In[24] | ```
def norm_by_data2(x):
    # x is a DataFrame of group values
    x['data1'] /= x['data2'].sum()
    return x
display('df', "df.groupby('key').apply(norm_by_data2)")
``` |
|---|---|

Out[24]	Df

	key	data1	data2
0	A	0	5
1	B	1	0
2	C	2	3
3	A	3	3
4	B	4	7
5	C	5	9

df.groupby('key').apply(norm_by_data2)

	key	data1	data2
0	A	0.000000	5
1	B	0.142857	0
```

	2	C	0.166667	3
	3	A	0.375000	3
	4	B	0.571429	7
	5	C	0.416667	9

指定拆分鍵

串列、陣列、系列或索引均可提供分組鍵，key 可以是任何系列或串列，其長度與 DataFrame 的長度相匹配。例如：

In[25]	`L = [0, 1, 0, 1, 2, 0]` `display('df', 'df.groupby(L).sum()')`
Out[25]	df

	key	data1	data2
0	A	0	5
1	B	1	0
2	C	2	3
3	A	3	3
4	B	4	7
5	C	5	9

df.groupby(L).sum()

	data1	data2
0	7	17
1	4	3
2	4	7

當然，這意味著還有另一種更冗長的方式來實現之前的 df.groupby('key')。

In[26]	`display('df', "df.groupby(df['key']).sum()")`
Out[26]	df

	key	data1	data2
0	A	0	5
1	B	1	0
2	C	2	3
3	A	3	3
4	B	4	7
5	C	5	9

df.groupby(df['key']).sum()

	data1	data2
key		
A	3	8
B	5	7
C	7	12

字典或系列映射索引到組鍵

另一種方法是提供將索引值映射到組鍵的字典：

| In[27] | ```
df2 = df.set_index('key')
mapping = {'A': 'vowel', 'B': 'consonant', 'C': 'consonant'}
display('df2', 'df2.groupby(mapping).sum()')
``` |
|---|---|
| Out[27] | df2 |

	data1	data2
key		
A	0	5
B	1	0
C	2	3
A	3	3
B	4	7
C	5	9

df2.groupby(mapping).sum()

	data1	data2
consonant	12	19
vowel	3	8

任何 Python 函數

與映射類似，您可以傳遞任何將輸入索引值並輸出組的 Python 函數：

| In[28] | ```
display('df2', 'df2.groupby(str.lower).mean()')
``` |
|---|---|
| Out[28] | df2 |

	data1	data2
key		
A	0	5
B	1	0
C	2	3
A	3	3
B	4	7

	C	5	9

```
df2.groupby(str.lower).mean()
```

	data1	data2
a	1.5	4.0
b	2.5	3.5
c	3.5	6.0

有效鍵串列

此外，任何前面的鍵選擇可以組合在一個多索引上分組：

In[29]	df2.groupby([str.lower, mapping]).mean()
Out[29]	<table><tr><td></td><td></td><td>data1</td><td>data2</td></tr><tr><td>a</td><td>vowel</td><td>1.5</td><td>4.0</td></tr><tr><td>b</td><td>consonant</td><td>2.5</td><td>3.5</td></tr><tr><td>c</td><td>consonant</td><td>3.5</td><td>6.0</td></tr></table>

Grouping 實例

下面這個例子可以在幾行 Python 代碼中將所有這些放在一起，並通過方法計算每十年發現的行星：

| In[30] | ```
decade = 10 * (planets['year'] // 10)
decade = decade.astype(str) + 's'
decade.name = 'decade'
planets.groupby(['method',
decade])['number'].sum().unstack().fillna(0)
``` |
|---|---|
| Out[30] | (table below) |

decade method	1980s	1990s	2000s	2010s
Astrometry	0.0	0.0	0.0	2.0
Eclipse Timing Variations	0.0	0.0	5.0	10.0
Imaging	0.0	0.0	29.0	21.0
Microlensing	0.0	0.0	12.0	15.0
Orbital Brightness Modulation	0.0	0.0	0.0	5.0
Pulsar Timing	0.0	9.0	1.0	1.0
Pulsation Timing Variations	0.0	0.0	1.0	0.0
Radial Velocity	1.0	52.0	475.0	424.0
Transit	0.0	0.0	64.0	712.0
Transit Timing Variations	0.0	0.0	0.0	9.0
```

這顯示了在查看真實資料集時，結合我們討論過的許多操作的強大功能。我們立即大致了解過去幾十年內行星何時及如何被發現！

▶▶ 範例程式 **E3-3-3-2.py**

```python
1  import pandas as pd
2  df1 = pd.read_csv('2017pig.csv',encoding="utf-8", sep=",")
3  df1.columns = [ 'total_amt', 'average_weight', 'average_price']
4  print(df1.describe())
5  print(df1.average_price.max())
6  print(df1.sort_values("average_price", ascending=False).head(5))
7  print(df1[df1.average_price>90])
```

▶▶ 輸出結果

```
['1001', '大鵬華城', '38']
['1002', '汐止火車站', '56']
['1003', '汐止區公所', '46']
['1004', '國泰綜合醫院', '56']
['1005', '裕隆公園', '40']
['1006', '捷運大坪林站(3號出口)', '32']
['1007', '汐科火車站(北)', '34']
['1008', '興華公園', '40']
['1009', '三重國民運動中心', '68']
['1010', '捷運三重站(3號出口)', '34']
```

3-3-4　Pandas 排序

XML（eXtensible Markup Language，可延伸標記式語言），是一種標記式語言。標記(Markup)指電腦所能理解的資訊符號，通過此種標記，電腦之間可以處理包含各種資訊的文章等。XML 是從標準通用標記式語言(SGML)中簡化修改出來的。它主要用到的有可延伸標記式語言、可延伸樣式語言(XSL)、XBRL和XPath等。如下面的範例檔 menu.xml 所示：

```xml
<?xml version="1.0"?>
<menu>
  <breakfast hours="7-11">
    <item price="$60">breakfast burritos</item>
    <item price="$40">pancakes</item>
  </breakfast>
```

```
  <lunch hours="13-3">
    <item price="$50">hamburger</item>
  </lunch>
  <dinner hours="3-10">
    <item price="80">spaghetti</item>
  </dinner>
</menu>
```

以下是 XML 的一些重要特性：

1. 標籤以一個 < 字元開頭，例如示例中的標籤 menu、breakfast、lunch、dinner 和 item。

2. 忽略空格。

3. 通常開始標籤（例如 <menu>）後接著一段內容，最後是相匹配的結束標籤（例如 </menu>）。

4. 標籤間可能存在多級嵌套，例如範例檔中，標籤 item 是標籤 breakfast、lunch 和 dinner 的子標籤，也是標籤 menu 的子標籤。

5. 可選屬性(attribute)可以出現在開始標籤裡，例如 price 是 item 的一個屬性。

6. 標籤中可以包含值(value)，本例中每個 item 都會有一個值，比如第二個 breakfast item 的 pancakes。

7. 如果一個命名為 thing 的標籤沒有內容或者子標籤，它可以用一個在右尖括弧的前面添加斜杠的簡單標籤所表示，例如 <thing/> 代替開始和結束都存在的標籤 <thing> 和 </thing>。

8. 存放資料的位置可以是任意的——屬性、值或者子標籤。例如也可以把最後一個 item 標籤寫作 <item price ="$8.00" food ="spaghetti"/>。

9. XML 通常用於資料傳送和消息，它存在一些子格式，如 RSS 和 Atom。工業界有許多定制化的 XML 格式，例如金融領域。

10. XML 的靈活性導致出現了很多方法和性能各異的 Python 庫。

11. 在 Python 中解析 XML 最簡單的方法是使用 ElementTree，下面的代碼用來解析 menu.xml 檔以及輸出一些標籤和屬性：

讀 xml 文檔時，通過 ElementTree()構建空樹，parse()讀入 xml 文檔，解析映射到空樹；getroot()獲取根節點，通過下標可訪問相應的節點；tag 獲取節點名，attrib 獲取節點屬性字典，text 獲取節點文本；find()返回匹配到節點名的第一個節點，

findall()返回匹配到節點名的所有節點，find()、findall()兩者都僅限當前節點的一級子節點，都支持 xpath 路徑提取節點；iter()創建樹反覆運算器，遍歷當前節點的所有子節點，返回匹配到節點名的所有節點；remove()移除相應的節點。

下面的代碼用來解析 menu.xml 檔以及輸出一些標籤和屬性：

▶▶ 範例程式 **E3-3-4-1.ipynb**

Pandas 排序

Series

Series 是一個類似於一維陣列的物件，包含資料陣列和相關的資料標籤陣列。資料可以是任何 NumPy 資料類型，標籤是 Series 的索引。Series 就像一個固定長度的有序字典，傳入一個 dict 創建一個 Series：

| In[1] | ```from pandas import Series, DataFrame
import pandas as pd
import numpy as np
dict_1 = {'apple' : 100, 'ball' : 200, 'car' : 300}
ser_3 = Series(dict_1)
ser_3``` |
|---|---|
| Out[1] | ```apple   100
ball   200
car   300
dtype: int64``` |

通過傳入索引重新排序 Series（未找到的索引是 NaN）：

| In[2] | ```index = ['foo', 'bar', 'baz', 'donkey']
ser_4 = Series(dict_1, index=index)
ser_4``` |
|---|---|
| Out[2] | ```foo   NaN
bar   NaN
baz   NaN
donkey   NaN
dtype: float64``` |

使用 pandas 方法檢查 NaN，下面這兩種方式等效：

In[3]	pd.isnull(ser_4)
Out[3]	foo　　　True bar　　　True baz　　　True donkey　True dtype: bool

In[4]	ser_4.isnull()
Out[4]	foo　　　True bar　　　True baz　　　True donkey　True dtype: bool

Series 在算術運算中自動對齊不同的索引資料：

In[5]	ser_3 + ser_4
Out[5]	apple　　NaN ball　　NaN bar　　　NaN baz　　　NaN car　　　NaN donkey　NaN foo　　　NaN dtype: float64

命名 Series 與 Series 索引：

In[6]	ser_4.name = 'appleballcardonkey' ser_4.index.name = 'label' ser_4
Out[6]	label foo　　　NaN bar　　　NaN baz　　　NaN donkey　NaN Name: appleballcardonkey, dtype: float64

重命名 Series 的索引：

In[7]	ser_4.index = ['ap', 'ba', 'ca', 'do'] ser_4
Out[7]	ap NaN ba NaN ca NaN do NaN Name: appleballcardonkey, dtype: float64

排序(Sorting)和排名(Ranking)

按索引對 Series 進行排序：

In[8]	ser_4.sort_index()
Out[8]	ap NaN ba NaN ca NaN do NaN Name: appleballcardonkey, dtype: float64

按 Series 值排序 Series：

In[9]	ser_4.sort_values()
Out[9]	Out[13]: ap NaN ba NaN ca NaN do NaN Name: appleballcardonkey, dtype: float64

In[10]	df_12 = DataFrame(np.arange(12).reshape((3, 4)),
	                  index=['three', 'one', 'two'],
	                  columns=['c', 'a', 'b', 'd'])
	df_12

Out[10]	<table><tr><td></td><td>c</td><td>a</td><td>b</td><td>d</td></tr><tr><td>three</td><td>0</td><td>1</td><td>2</td><td>3</td></tr><tr><td>one</td><td>4</td><td>5</td><td>6</td><td>7</td></tr><tr><td>two</td><td>8</td><td>9</td><td>10</td><td>11</td></tr></table>

按索引對 DataFrame 進行排序：

In[11]	df_12.sort_index()
Out[11]	

	c	a	b	d
one	4	5	6	7
three	0	1	2	3
two	8	9	10	11

按行降序排列 DataFrame：

In[12]	df_12.sort_index(axis=1, ascending=False)
Out[12]	

	d	c	b	a
three	3	0	2	1
one	7	4	6	5
two	11	8	10	9

按行對 DataFrame 的值進行排序：

In[13]	df_12.sort_values(by=['d', 'c'])
Out[13]	

	c	a	b	d
three	0	1	2	3
one	4	5	6	7
two	8	9	10	11

排名類似於 numpy.argsort，除了通過為每個群組分配平均排名來打破關聯：

In[14]	ser_11 = Series([7, -5, 7, 4, 2, 0, 4, 7]) ser_11 = ser_11.sort_values() ser_11
Out[14]	1 -5 5 0 4 2 3 4 6 4 0 7 2 7 7 7 dtype: int64

In[15]	ser_11.rank()
Out[15]	1 1.0 5 2.0 4 3.0 3 4.5 6 4.5 0 7.0 2 7.0 7 7.0 dtype: float64

根據 Series 出現在資料中的時間對 Series 進行排名：

In[16]	ser_11.rank(method='first')
Out[16]	1 1.0 5 2.0 4 3.0 3 4.0 6 5.0 0 6.0 2 7.0 7 8.0 dtype: float64

使用群組的最大排名按降序排列 Series：

In[17]	ser_11.rank(ascending=False, method='max')
Out[17]	1 8.0 5 7.0 4 6.0 3 5.0 6 5.0 0 3.0 2 3.0 7 3.0 dtype: float64

DataFrame 可以對行或列進行排名：

In[18]	df_13 = DataFrame({'apple' : [7, -5, 7, 4, 2, 0, 4, 7],
	'ball' : [-5, 4, 2, 0, 4, 7, 7, 8],
	'car' : [-1, 2, 3, 0, 5, 9, 9, 5]})
	df_13

Out[18]		apple	ball	car
	0	7	-5	-1
	1	-5	4	2
	2	7	2	3
	3	4	0	0
	4	2	4	5
	5	0	7	9
	6	4	7	9
	7	7	8	5

在列上排名 DataFrame：

In[19]	df_13.rank()

Out[19]		apple	ball	car
	0	7.0	1.0	1.0
	1	1.0	4.5	3.0
	2	7.0	3.0	4.0
	3	4.5	2.0	2.0
	4	3.0	4.5	5.5
	5	2.0	6.5	7.5
	6	4.5	6.5	7.5
	7	7.0	8.0	5.5

在行上排名 DataFrame：

In[20]	df_13.rank(axis=1)

Out[20]		apple	ball	car
	0	3.0	1.0	2.0
	1	1.0	3.0	2.0
	2	3.0	1.0	2.0
	3	3.0	1.5	1.5
	4	1.0	2.0	3.0
	5	1.0	2.0	3.0

	6	1.0	2.0	3.0
	7	2.0	3.0	1.0

▶▶ 範例程式 **E3-4-4-2.py**

```
1   import json
2   import pandas as pd
3   with open("AQI.json",encoding = 'utf8') as file:
4       data = json.load(file)
5   df = pd.DataFrame(data)
6   print(df)
7   df1=df.sort_values(by="AQI", ascending=False)
8   print('以AQI遞減排序')
9   print(df1['AQI'])
10  print(df1.groupby("County").count()["SiteName"])
11  df2=df1['AQI']
12  print(df2.describe())
```

▶▶ 範例程式說明

● 1-2 行 import 所需套件。

● 3-6 行開啓"AQI.json"後運用 json 的 load 方法讀取資料，設定為 data 物件，接著讀取為 pandas DataFrame 格式的 df 物件，再將之列印輸出。

● 7-9 行運用 pandas 的 sort_values 方法對"AQI"欄位進行遞減排序，設定為 df1 物件，接著列印輸出 AQI 欄位資料。

● 10 行運用 pandas 的 groupby 方法對"County"欄位進行群組處理，接著計算每個群組的筆數後輸出。

● 11-12 行對 AQI 欄位進行敘述統計後輸出。

▶▶ 輸出結果

```
    AQI  CO  CO_8hr County  ...  SiteName Status WindDirec WindSpeed
0   55  0.26  0.3   基隆市   ...    基隆    普通    255       1
1   32  0.41  0.4   新北市   ...    汐止    良好    245       1.4
2   52  0.24  0.3   新北市   ...    萬里    普通    229       2.2
3   48  0.25  0.2   新北市   ...    新店    良好    183       1
4   66  0.46  0.4   新北市   ...    土城    普通    327       0.5
...下略
[77 rows x 22 columns]
以AQI遞減排序
```

```
4        66
7        61
63       60
69       59
15       58
0        55
6        55
5        53
…下略
Name: AQI, Length: 77, dtype: object
County
南投縣      3
嘉義市      1
嘉義縣      2
基隆市      1
宜蘭縣      2
屏東縣      3
彰化縣      3
新北市     12
新竹市      1
新竹縣      2
桃園市      6
澎湖縣      1
臺中市      5
臺北市      7
臺南市      4
臺東縣      2
花蓮縣      1
苗栗縣      3
連江縣      1
金門縣      1
雲林縣      4
高雄市     12
Name: SiteName, dtype: int64
count    77
unique   42
top      33
freq      4
Name: AQI, dtype: object
```

綜合範例

 **綜合範例 1**

某日各果菜批發市場之西瓜與香瓜之拍賣行情（價與量）如下表：

	西瓜價	西瓜量	香瓜價	香瓜量
三重市	9.00	203674	13.20	18894
台中市	11.70	180785	12.30	54894
台北一	10.10	127802	14.70	18563
台北二	11.80	28604	14.90	21963
台東市	13.20	600	13.10	900
板橋區	6.90	38071	9.60	3555
高雄市	12.10	35660	10.60	9005
嘉義市	12.00	15000	13.00	12000
鳳山區	11.70	48770	9.10	14370
豐原區	9.84	6100	11.89	8980

上表資料已經輸入在 GE3-1.py 中，請撰寫一程式，讀入所輸入資料，其中行標題為項目（西瓜價、西瓜量、香瓜價、香瓜量），列題標為交易市場，接著完成下列：

A. 輸出上面表格。

B. 以西瓜價遞減排序後，輸出各市場的西瓜價。

C. 輸出最後三筆的行情（西瓜/香瓜價與量）。

D. 台北一市場的行情（西瓜/香瓜價與量）。

E. 將「三重市」改為「三重區」；「香瓜價」改為「洋香瓜價」；「香瓜量」改為「洋香瓜量」；重新輸出整個表格。

✓ 提示

> 1. 需要 import pandas 以進行資料分析。
>
> 2. 採用 DataFrame 資料架構，分別以串列方式輸入 datas、index、column，接著直接列印 DataFrame 物件即可得上面表格。

3. 用 sort_values 指令即可以西瓜價遞減排序，輸出各市場的西瓜價則須用 pandas 的切片功能達成。

4. 利用 tail 指令即可輸出最後三筆的行情（西瓜/香瓜價與量）。

5. 利用 loc 指令可以輸出台北一市場的行情（西瓜/香瓜價與量）。

6. 運用 index/column 串列定位即可修改特定元素的值。

▶▶ 輸入與輸出樣本

輸入

```
datas = [[9,203674,13.2,18894], [11.7,180785,12.3,54894],
[10.1,127802,14.7,18563] ,
[11.8,28604,14.9,21963], [13.2,600,13.1,900],
[6.9,38071,9.6,3555],
[12.1,35660,10.6,9005], [12,15000,13,12000],
[11.7,48770,9.1,14370],
[9.84,6100,11.89,8980]]
indexs= ["三重市","台中市","台北一","台北二","台東市","板橋
市","嘉義市","鳳山區","豐原區"]
columns = ["西瓜價", "西瓜量", "香瓜價", "香瓜量"]
```

輸出

```
行標題為項目，列題標為交易市場
        西瓜價   西瓜量   香瓜價   香瓜量
三重市    9.00   203674   13.20   18894
台中市   11.70   180785   12.30   54894
台北一   10.10   127802   14.70   18563
台北二   11.80    28604   14.90   21963
台東市   13.20      600   13.10     900
板橋區    6.90    38071    9.60    3555
高雄市   12.10    35660   10.60    9005
嘉義市   12.00    15000   13.00   12000
鳳山區   11.70    48770    9.10   14370
豐原區    9.84     6100   11.89    8980

以西瓜價遞減排序
台東市   13.20
高雄市   12.10
嘉義市   12.00
```

```
台北二      11.80
台中市      11.70
鳳山區      11.70
台北一      10.10
豐原區       9.84
三重市       9.00
板橋區       6.90
Name: 西瓜價, dtype: float64
```

最後三筆的西瓜/香瓜價雨量

	西瓜價	西瓜量	香瓜價	香瓜量
豐原區	9.84	6100	11.89	8980
三重市	9.00	203674	13.20	18894
板橋區	6.90	38071	9.60	3555

台北一市場的行情

```
西瓜價         10.1
西瓜量     127802.0
香瓜價         14.7
香瓜量      18563.0
Name: 台北一, dtype: float64
```

全體市場行情

	西瓜價	西瓜量	洋香瓜價	洋香瓜量
三重區	9.00	203674	13.20	18894
台中市	11.70	180785	12.30	54894
台北一	10.10	127802	14.70	18563
台北二	11.80	28604	14.90	21963
台東市	13.20	600	13.10	900
板橋區	6.90	38071	9.60	3555
高雄市	12.10	35660	10.60	9005
嘉義市	12.00	15000	13.00	12000
鳳山區	11.70	48770	9.10	14370
豐原區	9.84	6100	11.89	8980

▶▶ 參考解答

| 1 | ```
datas = [[9,203674,13.2,18894], [11.7,180785,12.3,54894],
[10.1,127802,14.7,18563] ,
[11.8,28604,14.9,21963], [13.2,600,13.1,900],
[6.9,38071,9.6,3555],
[12.1,35660,10.6,9005], [12,15000,13,12000],
[11.7,48770,9.1,14370],
``` |
|---|---|
```

```
 2  [9.84,6100,11.89,8980]]
    indexs= ["三重市","台中市","台北一","台北二","台東市","板橋區","
    高雄市","嘉義市","鳳山區","豐原區"]
 3  columns = ["西瓜價", "西瓜量", "香瓜價", "香瓜量"]
 4  import pandas as pd
 5  df = pd.DataFrame(datas, columns=columns,  index=indexs)
 6  print('行標題為項目，列題標為交易市場')
 7  print(df)
 8  print()
 9  df1=df.sort_values(by="西瓜價", ascending=False)
10  print('以西瓜價遞減排序')
11  print(df1['西瓜價'])
12  print()
13  print('最後三筆的西瓜/香瓜價與量')
14  print(df1.tail(3))
15  print()
16  df.loc["台北一","西瓜價"]
17  print('台北一市場的行情')
18  print(df.loc["台北一",:])
19  indexs[0] = "三重區"
20  df.index = indexs
21  columns[2] = "洋香瓜價"
22  columns[3] = "洋香瓜量"
23  print()
24  print('全體市場行情')
25  df.columns = columns
26  print(df)
```

▶▶ 參考解答程式說明

- 1-3 行分別以串列方式輸入 datas、indexs、columns 等資料內容。

- 4 行 import 所需套件 pandas 以進行資料分析。

- 5 行採用 DataFrame 資料架構，將 1-3 行讀入資料匯入 pandas，設定為 df 物件。

- 6-7 行列印 df 物件即可得上面表格。8 行為列印分隔行。

- 9 行用 sort_values 指令即可以西瓜價遞減排序。

- 10-11 行用 pandas 的切片功能達成輸出各市場的西瓜價。12 行為列印分隔行。

- 14 行利用 tail 指令輸出後三筆的行情（西瓜/香瓜價與量）。15 行為列印分隔行。

- 17-18 行利用 loc 指令輸出台北一市場的行情（西瓜/香瓜價與量）。

- 19-25 行運用 index/column 串列定位修改特定元素的值。

- 26 行列印修改結果。

綜合範例 2

請撰寫一程式，讀取'2017pig.csv'（此為某市場 2017 年全年毛豬交易行情資料），主要欄位：total_amt（成交頭數-總數）、average_weight（成交頭數-平均重量）、average_price（成交頭數-平均價格），本題需要完成下列：

A. 進行簡單敘述統計。

B. 依照 average_price 遞減排序後列印前五位資料。

C. 找出成交頭數-平均價格>90 的資料。

D. 依照 average_price 遞減排序後列印 average_price。

E. 列印最後三筆的資料。

提示

1. 需要 import pandas 以進行資料分析。

2. 運用 pandas 的 read_csv 方法由'2017pig.csv'讀入資料。

3. 運用 describe 進行敘述統計。

4. 運用 max 可以找出欄位的最大值。

5. 運用 sort_values 方法進行遞減排序，接者運用 hesd 方法輸出前面 5 列。

6. Pandas 可以針對欄位設定條件進行切片。

7. Pandas 可以運用 tail 方法找最後三筆資料。

▶▶ 輸入與輸出樣本

輸入：

讀取'2017pig.csv'（此為某市場2017年全年毛豬交易行情資料）

輸出

	total_amt	average_weight	average_price
count	3001.000000	3001.000000	3001.000000
mean	1127.539820	123.920560	76.744558

```
std      747.706354          5.858829            3.445397
min       77.000000         94.290000           66.350000
25%      592.000000        119.790000           74.440000
50%      894.000000        122.740000           76.790000
75%     1539.000000        127.540000           78.950000
max     5231.000000        148.180000           95.410000
95.41
      total_amt   average_weight     average_price
2976        100            96.46             95.41
2999         91           103.11             94.50
2992         91           102.42             93.83
2985         90            99.20             93.43
2980         90           100.47             92.98
      total_amt   average_weight     average_price
2942         97           101.68             90.99
2955        101           101.59             90.57
2965        101            94.29             90.78
2969         97           102.70             91.89
2973        101            99.81             91.76
2976        100            96.46             95.41
2980         90           100.47             92.98
2985         90            99.20             93.43
2992         91           102.42             93.83
2999         91           103.11             94.50
```

以average_price遞減排序

```
0        77.01
1        75.94
2        75.28
3        73.68
4        72.50
```

...中略

```
2996     83.90
2997     82.36
2998     84.37
2999     94.50
3000     84.55
Name: average_price, Length: 3001, dtype: float64
```

最後三筆資料

```
      total_amt   average_weight     average_price
2998         84           121.44             84.37
2999         91           103.11             94.50
3000         77           120.64             84.55
```

▶▶ 參考解答

```
1   import pandas as pd
2   df1 = pd.read_csv('2017pig.csv',encoding="utf-8", sep=",")
3   df1.columns = [ 'total_amt', 'average_weight', 'average_price']
4   print(df1.describe())
5   print(df1.average_price.max())
6   print(df1.sort_values("average_price",
    ascending=False).head(5))
7   print(df1[df1.average_price>90])
8   print('以average_price遞減排序')
9   print(df1['average_price'])
10  print()
11  print('最後三筆資料')
12  print(df1.tail(3))
13  print()
```

▶▶ 參考解答程式說明

- 1 行 import pandas 以進行資料分析。

- 2 行運用 pandas 的 read_csv 方法由 '2017pig.csv' 讀入資料,編碼方式採用 "utf-8", 檔案中以 "," 分隔,設定為 df1 物件,為 DataFrame 資料架構。

- 3 行設定 df1 物件的行名。

- 4 行輸出 df1 的敘述統計結果。

- 5 行輸出 df1 中 average_price 欄位的最大值。

- 6 行用 sort_values 方法對 df1 中 average_price 欄位進行遞減排序,接者輸出前面 5 列。

- 7 行列印 df 中 average_price 欄位>90 的資料。

- 8-9 行列印 df1 中 average_price 欄位資料。10 行為列印分隔行。

- 11-13 行列印 df1 中最後三筆的資料。

 **綜合範例 3**

請撰寫程式,讀取"AQI.json",此為環保署每小時提供各測站之空氣品質指標(AQI),主要欄位:SiteName(測站名稱)、County(縣市)、AQI(空氣品質指標)、Pollutant(空氣污染指標物)、Status(狀態)、SO2(二氧化硫(ppb))、CO(一氧化碳(ppm))、CO_8hr(一氧化碳 8 小時移動平均(ppm))、O3(臭氧(ppb))、O3_8hr(臭氧 8 小時移動平均(ppb))、PM10(懸浮微粒(μg/m3))、PM2.5(細懸浮微粒(μg/m3))、NO2(二氧化氮(ppb))、NOx(氮氧化物(ppb))、NO(一氧化氮(ppb))、WindSpeed(風速(m/sec))、WindDirec(風向(degrees))、PublishTime(資料建置日期)、PM2.5_AVG(細懸浮微粒移動平均值(μg/m3))、PM10_AVG(懸浮微粒移動平均值(μg/m3))、Latitude(經度)、Longitude(緯度),執行下列:

A. 列印基隆測站 AQI。

B. 列印基隆測站全部資料。

C. 將 index 中「基隆」改為「基隆測站」。

D. 將 columns 中"AQI"改為「空氣品質指標」,"Pollutant"改為「空氣污染指標物」。

E. 列印全台灣測站資料。

✓ 提示

> 需要 import json 以讀取 json 檔案;需要 import pandas 以進行資料分析。

▶▶ 輸入與輸出樣本

輸入

```
讀取"AQI.json",其資料範例如下:
[{"SiteName":"基隆","County":"基隆市","AQI":"55","Pollutant":"細
懸浮微粒","Status":"普通
","SO2":"3","CO":"0.26","CO_8hr":"0.3","O3":"6","O3_8hr":"11","P
M10":"27","PM2.5":"17","NO2":"16","NOx":"19","NO":"3.4","WindSpe
ed":"1","WindDirec":"255","PublishTime":"2018-06-29
06:00","PM2.5_AVG":"17","PM10_AVG":"26","Latitude":"25.129167","
Longitude":"121.760056"},{"SiteName":"汐止","County":"新北市
","AQI":"32","Pollutant":"","Status":"良好
","SO2":"1.8","CO":"0.41","CO_8hr":"0.4","O3":"7.6","O3_8hr":"10
","PM10":"33","PM2.5":"13","NO2":"17","NOx":"24","NO":"7.1","Win
```

dSpeed":"1.4","WindDirec":"245","PublishTime":"2018-06-29
06:00","PM2.5_AVG":"10","PM10_AVG":"30","Latitude":"25.067131","
Longitude":"121.6423"},{"SiteName":"萬里","County":"新北市
","AQI":"52","Pollutant":"細懸浮微粒","Status":"普通
","SO2":"3.5","CO":"0.24","CO_8hr":"0.3","O3":"16","O3_8hr":"20"
,"PM10":"30","PM2.5":"14","NO2":"7.8","NOx":"8.6","NO":"0.8","Wi
ndSpeed":"2.2","WindDirec":"229","PublishTime":"2018-06-29
06:00","PM2.5_AVG":"16","PM10_AVG":"30","Latitude":"25.179667","
Longitude":"121.689881"},
…下略

輸出

```
NO.0001 捷運市政府站(3號出口) 20180627154432 57
    AQI   CO CO_8hr County  ...  SiteName Status WindDirec WindSpeed
0    55 0.26    0.3   基隆市  ...      基隆   普通       255         1
1    32 0.41    0.4   新北市  ...      汐止   良好       245       1.4
2    52 0.24    0.3   新北市  ...      萬里   普通       229       2.2
3    48 0.25    0.2   新北市  ...      新店   良好       183         1
…中略
76   32 0.14    0.2   雲林縣  ...      崙背   良好       202       0.7

[77 rows x 22 columns]
基隆測站AQI55
基隆測站資料
AQI                            55
CO                           0.26
CO_8hr                        0.3
County                        基隆市
Latitude                25.129167
Longitude              121.760056
NO                            3.4
NO2                            16
NOx                            19
O3                             6
O3_8hr                         11
PM10                           27
PM10_AVG                       26
PM2.5                          17
PM2.5_AVG                      17
Pollutant                   細懸浮微粒
PublishTime    2018-06-29 06:00
SO2                            3
Status                        普通
```

```
WindDirec                    255
WindSpeed                      1
Name: 基隆, dtype: object

全台灣測站資料
          County  Latitude  Longitude  ...  PublishTime SO2 Status
SiteName                                ...
基隆測站 基隆市  25.129167  121.760056  ...  2018-06-29 06:00   3   普通
汐止      新北市  25.067131  121.6423    ...  2018-06-29 06:00  1.8  良好
萬里      新北市  25.179667  121.689881  ...  2018-06-29 06:00  3.5  普通
…下略
```

▶▶ 參考解答

```
1    import json
2    import pandas as pd
3    with open("AQI.json",encoding = 'utf8') as file:
4        data = json.load(file)
5    df = pd.DataFrame(data)
6    print(df)
7    df.set_index("SiteName" , inplace=True)
8    print('基隆測站AQI'+df.loc["基隆","AQI"])
9    print('基隆測站資料')
10   print(df.loc["基隆",:])
11   df.rename(index={"基隆":"基隆測站"},inplace=True)
12   df.rename(columns={"AQI":"空氣品質指標","Pollutant":"空氣污染指
     標物"},inplace=True)
13   print()
14   print('全台灣測站資料')
15   print(df.loc[:,"County":"Status"])
```

▶▶ 參考解答程式說明

- 1-2 行 import 所需套件。

- 3-4 行以 json.load 方法開啟所給檔案，設定為 data 物件。

- 5-6 行將 data 物件讀取為 pandas 的 DataFrame 資料結構，設定為 df 物件，並將之輸出。

- 7 行設定 df 物件的 index 為"SiteName"。

- 8 行運用 pandas 的 loc 方法列印基隆測站 AQI。

- 9-10 行運用 loc 方法切片取得基隆測站資料並列印。

- 11-12 行將 index 中"基隆"改為"基隆測站"；columns 中"AQI"改為"空氣品質指標","Pollutant"改為"空氣污染指標物"。

- 13-15 行運用 loc 方法列印全台灣測站資料。

 **綜合範例 4**

請撰寫一程式，讀取'F-D0047-093.zip'，此為中央氣象局鄉鎮天氣預報資料集，主要欄位：CITY（縣市）、DISTRICT（鄉鎮市區）、GEOCODE（鄉鎮市區編碼）、DAY（預報日期）、TIME（預報時間）、T（溫度）、Td（露點溫度）、RH（相對濕度）、WD（風向）、WS（風速）、AT（體感溫度）、Wx（天氣現象）、Wx_n（天氣現象編號）、PoP6h（降雨機率 6 小時分段）、PoP12h（降雨機率 12 小時分段）、get_day（取得日期）。找出臺北市與高雄市各區 72 小時氣象預報資料，並將其轉存為"GE3-4-output.csv"。

✅ 提示

> 需要 import json 以讀取 Json 檔案；需要 import csv 以寫入 csv 檔案。

▶▶ 輸入與輸出樣本

輸入

'F-D0047-093.zip'為為中央氣象局鄉鎮天氣預報資料集壓縮檔，包含各鄉鎮市區72小時、一週、二週天氣預報；其代碼採內政部戶役政資訊系統資料代碼，編碼如下：
臺北市 63/高雄市 64/新北市 65/臺中市 66/臺南市 67/桃園市 68/
宜蘭縣 10002/新竹縣 10004/苗栗縣 10005/彰化縣 10007/南投縣 10008
雲林縣 10009/嘉義縣 10010/屏東縣 10013/臺東縣 10014/花蓮縣 10015
澎湖縣 10016/基隆市 10017/新竹市 10018/嘉義市 10020/連江縣 09007
金門縣 09020
並以各別xml檔案形式壓縮在壓縮檔中，因此若要找尋個別縣市資料只要在程式中選取特定縣市解壓縮即可。例如本題要找尋臺北市與高雄市各區72小時氣象預報資料，故需要處理壓縮檔中下列檔案：
'63_72hr_CH.xml','64_72hr_CH.xml'(63為台北市；64為高雄市)

輸出

以溫度遞減排序

201	34
177	34
208	34
32	34
200	34
88	34
280	34
80	34
185	34
209	34
184	34
272	34
248	34
56	34
176	34
152	34
1168	34
65	33
57	33
1032	33
904	33

...中略

723	22
724	21
725	21
742	21
741	21
734	21
726	21
733	21

Name: T, Length: 1200, dtype: object
目前最高氣溫為34
目前最低氣溫為21
且所得之GE3-4-output.csv中資料如下：
CITY,DISTRICT,GEOCODE,DAY,TIME,T,TD,RH,WD,WS,BF,AT,Wx,Wx_n,PoP6h
,PoP12h,get_day
臺北市,南港區,6300900,2018-07-21,12:00:00,31,29,87,西北風,2,2,36,
短暫陣雨,26,50,50,2018-07-21
臺北市,南港區,6300900,2018-07-21,15:00:00,31,28,84,偏西風,1,<=
1,35,陰,03,50,50,2018-07-21

```
臺北市,南港區,6300900,2018-07-21,18:00:00,29,27,88,西南風,1,<=
1,34,陰,03,20,50,2018-07-21
臺北市,南港區,6300900,2018-07-21,21:00:00,28,27,93,偏東風,1,<=
1,33,陰,03,20,50,2018-07-21
臺北市,南港區,6300900,2018-07-22,00:00:00,27,27,97,偏東風,1,<=
1,32,陰,03,20,50,2018-07-21
臺北市,南港區,6300900,2018-07-22,03:00:00,27,27,100,東南風,1,<=
1,32,多雲,02,20,50,2018-07-21
臺北市,南港區,6300900,2018-07-22,06:00:00,27,25,93,西南風,1,<=
1,31,短暫陣雨,26,50,50,2018-07-21
...中略
臺北市,大安區,6300300,2018-07-21,12:00:00,32,29,86,西北風,2,2,37,
短暫陣雨,26,50,50,2018-07-21
臺北市,大安區,6300300,2018-07-21,15:00:00,31,28,82,偏西風,2,<=
1,36,陰,03,50,50,2018-07-21
臺北市,大安區,6300300,2018-07-21,18:00:00,30,27,84,偏西風,1,<=
1,34,陰,03,20,50,2018-07-21
臺北市,大安區,6300300,2018-07-21,21:00:00,29,27,91,偏東風,1,<=
1,34,陰,03,20,50,2018-07-21
臺北市,大安區,6300300,2018-07-22,00:00:00,28,27,94,東北風,1,<=
1,33,陰,03,20,60,2018-07-21
臺北市,大安區,6300300,2018-07-22,03:00:00,28,27,98,偏北風,1,<=
1,32,多雲,02,20,60,2018-07-21
...中略
高雄市,甲仙區,6403300,2018-07-23,03:00:00,23,22,96,偏東風,1,<=
1,26,陰,03,30,30,2018-07-21
高雄市,甲仙區,6403300,2018-07-23,06:00:00,23,22,94,西南風,1,<=
1,25,陰,03,20,30,2018-07-21
高雄市,甲仙區,6403300,2018-07-23,09:00:00,28,28,89,西南風,1,<=
1,33,陰,03,20,30,2018-07-21
高雄市,甲仙區,6403300,2018-07-23,12:00:00,32,29,86,偏南風,2,<=
1,38,短暫陣雨或雷雨,36,60,60,2018-07-21
高雄市,甲仙區,6403300,2018-07-23,15:00:00,32,29,88,偏南風,1,<=
1,38,陰,03,60,60,2018-07-21
高雄市,甲仙區,6403300,2018-07-23,18:00:00,29,26,95,偏南風,1,<=
1,34,陰,03,20,60,2018-07-21
高雄市,甲仙區,6403300,2018-07-23,21:00:00,26,24,96,東南風,1,<=
1,30,陰,03,20,60,2018-07-21
高雄市,甲仙區,6403300,2018-07-24,00:00:00,25,22,88,東南風,1,<=
1,28,陰,03,20,80,2018-07-21
高雄市,甲仙區,6403300,2018-07-24,03:00:00,24,20,80,偏南風,1,<=
1,26,陰,03,20,80,2018-07-21
高雄市,甲仙區,6403300,2018-07-24,06:00:00,23,20,80,偏南風,1,<=
```

```
1,26,陰,03,80,80,2018-07-21
高雄市,甲仙區,6403300,2018-07-24,09:00:00,29,27,80,偏南風,1,<=
1,33,短暫陣雨,26,80,80,2018-07-21
```

▶▶ 參考解答

```
1    import pandas as pd
2    import numpy as np
3    from bs4 import BeautifulSoup
4    import datetime
5    import zipfile
6    f=zipfile.ZipFile('F-D0047-093.zip')
7    file = ['63_72hr_CH.x12.46ml','64_72hr_CH.xml']
8    CITY = []
9    DISTRICT = []
10   GEOCODE = []
11   DAY = []
12   TIME = []
13   T = []
14   TD = []
15   RH = []
16   WD = []
17   WS = []
18   BF = []
19   AT = []
20   Wx = []
21   Wx_n = []
22   PoP6h = []
23   PoP12h = []
24   get_day = []
25   for filename in file:
26       try:
27           data = f.read(filename).decode('utf8')
28           soup = BeautifulSoup(data,"xml")
29           city = soup.locationsName.text
30           a = soup.find_all("location")
31           for i in range(0,len(a)):
32               location = a[i]
33               district = location.find_all("locationName")[0].text
34               geocode = location.geocode.text
35               weather = location.find_all("weatherElement")
36               time = weather[1].find_all("dataTime")
37               for j in range(0,len(time)):
```

```
38                          x = time[j].text.split("T")
39                          DAY.append(x[0])
40                          time_1 = x[1].split("+")
41                          TIME.append(time_1[0])
42                          CITY.append(city)
43                          DISTRICT.append(district)
44                          GEOCODE.append(geocode)
45                          get_day.append(today)
46                   for t  in weather[0].find_all("value"):
47                          T.append(t.text)
48                   for td  in weather[1].find_all("value"):
49                          TD.append(td.text)
50                   for rh  in weather[2].find_all("value"):
51                          RH.append(rh.text)
52                   for wd  in weather[5].find_all("value"):
53                          WD.append(wd.text)
54                   ws = weather[6].find_all("value")
55                   for k  in range(0,len(ws),2):
56                          WS.append(ws[k].text)
57                          BF.append(ws[k+1].text)
58                   for at  in weather[8].find_all("value"):
59                          AT.append(at.text)
60                   wx = weather[9].find_all("value")
61                   for w in range(0,len(wx),2):
62                          Wx.append(wx[w].text)
63                          Wx_n.append(wx[w+1].text)
64                   rain1 = weather[3].find_all("value")
65                   for l in range(0,len(rain1)):
66                          pop6 = rain1[l].text
67                          PoP6h.append(pop6)
68                          PoP6h.append(pop6)
69                   #PoP6h.append("x") #1200時
70                   #PoP6h.append("x") #1200時
71                   rain2 = weather[4].find_all("value")
72                   for m in range(0,len(rain2)):
73                          pop12 = rain2[m].text
74                          PoP12h.append(pop12)
75                          PoP12h.append(pop12)
76                          PoP12h.append(pop12)
77                          PoP12h.append(pop12)
78          except:
79              break
80   f.close()
81   data = {"CITY":CITY,"DISTRICT":DISTRICT,"GEOCODE":GEOCODE,
```

```
   |    "DAY" : DAY,"TIME" : TIME,"T":T,"TD" : TD,"RH":RH,
   |        "WD" : WD,"WS" : WS,"BF":BF,"AT" : AT,"Wx":
   | Wx,"Wx_n":Wx_n,"PoP6h" : PoP6h,"PoP12h"
   | :PoP12h,"get_day":get_day}
82 | df = pd.DataFrame(data,columns=["CITY","DISTRICT","GEOCODE",
   | "DAY","TIME","T","TD","RH","WD","WS","BF","AT","Wx","Wx_n","P
   | oP6h","PoP12h","get_day"])
83 | df1=df.sort_values(by="T", ascending=False)
84 | print('以溫度遞減排序')
85 | print(df1['T'])
86 | print("目前最高氣溫為"+str(df1["T"].max()))
87 | print("目前最低氣溫為"+str(df1["T"].min()))
88 | save_name = "GE3-4-output.csv"
89 | df.to_csv(save_name,index=False,encoding="utf_8_sig")
```

▶▶ 參考解答程式說明

● 1-5 行 import 所需套件。

● 6-7 行對獲取的"F-D0047-093.zip"壓縮檔檔案進行解壓縮，並設定需要檔名。
'63_72hr_CH.xml'為台北市各區 72 小時氣象預報資料，'64_72hr_CH.xml'為高
雄市各區 72 小時氣象預報資料。

● 5-24 行設定需要收集資料初始空串列，其中欄位意義如下：
CITY（縣市）、DISTRICT（鄉鎮市區）、GEOCODE（編碼）、DAY（日期）、
TIME（時間）、T（溫度）、TD（露點溫度）、RH（相對濕度）、WD（風
向）、WS（風速）、AT（體感溫度）、Wx（天氣現象）、Wx_n（天氣現象
編號）、PoP6h（降雨機率 6 小時分段）、PoP12h（降雨機率 12 小時分段）、
get_day（取得日期）。

● 25-80 行利用 BeautifulSoup 的"xml"模式，解析各 xml 檔案中，找出所需要資
料新增到各資料串列中。

● 81-82 行將所得資料以 pandas 的 DataFrame 資料格式整理，設定為 df1 物件。

● 83-85 行對 df1 物件以以溫度遞減排序後列印。

● 86-87 行列印最高與最低氣溫。

● 88-89 行寫入 csv 檔案。

 **綜合範例 5**

某日各市場之商品 A 與商品 B 之成交價與成交量如下表：

	商品 A 價	商品 A 量	商品 B 價	商品 B 量
NY	9.00	203674	13.20	18894
HK	11.70	180785	12.30	54894
SH	10.10	127802	14.70	18563
TP	11.80	28604	14.90	21963
TO	13.20	600	13.10	900
SZ	6.90	38071	9.60	3555
SG	12.10	35660	10.60	9005
MB	12.00	15000	13.00	12000
DB	11.70	48770	9.10	14370
FR	9.84	6100	11.89	8980

請撰寫程式，讀入所輸入資料，其中 prices 為各市場（商品 A 成交價, 商品 B 成交價），amounts 為各市場（商品 A 成交量, 商品 B 成交量)，接著完成下列：

A. 計算並輸出商品 A 最高成交價。

B. 計算並輸出商品 B 最低成交量。

C. 計算並輸出商品 A 總成交量與商品 B 總成交量。（總成交量為該商品成交量的總和）

D. 計算並輸出商品 A 總成交金額與商品 B 總成交金額。（總成交金額為該商品在各市場成交金額(等於成交價*成交量)的總和）

E. 計算並輸出商品 A 總均價與商品 B 總均價。（總均價為該商品成交總成交金額/總成交量）

✓ 提示

需要 import numpy 以快速分析資料。

▶▶ 輸入與輸出樣本

輸入

```
prices = np.array([[9,13.2],
                   [11.7,12.3],
                   [10.1,14.7] ,
                   [11.8,14.9],
                   [13.2,13.1],
                   [6.9,9.6],
                   [12.1,10.6],
                   [12,13],
                   [11.7,9.1],
                   [9.84,11.89]])
amounts = np.array([[203674,18894],
                    [180785,54894],
                    [127802,18563] ,
                    [28604,21963],
                    [600,900],
                    [38071,3555],
                    [35660,9005],
                    [15000,12000],
                    [48770,14370],
                    [6100,8980]])
```

輸出

```
商品A最高成交價13.2
商品B最低成交量54894
商品A總成交量685066        商品B總成交量163124
商品A總成交金額7089306.800000001        商品B總成交金額2059632.0
商品A總均價10.348355924830601        商品B總均價12.626173953556803
```

▶▶ 參考解答

```
1   import numpy as np
2   prices = np.array([[9,13.2],
                       [11.7,12.3],
                       [10.1,14.7] ,
                       [11.8,14.9],
                       [13.2,13.1],
                       [6.9,9.6],
                       [12.1,10.6],
```

	`                [12,13],`
	`                [11.7,9.1],`
	`                [9.84,11.89]])`
3	`amounts = np.array([[203674,18894],`
	`                [180785,54894],`
	`                [127802,18563] ,`
	`                [28604,21963],`
	`                [600,900],`
	`                [38071,3555],`
	`                [35660,9005],`
	`                [15000,12000],`
	`                [48770,14370],`
	`                [6100,8980]])`
4	`total_amounts=amounts.sum(axis=0)`
5	`print("商品A最高成交價"+str(prices[0].max(axis=0)))`
6	`print("商品B最低成交量"+str(amounts[1].min(axis=0)))`
7	`print("商品A總成交量"+str(total_amounts[0])+"    商品B總成交量` `"+str(total_amounts[1]))`

8	`total_sales=(amounts*prices).sum(axis=0)`
	`print("商品A總成交金額"+str(total_sales[0])+"    商品B總成交金額`
	`"+str(total_sales[1]))`

9	`print("商品A總均價"+str(total_sales[0]/total_amounts[0])+"    商` `品B總均價"+str(total_sales[1]/total_amounts[1]))`

▶▶ 參考解答程式說明

- 1 行 import 所需套件。

- 2-3 行讀取 prices 與 amounts，分別以 numpy 陣列結構儲存。

- 4 行以 sum 方法計算兩種商品總成交量。

- 5 行以 max 方法計算並輸出商品 A 最高成交價。

- 6 行以 max 方法計算並輸出商品 B 最低成交量。

- 7 行計算並輸出商品 A 總成交量與商品 B 總成交量。（總成交量為該商品成交量的總和）

- 8 行計算並輸出商品 A 總成交金額與商品 B 總成交金額。（總成交金額為該商品在各市場成交金額(等於成交價*成交量)的總和）

- 9 行計算並輸出商品 A 總均價與商品 B 總均價。（總均價為該商品成交總成交金額/總成交量）

 **綜合範例 6**

請撰寫一程式，讀取"Dengue_Daily_last12m.csv"，此為登革熱近 12 個月每日確定病例統計，主要欄位： 發病日、個案研判日、通報日、性別、年齡層、居住縣市、居住鄉鎮、居住村里、最小統計區、最小統計區中心點 X、最小統計區中心點 Y、一級統計區、二級統計區、感染縣市、感染鄉鎮、感染村里、是否境外移入、感染國家、確定病例數、居住村里代碼、感染村里代碼、血清型、內政部居住縣市代碼、內政部居住鄉鎮代碼、內政部感染縣市代碼、內政部感染鄉鎮代碼。接著配合下列要求輸出：

A. 輸出居住縣市病例人數，並按遞減順序顯示。
B. 輸出感染國家病例人數，並按遞減順序顯示。
C. 輸出台北市各區病例人數。
D. 輸出台北市最近病例。

✓ 提示

> 1. 需要 import xml.etree.ElementTree 以讀取 xml 檔案；需要 import csv 以寫入 csv 檔案。
>
> 2. 中華郵政公司縣市鄉鎮中英對照資訊主要欄位說明：欄位 1：郵遞區號、欄位 2：縣市鄉鎮（中文）、欄位 3：縣市鄉鎮（英文）。

▶▶ 輸入與輸出樣本

輸入

> 讀取Dengue_Daily_last12m.csv，內容如下：
> 發病日,個案研判日,通報日,性別,年齡層,居住縣市,居住鄉鎮,居住村里,最小統計區,最小統計區中心點X,最小統計區中心點Y,一級統計區,二級統計區,感染縣市,感染鄉鎮,感染村里,是否境外移入,感染國家,確定病例數,居住村里代碼,感染村里代碼,血清型,內政部居住縣市代碼,內政部居住鄉鎮代碼,內政部感染縣市代碼,內政部感染鄉鎮代碼
> 2017/06/04,2017/06/10,2017/06/09,男,30-34,屏東縣,屏東市,勝豐里,A1301-0841-00,120.49159,22.66706,A1301-54-008,A1301-54,None,None,None,是,泰國,1,1001301-019,None,None,10013,1001301,None,None
> 2017/06/04,2017/06/06,2017/06/06,男,20-24,新竹市,北區,崇禮里,A1802-0597-00,120.96078,24.80306,A1802-43-002,A1802-43,None,None,None,是,馬來西亞

```
,1,1001802-005,None,None,10018,1001802,None,None
2017/06/05,2017/06/13,2017/06/12,男,45-49,苗栗縣,苑裡鎮,房裡里
,A0502-0149-00,120.65068,24.43575,A0502-05-009,A0502-05,None,Non
e,None,是,越南,1,1000502-008,None,第一型,10005,1000502,None,None
...下略
```

輸出

居住縣市	發病日	個案研判日	通報日	性別	...	內政部居住縣市代碼	內政部居住鄉鎮代碼	內政部感染縣市代碼	內政部感染鄉鎮代碼
台北市	76	76	76	76	...	76	76	76	76
新北市	60	60	60	60	...	60	60	60	60
台中市	43	43	43	43	...	43	43	43	43
桃園市	43	43	43	43	...	43	43	43	43
高雄市	42	42	42	42	...	42	42	42	42
台南市	20	20	20	20	...	20	20	20	20
彰化縣	14	14	14	14	...	14	14	14	14
新竹市	8	8	8	8	...	8	8	8	8
屏東縣	7	7	7	7	...	7	7	7	7
南投縣	6	6	6	6	...	6	6	6	6
新竹縣	5	5	5	5	...	5	5	5	5
苗栗縣	5	5	5	5	...	5	5	5	5
嘉義縣	4	4	4	4	...	4	4	4	4
雲林縣	3	3	3	3	...	3	3	3	3
宜蘭縣	2	2	2	2	...	2	2	2	2
基隆市	2	2	2	2	...	2	2	2	2
台東縣	2	2	2	2	...	2	2	2	2
澎湖縣	2	2	2	2	...	2	2	2	2
嘉義市	1	1	1	1	...	1	1	1	1

```
[19 rows x 25 columns]
```

是否境外移入	發病日	個案研判日	通報日	...	內政部居住鄉鎮代碼	內政部感染縣市代碼	內政部感染鄉鎮代碼
否	10	10	10	...	10	10	10
是	335	335	335	...	335	335	335

```
[2 rows x 25 columns]
```

感染國家	發病日	個案研判日	通報日	性別	...	內政部居住縣市代碼	內政部居住鄉鎮代碼	內政部感染縣市代碼	內政部感染鄉鎮代碼
越南	94	94	94	94	...	94	94	94	94
菲律賓	50	50	50	50	...	50	50	50	50

泰國	44	44	44	44	...	44	44	44	44
馬來西亞	33	33	33	33	...	33	33	33	33
緬甸	29	29	29	29	...	29	29	29	29

[5 rows x 25 columns]
```
              發病日   個案研判日  通報日  性別    ...      內政部居住縣市代碼  內政部居住鄉鎮代碼
內政部感染縣市代碼   內政部感染鄉鎮代碼
居住鄉鎮                                ...
```

居住鄉鎮									
中山區	8	8	8	8	...	8	8	8	8
中正區	10	10	10	10	...	10	10	10	10
信義區	7	7	7	7	...	7	7	7	7
內湖區	10	10	10	10	...	10	10	10	10
北投區	1	1	1	1	...	1	1	1	1
南港區	7	7	7	7	...	7	7	7	7
士林區	7	7	7	7	...	7	7	7	7
大同區	5	5	5	5	...	5	5	5	5
大安區	10	10	10	10	...	10	10	10	10
文山區	2	2	2	2	...	2	2	2	2
松山區	3	3	3	3	...	3	3	3	3
萬華區	6	6	6	6	...	6	6	6	6

```
[12 rows x 25 columns]
2018/06/25
```

▶▶ 參考解答

```
1   #網路抓取開放資料進行處理樣本資料做常態分配檢定
2   import pandas as pd
3   df1 = pd.read_csv('Dengue_Daily_last12m.csv',encoding="utf-8",
    sep=",",header=0)
4   df_county=df1.groupby("居住縣市").count()
5   print(df_county.sort_values("內政部居住鄉鎮代碼",
    ascending=False))
6   print(df1.groupby("是否境外移入").count())
7   df_country=df1.groupby("感染國家").count()
8   print(df_country.sort_values("內政部居住鄉鎮代碼",
    ascending=False).head(5))
9   df_taipei=df1[df1.居住縣市=="台北市"]
10  print(df_taipei.groupby("居住鄉鎮").count())
11  print(df_taipei.發病日.max())
```

▶ 參考解答程式說明

- 2 行 import pandas 以進行資料分析。

- 3 行運用 pandas 的 read_csv 方法由'Dengue_Daily_last12m.csv'讀入資料，編碼方式採用"utf-8",檔案中以","分隔，設定為 df1 物件，為 DataFrame 資料架構。

- 4 行運用 pandas 的 groupby 方法依照"居住縣市"分群，然後以 count 方法分群計算各群數目，設定給 df_county 物件。

- 5 行將 df_county 依照"內政部居住鄉鎮代碼"由大到小排序後列印輸出。

- 6 行運用 pandas 的 groupby 方法依照"是否境外移入"分群，然後以 count 方法分群計算各群數目後列印輸出。

- 7 行運用 pandas 的 groupby 方法依照"感染國家"分群，然後以 count 方法分群計算各群數目，設定給 df_country 物件。

- 8 行將 df_country 依照"內政部居住鄉鎮代碼"由大到小排序後列印輸出前五位。

- 9 行運用選取方法從 df1 中選出居住縣市=="台北市"，設定為 df_taipei 物件。

- 10 行運用 pandas 的 groupby 方法依照"居住鄉鎮"分群，然後以 count 方法分群計算各群數目後列印輸出。

- 11 行列印台北市病例中最近的發病日。

 綜合範例 7

請撰寫程式，讀取"集保戶股權分散表 0050.csv"，此為台灣集保公司集保戶股權分散表中 0050 的資料，主要欄位：資料日期、證券代號、持股分級、人數、股數、佔集保庫存數比例%，持股分級的定義，說明如下：

第 1 級至第 15 級，係持股為 1:1-999、2:1,000-5,000、3:5,001-10,000、4:10,001-15,000、5:15,001-20,000、6:20,001-30,000、7:30,001-40,000、8:40,001-50,000、9:50,001-100,000、10:100,001-200,000、11:200,001-400,000、12:400,001-600,000、13:600,001-800,000、14:800,001-1,000,000、15:1,000,001 以上等 15 個級距。第16 欄差異數調整，第 17 欄為合計欄。請找出下列：

A. 0050 股東集保戶總人數。

B. 0050 股東集保戶總股數。

C. 0050 股東集保戶分級最低持有總股數。

✓ 提示

> 需要 import numpy 以進行資料分析。

▶▶ 輸入與輸出樣本

輸入

```
20180622,0050,1,15897,3821737,0.45
20180622,0050,2,33908,64668313,7.72
20180622,0050,3,3611,28296918,3.37
20180622,0050,4,940,12101788,1.44
20180622,0050,5,585,10747613,1.28
20180622,0050,6,505,12947960,1.54
20180622,0050,7,201,7169748,0.85
20180622,0050,8,140,6448016,0.76
20180622,0050,9,234,16639220,1.98
20180622,0050,10,87,12309041,1.46
20180622,0050,11,49,14103616,1.68
20180622,0050,12,14,7071165,0.84
20180622,0050,13,4,2785000,0.33
20180622,0050,14,4,3715000,0.44
20180622,0050,15,55,634676865,75.78
20180622,0050,16,1,2000,0.00
20180622,0050,17,56234,837500000,100.00
```

輸出

```
0050股東集保戶總人數112469.0
0050股東集保戶總股數1675004000.0
0050股東集保戶分級最低持有總股數2000.0
```

▶▶ 參考解答

```
1   import numpy as np
2   f = np.genfromtxt('集保戶股權分散表0050.csv',
    delimiter=',',encoding = 'utf8')
3   print("0050股東集保戶總人數"+str(f[:,3].sum(axis=0)))
4   print("0050股東集保戶總股數"+str(f[:,4].sum(axis=0)))
5   print("0050股東集保戶分級最低持有總股數"+str(f[:,4].min(axis=0)))
```

▶▶ 參考解答程式說明

● 1 行 import 所需套件。

● 2 行運用 numpy 的 genfromtxt 讀取'集保戶股權分散表 0050.csv'檔案，編碼方式採用'utf-8'，檔案中以","分隔，設定為 f 物件。

● 3 行運用 sum 方法計算與列印 0050 股東集保戶總人數。

● 4 行運用 sum 方法計算與列印 0050 股東集保戶總股數。

● 5 行運用 min 方法計算與列印 0050 股東集保戶分級最低持有總股數。

Chapter 3 習題

1. 請撰寫程式讀取下面資料：

datas = [[75,62,85,73,60], [91,53,56,63,65], [71,88,51,69,87],[69,53,87,74,70]]

indexs = ["小林", "小黃", "小陳", "小美"]

columns = ["國語", "數學", "英文", "自然", "社會"]

利用 Pandas 的 DataFrame 資料架構，完成下面要求：

A. 印出行標題為科目，列標題為個人的所有學生成績。

B. 印出後二位的成績。

C. 以自然遞減排序後列印自然成績。

D. 將"小黃"的"英文"改為 80 後，列印'小黃的成績'。

E. 將"小林"改為"小張"；"自然"改為"理化"後，列印全體成績。

✓ 提示

> 本題需要 import pandas 進行資料分析。

▶▶ 輸入與輸出樣本

輸入

```
datas = [[75,62,85,73,60], [91,53,56,63,65],
[71,88,51,69,87],[69,53,87,74,70] ]
indexs = ["小林", "小黃", "小陳", "小美"]
columns = ["國語", "數學", "英文", "自然", "社會"]
```

輸出

```
行標題為科目，列題標為個人的所有學生成績
      國語   數學   英文   自然   社會
小林   75    62    85    73    60
小黃   91    53    56    63    65
小陳   71    88    51    69    87
小美   69    53    87    74    70

後二位的成績
      國語   數學   英文   自然   社會
小陳   71    88    51    69    87
小美   69    53    87    74    70

以自然遞減排序
```

```
小美      74
小林      73
小陳      69
小黃      63
Name: 自然, dtype: int64

小黃的成績
國語      91
數學      53
英文      80
自然      63
社會      65
Name: 小黃, dtype: int64

全體成績
      國語    數學    英文    理化    社會
小張    75    62    85    73    60
小黃    91    53    80    63    65
小陳    71    88    51    69    87
小美    69    53    87    74    70
```

2. 請撰寫程式，利用 numpy 模組，完成下列：

   A. 在 5-16 間產生 15 個隨機正整數。

   B. 將此陣列 reshape 成 3*5 陣列 X 後，列印 X 陣列內容。

   C. 列印其中最大值/最小值/總和/平均。

   D. 列印四個角落元素。

   E. 將之存檔成"EX3-2.txt"。

   F. 在 5-16 間再產生 15 個隨機正整數，將此陣列 reshape 成 3*5 陣列 Y 後，列印 Y 陣列內容。

   G. 將 X 陣列與 Y 陣列相加產生 Z 陣列，將之列印出來。

   ✓ 提示

   > 本題需要 import numpy 進行資料分析。

▶▶ 輸入與輸出樣本

輸入

由Numpy隨機產生的數。

輸出

```
隨機正整數：[14 14  8 12 11 15 13 14  9 15  7 10  6 13  7]
X矩陣內容：
[[14 14  8 12 11]
 [15 13 14  9 15]
 [ 7 10  6 13  7]]
最大：15
最小：6
總和：168
平均：11.2
四個角落元素：[[14 11]
 [ 7  7]]
Y矩陣內容：
[[14  5  6 11 12]
 [10  7  6 14  9]
 [15 10  8  8 13]]
Z矩陣內容：
[[28 19 14 23 23]
 [25 20 20 23 24]
 [22 20 14 21 20]]
```

Chapter **4**

資料視覺化能力

資料視覺化能力

資料分析處理後，需要產生可視化結果，以協助人類理解與模型化。本章將介紹運用 Matplotlib 此一套件進行：

1. 圖表設定
2. 各種圖形呈現
3. 多圖形繪製、以 CSV 檔案繪製圖形、運用 numpy、運用隨機數

4-1 圖表之設定

4-1-1 標題、文字、圖例設定

Matplotlib 架構與基本操作如下範例所示：

▶▶ 範例程式 **E4-1-1-1.ipynb**

Figure 是 Matplotlib 這個層次結構中的頂級容器，用來表示整個頁面，其所有內容都是繪製的。製作時可以有多個獨立的 Figure，而 Figure 可以包含多個 Axes。

大多數人都在軸(Axes)上策劃。Axes 實際上是我們繪製資料的區域以及與之相關的刻度、標籤等。通常我們會設置一個 Axes，呼叫 Subplot（將 Axes 置於常規網格上），因此在大多數情況下，Axes 和 Subplot 是同義詞。

每個 Axes 都有一個 XAxis(X 軸)和一個 YAxis(Y 軸)，包含刻度、刻度位置，標籤等。這些物件的關係可以用圖來表示：

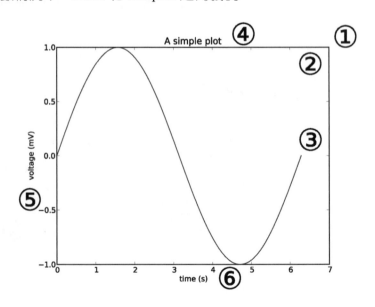

具體結構

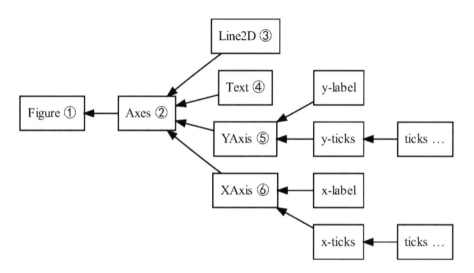

| In[1] | ```python
import numpy as np
import matplotlib.pyplot as plt
x = np.linspace(0, 10, 100)
y1, y2, y3 = np.cos(x), np.cos(x + 1), np.cos(x + 2)
names = ['Signal 1', 'Signal 2', 'Signal 3']
``` |
|---|---|

運用 figure 物件創建圖形

figure 物件是最外層的繪圖單位，預設是以 1 開始編號（MATLAB 風格，Figure 1，Figure 2, ...），可以用 plt.figure()產生一幅圖像，除了預設參數外，可以指定的參數有：

- num - 編號

- figsize - 圖像大小

- dpi - 解析度

- facecolor - 背景色

- edgecolor - 邊界顏色

- frameon - 邊框

在預設情況下，Matplotlib 在被告知之前不會顯示任何內容，需要呼叫 plt.show()才能顯示圖形。通過 figsize 參數可以控制圖形的大小，這個參數需要一個以英寸為單位的（寬度，高度）元組。
```

In[2]	```fig = plt.figure(figsize=plt.figaspect(2.0), facecolor=(1, 0, 0, .1)) plt.show()```
Out[2]	`<Figure size 288x576 with 0 Axes>`

subplot

subplot 主要是使用網格排列子圖：

In[3]	```%pylab inline subplot(2,1,1) xticks([]), yticks([]) text(0.5,0.5, 'subplot(2,1,1)',ha='center',va='center', size=24,alpha=.5) subplot(2,1,2) xticks([]), yticks([]) text(0.5,0.5, 'subplot(2,1,2)',ha='center',va='center', size=24,alpha=.5) show()```
Out[3]	subplot(2,1,1) subplot(2,1,2)

更高級的可以用 gridspec 來繪圖：

In[4]	```import matplotlib.gridspec as gridspec G = gridspec.GridSpec(3, 3) axes_1 = subplot(G[0, :]) xticks([]), yticks([]) text(0.5,0.5, 'Axes 1',ha='center',va='center',size=24,alpha=.5) axes_2 = subplot(G[1,:-1]) xticks([]), yticks([]) text(0.5,0.5, 'Axes 2',ha='center',va='center',size=24,alpha=.5) axes_3 = subplot(G[1:, -1]) xticks([]), yticks([]) text(0.5,0.5, 'Axes 3',ha='center',va='center',size=24,alpha=.5)```

```
axes_4 = subplot(G[-1,0])
xticks([]), yticks([])
text(0.5,0.5, 'Axes
4',ha='center',va='center',size=24,alpha=.5)
axes_5 = subplot(G[-1,-2])
xticks([]), yticks([])
text(0.5,0.5, 'Axes
5',ha='center',va='center',size=24,alpha=.5)
show()
```

Out[4]

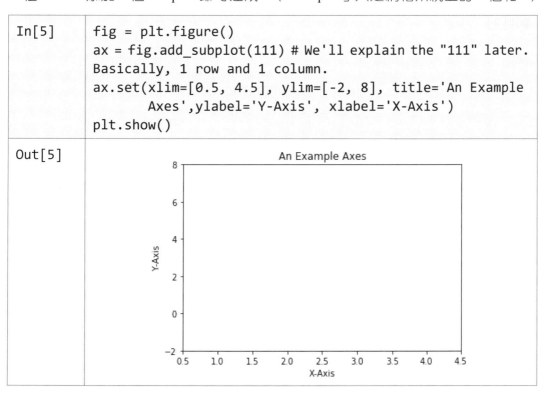

運用 axes 物件畫軸

所有繪圖都是針對 Axes 完成的。由 Axis 物件和許多其他東西組成。Axes 物件必須屬於一個 Figure（並且只有一個 Figure）。通常會設置一個 Figure，然後添加一個 Axes，添加一個 subplot 即可達成。（「subplot」只是網格系統上的一個軸。）

In[5]
```
fig = plt.figure()
ax = fig.add_subplot(111) # We'll explain the "111" later.
Basically, 1 row and 1 column.
ax.set(xlim=[0.5, 4.5], ylim=[-2, 8], title='An Example
        Axes',ylabel='Y-Axis', xlabel='X-Axis')
plt.show()
```

Out[5]

Matplotlib 的物件通常有很多函數以 set_<something>開頭並控制特定選項。例如，我們可以將上面的第三行寫成：

In[6]	
| | ```
ax.set_xlim([0.5, 4.5])
ax.set_ylim([-2, 8])
ax.set_title('A Different Example Axes Title')
ax.set_ylabel('Y-Axis (changed)')
ax.set_xlabel('X-Axis (changed)')
plt.show()
``` |

set 方法適用於所有 matplotlib 物件。但在某些情況下，需要使用諸如 ax.set_xlabel('Some Label'，size = 25)來控制特定函數的其他選項。

In[7]	
| | ```
axes([0.1,0.1,.8,.8])
xticks([]), yticks([])
text(0.6,0.6, 'axes([0.1,0.1,.8,.8])',ha='center',va=
'center',size=20,alpha=.5)
axes([0.2,0.2,.3,.3])
xticks([]), yticks([])
text(0.5,0.5, 'axes([0.2,0.2,.3,.3])',ha='center',va=
'center',size=16,alpha=.5)
show()
``` |
| Out[7] | axes([0.1,0.1,.8,.8])

axes([0.2,0.2,.3,.3]) |

In[8]	
| | ```
axes([0.1,0.1,.5,.5])
xticks([]), yticks([])
text(0.1,0.1, 'axes([0.1,0.1,.8,.8])',ha='left',va=
'center',size=16,alpha=.5)
axes([0.2,0.2,.5,.5])
xticks([]), yticks([])
text(0.1,0.1, 'axes([0.2,0.2,.5,.5])',ha='left',va=
'center',size=16,alpha=.5)
axes([0.3,0.3,.5,.5])
xticks([]), yticks([])
text(0.1,0.1, 'axes([0.3,0.3,.5,.5])',ha='left',va=
``` |
```

| | ```
'center',size=16,alpha=.5)
axes([0.4,0.4,.5,.5])
xticks([]), yticks([])
text(0.1,0.1, 'axes([0.4,0.4,.5,.5])',ha='left',va=
'center',size=16,alpha=.5)
show()
``` |
| Out[8] | |

後面的 Axes 物件會覆蓋前面的內容。

基本繪圖

大多數繪圖都開始在 Axes 上，plot 用連接它們的線繪製點，scatter 繪製未連接的點，也可選擇其他變數縮放或著色。如下面基本的例子：

| In[9] | ```
fig = plt.figure()
ax = fig.add_subplot(111)
ax.plot([1, 2, 3, 4], [10, 20, 25, 30], color='lightblue',
linewidth=3)
ax.scatter([0.6, 3.8, 1.2, 2.5], [11, 25, 9, 26], c=[1, 1,
1,1], marker='^')
ax.set_xlim(0.5, 4.5)
plt.show()
``` |
| Out[9] | |

Axes 方法與 pyplot

在 pyplot 模組中，幾乎所有 Axes 物件方法以函數形式存在，例如，當呼叫 plt.xlim(1,10)時，pyplot 在任何 Axes 為"current"時呼叫 ax.set_xlim(1,10)。以下是僅使用 pyplot 上述例子的等效版本：

In[10]	`plt.plot([1, 2, 3, 4], [10, 20, 25, 30], color='lightblue', linewidth=3)`
	`plt.scatter([0.6, 3.8, 1.2, 2.5], [11, 25, 9, 26], c=[1, 1, 1, 1], marker='^')`
	`plt.xlim(0.5, 4.5)`
	`plt.show()`

Out[10]	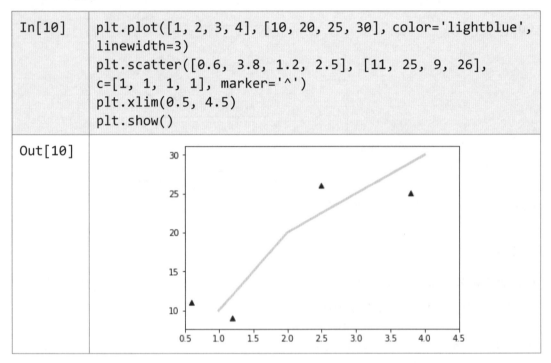

多軸

想讓 Axes 在常規網格系統上，最簡單的方法就是使用 plt.subplots(...)創建一個圖形並自動添加軸。例如：

In[11]	`fig, axes = plt.subplots(nrows=2, ncols=2)` `plt.show()`
Out[11]	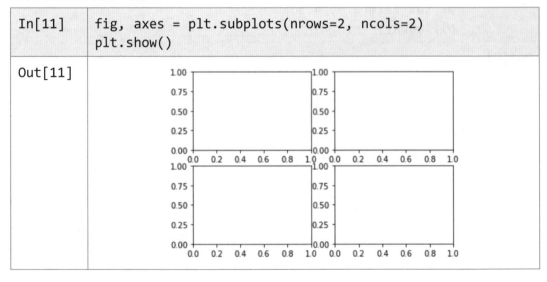

plt.subplots(...)創建了一個新的圖形並添加了 4 個子圖。返回的 axes 物件是 2D numpy 物件陣列。陣列中的每個專案都是子圖之一。當我們想要使用其中一個軸時，我們可以索引 axes 陣列並使用該項的方法。例如：

| In[12] | ```python
fig, axes = plt.subplots(nrows=2, ncols=2)
axes[0,0].set(title='Upper Left')
axes[0,1].set(title='Upper Right')
axes[1,0].set(title='Lower Left')
axes[1,1].set(title='Lower Right')

# To iterate over all items in a multidimensional numpy
array, use the 'flat' attribute
for ax in axes.flat:
    # Remove all xticks and yticks...
    ax.set(xticks=[], yticks=[])

plt.show()
``` |
|---|---|
| Out[12] | |

任何時候您看到類似的東西：

```python
fig = plt.figure()
ax = fig.add_subplot (111)
```

可以將其替換為：

```python
fig，ax = plt.subplots()
```
```

▶▶ 範例程式 **E4-1-1-2.ipynb**

處理文本（基礎）

| In[1] | ```
import matplotlib.pyplot as plt
import numpy as np
%matplotlib inline
``` |
|---|---|

matplotlib 對文本的支援十分完善，包括數學公式、Unicode 文字、柵格和向量化輸出、文字換行，文字旋轉等一系列操作。

基礎文本函數

在 matplotlib.pyplot 中，基礎的文本函數如下：

- text() 在 Axes 物件的任意位置添加文本
- xlabel() 添加 x 軸標題
- ylabel() 添加 y 軸標題
- title() 給 Axes 對象添加標題
- figtext() 在 Figure 物件的任意位置添加文本
- suptitle() 給 Figure 對象添加標題
- anotate() 給 Axes 物件添加注釋（可選擇是否添加箭頭標記）

| In[2] | ```
# -*- coding: utf-8 -*-
import matplotlib.pyplot as plt
%matplotlib inline

# plt.figure() 返回一個 Figure() 物件
fig = plt.figure(figsize=(12, 9))

# 設置這個 Figure 物件的標題
# 事實上，如果我們直接調用 plt.suptitle() 函數，它會自動找到
當前的 Figure 物件
fig.suptitle('bold figure suptitle', fontsize=14,
fontweight='bold')

# Axes 物件表示 Figure 物件中的子圖
# 這裡只有一幅圖像，所以使用 add_subplot(111)
ax = fig.add_subplot(111)
fig.subplots_adjust(top=0.85)
``` |
|---|---|

```python
# 可以直接使用 set_xxx 的方法來設置標題
ax.set_title('axes title')
# 也可以直接調用 title()，因為會自動定位到當前的 Axes 物件
# plt.title('axes title')

ax.set_xlabel('xlabel')
ax.set_ylabel('ylabel')

# 添加文本，斜體加文字方塊
ax.text(3, 8, 'boxed italics text in data coords',
style='italic',
        bbox={'facecolor':'red', 'alpha':0.5, 'pad':10})

# 數學公式，用 $$ 輸入 Tex 公式
ax.text(2, 6, r'an equation: $E=mc^2$', fontsize=15)

# 顏色，對齊方式
ax.text(0.95, 0.01, 'colored text in axes coords',
        verticalalignment='bottom',
horizontalalignment='right',
        transform=ax.transAxes,
        color='green', fontsize=15)

# 注釋文本和箭頭
ax.plot([2], [1], 'o')
ax.annotate('annotate', xy=(2, 1), xytext=(3, 4),
            arrowprops=dict(facecolor='black',
shrink=0.05))

# 設置顯示範圍
ax.axis([0, 10, 0, 10])

plt.show()
```

Out[2]

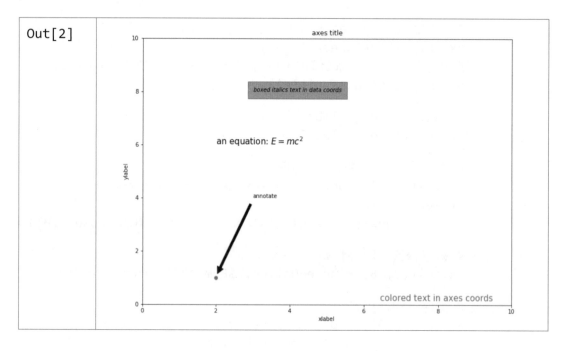

文本屬性與佈局

我們可以通過下列關鍵字，在文本函數中設置文本的屬性：

關鍵字	意義
alpha	透明度，值在 0 到 1 之間，0 為完全透明，1 為完全不透明
backgroundcolor	背景顏色
clip_box	物件的裁剪框
clip_on	是否裁剪
clip_path	裁剪的路徑
color	字體顏色
fontproperties	顯示字體特性
horizontalalignment or ha	水準對齊，可選 'center' , 'right' , 'left'
label	文字標籤
linespacing	行間距
picker	控制物件選取
position	文字出現位置
rotation	文字旋轉角度

關鍵字	意義
size or fontsize	文字或字體大小
style or fontstyle	文字或字體風格，可用 'normal' , 'italic' , 'oblique'
text	Text 物件清單，用來顯示文字
transform	控制偏移旋轉
verticalalignment or va	垂直對齊，可用 'center' , 'top' , 'bottom' , 'baseline'
visible	是否可見
weight or fontweight	字體重量，可用 'normal' , 'bold' , 'heavy' , 'light' , 'ultrabold' , 'ultralight'
zorder	控制繪圖順序

註釋文本

text()函數在 Axes 物件的指定位置添加文本，而 annotate()則是對某一點添加注釋文本，需要考慮兩個位置：一是注釋點的座標 xy，二是注釋文本的位置座標 xytext：

```
In[3]    fig = plt.figure()
         ax = fig.add_subplot(111)

         t = np.arange(0.0, 5.0, 0.01)
         s = np.cos(2*np.pi*t)
         line, = ax.plot(t, s, lw=2)
         ax.annotate('local max', xy=(2, 1), xytext=(3, 1.5),
                     arrowprops=dict(facecolor='black',
         shrink=0.05),
                     )
         ax.set_ylim(-2,2)
         plt.show()
```

Out[3]

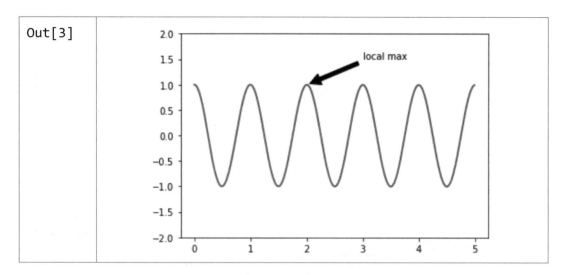

在上面的例子中，兩個左邊使用的都是原始資料的座標系，不過我們還可以通過 xycoords 和 textcoords 來設置座標系（預設是'data'）：

參數	座標系
'figure points'	points from the lower left corner of the figure
'figure pixels'	pixels from the lower left corner of the figure
'figure fraction'	0,0 is lower left of figure and 1,1 is upper right
'axes points'	points from lower left corner of axes
'axes pixels'	pixels from lower left corner of axes
'axes fraction'	0,0 is lower left of axes and 1,1 is upper right
'data'	use the axes data coordinate system

使用一個不同的座標系：

```
In[4]    fig = plt.figure()
         ax = fig.add_subplot(111)
         t = np.arange(0.0, 5.0, 0.01)
         s = np.cos(2*np.pi*t)
         line, = ax.plot(t, s, lw=2)
         ax.annotate('local max', xy=(3, 1), xycoords='data',
                     xytext=(0.8, 0.95), textcoords=
                     'axes fraction', arrowprops=dict(facecolor=
                     'black', shrink=0.05),
                     horizontalalignment='right',
         verticalalignment='top',
                     )
```

| | ```
ax.set_ylim(-2,2)
plt.show()
``` |
| Out[4] | 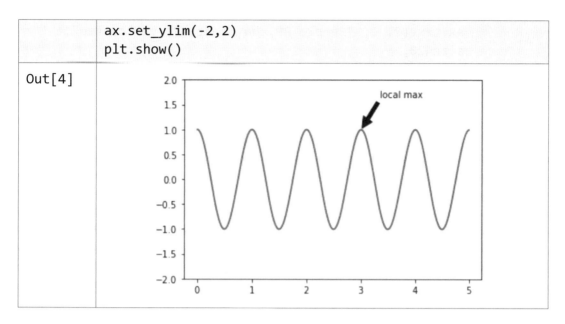 |

使用文字方塊進行註釋

先看一個簡單的例子：

| In[5] | ```python
import numpy.random
import matplotlib.pyplot as plt
%matplotlib inline

fig = plt.figure(1, figsize=(5,5))
fig.clf()

ax = fig.add_subplot(111)
ax.set_aspect(1)

x1 = -1 + numpy.random.randn(100)
y1 = -1 + numpy.random.randn(100)
x2 = 1. + numpy.random.randn(100)
y2 = 1. + numpy.random.randn(100)

ax.scatter(x1, y1, color="r")
ax.scatter(x2, y2, color="g")

# 加上兩個文字方塊
bbox_props = dict(boxstyle="round", fc="w", ec="0.5",
alpha=0.9)
ax.text(-2, -2, "Sample A", ha="center", va="center",
size=20,
        bbox=bbox_props)
``` |

```
ax.text(2, 2, "Sample B", ha="center", va="center", size=20,
            bbox=bbox_props)

# 加上一個箭頭文字方塊
bbox_props = dict(boxstyle="rarrow", fc=(0.8,0.9,0.9),
ec="b", lw=2)
t = ax.text(0, 0, "Direction", ha="center", va="center",
rotation=45,
            size=15,
            bbox=bbox_props)

bb = t.get_bbox_patch()
bb.set_boxstyle("rarrow", pad=0.6)

ax.set_xlim(-4, 4)
ax.set_ylim(-4, 4)
plt.show()
```

Out[5]

text()函數接受 bbox 參數來繪製文字方塊。

```
bbox_props = dict(boxstyle="rarrow,pad=0.3", fc="cyan", ec="b",
lw=2)
t = ax.text(0, 0, "Direction", ha="center", va="center", rotation=45,
        size=15,
        bbox=bbox_props)
```

可以這樣來獲取這個文字方塊，並對其參數進行修改：

```
bb = t.get_bbox_patch()
bb.set_boxstyle("rarrow", pad=0.6)
```

可用的文字方塊風格有：

class	name	attrs
LArrow	larrow	pad=0.3
RArrow	rarrow	pad=0.3
Round	round	pad=0.3,rounding_size=None
Round4	round4	pad=0.3,rounding_size=None
Roundtooth	roundtooth	pad=0.3,tooth_size=None
Sawtooth	sawtooth	pad=0.3,tooth_size=None
Square	square	pad=0.3

```
In[6]    import matplotlib.patches as mpatch
         import matplotlib.pyplot as plt

         styles = mpatch.BoxStyle.get_styles()

         figheight = (len(styles)+.5)
         fig1 = plt.figure(figsize=(4/1.5, figheight/1.5))
         fontsize = 0.3 * 72
         ax = fig1.add_subplot(111)

         for i, (stylename, styleclass) in
         enumerate(styles.items()):
             ax.text(0.5, (float(len(styles)) - 0.5 - i)/figheight,
         stylename,
                     ha="center",
                     size=fontsize,
                     transform=fig1.transFigure,
                     bbox=dict(boxstyle=stylename, fc="w",
         ec="k"))

         # 去掉軸的顯示
         ax.spines['right'].set_color('none')
         ax.spines['top'].set_color('none')
```

```
ax.spines['left'].set_color('none')
ax.spines['bottom'].set_color('none')
plt.xticks([])
plt.yticks([])
plt.show()
```

Out[6]

square
circle
larrow
rarrow
darrow
round
round4
sawtooth
roundtooth

各個風格的文字方塊如上圖所示。

使用箭頭進行註釋

In[7]

```
plt.figure(1, figsize=(3,3))
ax = plt.subplot(111)
ax.annotate("",
            xy=(0.2, 0.2), xycoords='data',
            xytext=(0.8, 0.8), textcoords='data',
            arrowprops=dict(arrowstyle="->",
                            connectionstyle="arc3"),
            )
plt.show()
```

Out[7]

1.0
0.8
0.6
0.4
0.2
0.0
0.0
0.2
0.4
0.6
0.8
1.0

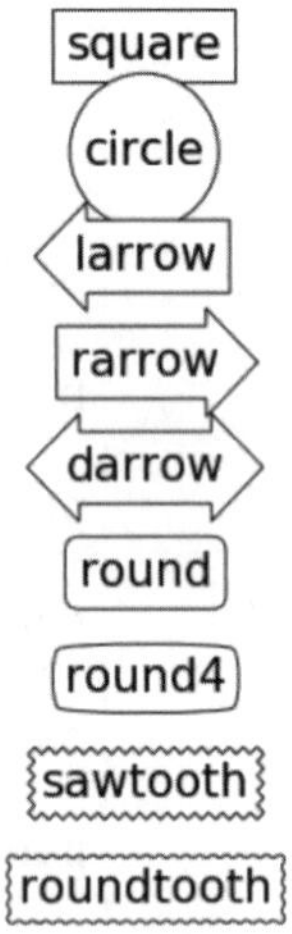

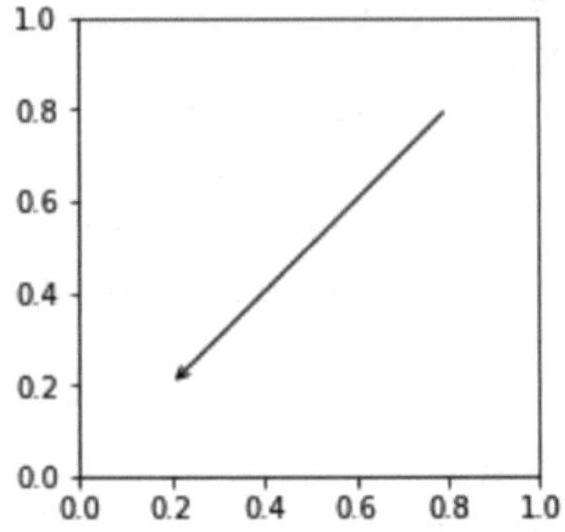

4-1-2 線條設定

▶▶ 範例程式 **E4-1-2-1.ipynb**

下面是最簡單的繪圖方式，結合由 numpy 產生的資料由 matplotlib 畫出圖形。

| In[1] | ```%matplotlib inline
import matplotlib.pyplot as plt
plt.style.use('seaborn-whitegrid')
import numpy as np
fig = plt.figure()
ax = plt.axes()
x = np.linspace(0, 10, 1000)
ax.plot(x, np.sin(x));``` |
|---|---|
| Out[1] | 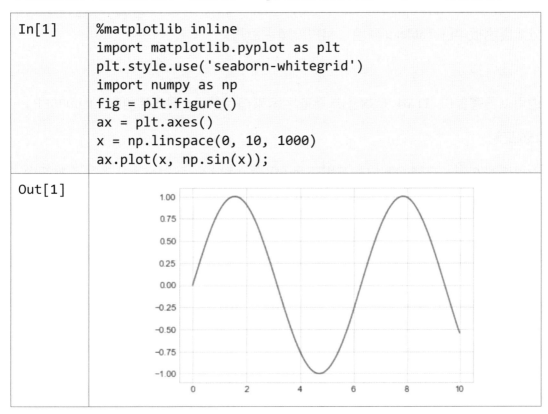 |

調整圖的線條顏色和樣式

plt.plot()函數可用於指定線條顏色和樣式參數的其他參數。要調整顏色，可以使用 color 關鍵字，該關鍵字接受表示幾乎任何可以想像的顏色的字串參數。

顏色

顏色可以通過多種方式指定：

```
Colornames
```

首先，顏色可以作為字串給出。對於非常基本的顏色，可以使用一個字母來表示：

```
b：藍色 g：綠色 r：紅色 c：青色 m：洋紅色 y：黃色 k：黑色 w：白色
```

也可以使用 HTML/CSS 顏色名稱,例如「burlywood」和「chartreuse」(請參閱:https://www.w3schools.com/Colors/colors_names.asp)。Matplotlib 也支持由 "xkcd:"預先設置的[xkcd 顏色名稱](請參閱:https://xkcd.com/color/rgb/)。Matplotlib 也理解{'tab:blue','tab:orange','tab:green','tab:red','tab:purple','tab:brown','tab:pink','tab: grey','tab:olive','tab:cyan'},它們是'T10'分類調色板中的 Tableau 顏色(和預設顏色迴圈)。

十六進位值

也可以通過提供 HTML/CSS 十六進位字串來指定顏色,例如藍色的「#0000FF」。

256 灰階

通過傳遞 0 到 1 之間的數位的字串表示(包括 0 和 1),可以給出灰階而不是顏色。「0.0」是黑色,而「1.0」是白色。「0.75」呈現淺灰色。

In[2]	```plt.plot(x, np.sin(x - 0), color='blue') # 利用name指定顏色```
	```plt.plot(x, np.sin(x - 1), color='g') # 利用簡短顏色碼 (rgbcmyk)```
	```plt.plot(x, np.sin(x - 2), color='0.75') # 灰階 (Grayscale)介於0與1之間```
	```plt.plot(x, np.sin(x - 3), color='#FFDD44') # 利用十六進位碼 (RRGGBB from 00 to FF)```
	```plt.plot(x, np.sin(x - 4), color=(1.0,0.2,0.3)) # 利用RGB 元組, 三原色的值都是從0到1```
	```plt.plot(x, np.sin(x - 5), color='chartreuse'); # 也支援 所有HTML顏色名稱```

Out[2]	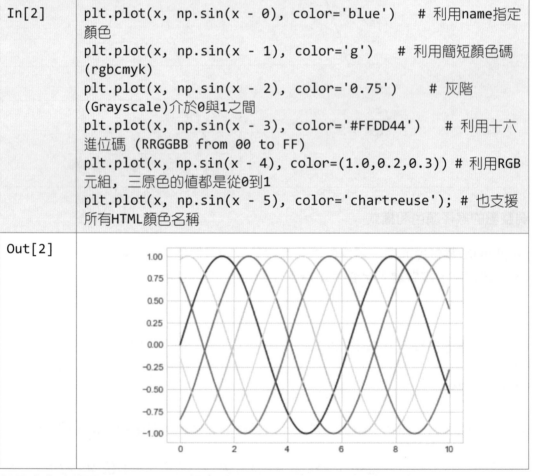

如果未指定顏色,Matplotlib 將自動迴圈顯示多行的一組預設顏色。

Linestyles

叫以使用 linestyle 關鍵字調整線條樣式：

| In[3] | ```python
plt.plot(x, x + 0, linestyle='solid')
plt.plot(x, x + 1, linestyle='dashed')
plt.plot(x, x + 2, linestyle='dashdot')
plt.plot(x, x + 3, linestyle='dotted');

# For short, you can use the following codes:
plt.plot(x, x + 4, linestyle='-')  # 實線solid
plt.plot(x, x + 5, linestyle='--') # 虛線dashed
plt.plot(x, x + 6, linestyle='-.') # dashdot
plt.plot(x, x + 7, linestyle=':'); # 點線dotted
``` |
|---|---|
| Out[3] | 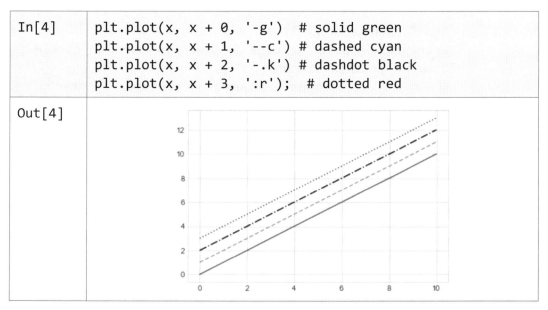 |

這些 linestyle 和 color 代碼也可以合併為 plt.plot()函數的非關鍵字參數：

| In[4] | ```python
plt.plot(x, x + 0, '-g')  # solid green
plt.plot(x, x + 1, '--c') # dashed cyan
plt.plot(x, x + 2, '-.k') # dashdot black
plt.plot(x, x + 3, ':r'); # dotted red
``` |
|---|---|
| Out[4] | |

這些單字元顏色代碼反映了 RGB（紅色/綠色/藍色）和 CMYK（青色/品紅色/黃色/黑色/黑色）顏色系統中的標準縮寫，通常用於數位彩色圖形。

標記

「標記」常用於[plot()]和[scatter()]圖，但也出現在其他地方。有許多可用的標記，甚至可以指定自訂標記。

標記	描述	標記	描述	標記	描述	標記	描述
"."	point	"+"	plus	","	pixel	"x"	cross
"o"	circle	"D"	diamond	"d"	thin_diamond		
"8"	octagon	"s"	square	"p"	pentagon	"*"	star
"|"	vertical line	"_"	horizontal line	"h"	hexagon1	"H"	hexagon2
0	tickleft	4	caretleft	"<"	triangle_left	"3"	tri_left
1	tickright	5	caretright	">"	triangle_right	"4"	tri_right
2	tickup	6	caretup	"^"	triangle_up	"2"	tri_up
3	tickdown	7	caretdown	"v"	triangle_down	"1"	tri_down
"None"	nothing	None	default	" "	nothing	""	nothing

```
In[5]    xs, ys = np.mgrid[:4, 9:0:-1]
         markers = [".", "+", ",", "x", "o", "D", "d", "", "8", "s",
         "p", "*", "|", "_", "h", "H", 0, 4, "<", "3",
                   1, 5, ">", "4", 2, 6, "^", "2", 3, 7, "v", "1",
         "None", None, " ", ""]
         descripts = ["point", "plus", "pixel", "cross", "circle",
         "diamond", "thin diamond", "",
                   "octagon", "square", "pentagon", "star",
         "vertical bar", "horizontal bar", "hexagon 1", "hexagon 2",
                   "tick left", "caret left", "triangle left",
         "tri left", "tick right", "caret right", "triangle right",
         "tri right",
                   "tick up", "caret up", "triangle up", "tri
         up", "tick down", "caret down", "triangle down", "tri
         down",
                   "Nothing", "default", "Nothing", "Nothing"]
         fig, ax = plt.subplots(1, 1, figsize=(7.5, 4))
         for x, y, m, d in zip(xs.T.flat, ys.T.flat, markers,
         descripts):
```

| | ```
    ax.scatter(x, y, marker=m, s=100)
    ax.text(x + 0.1, y - 0.1, d, size=14)
ax.set_axis_off()
plt.show()
``` |
| Out[5] | 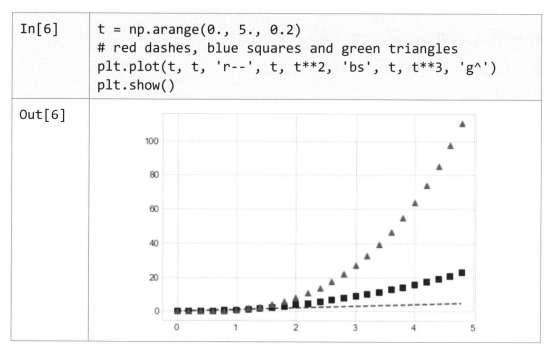 |

繪圖屬性

可以修改許多屬性以製作繪圖，使線條和標記適合需要。對於[plt.plot()]，可以在單個字串中混合顏色，線條樣式和標記的規範。

| In[6] | ```
t = np.arange(0., 5., 0.2)
# red dashes, blue squares and green triangles
plt.plot(t, t, 'r--', t, t**2, 'bs', t, t**3, 'g^')
plt.show()
``` |
| Out[6] | |

4-1-3　標籤樣式

如下範例所示：

▶▶ 範例程式 **E4-1-3-1.ipynb**

標籤

```
In[1]    import numpy as np
         import matplotlib as mpl
         import matplotlib.pyplot as plt

         %matplotlib inline
```

legend()函數被用來添加圖像的標籤，其主要相關的屬性有：

- legend entry - 一個 legend 包含一個或多個 entry，一個 entry 對應一個 key 和 一個 label

- legend key - marker 的標記

- legend label - key 的說明

- legend handle - 一個 entry 在圖上對應的物件

使用 legend

呼叫 legend()會自動獲取當前 Axes 物件，並且得到這些 handles 和 labels，相當於：

```
handles, labels = ax.get_legend_handles_labels()
ax.legend(handles, labels)
```

我們可以在函數中指定 handles 的參數：

```
In[2]    line_up, = plt.plot([1,2,3], label='Line 2')
         line_down, = plt.plot([3,2,1], label='Line 1')
         plt.legend(handles=[line_up, line_down])
         plt.show()
```

Out[2]	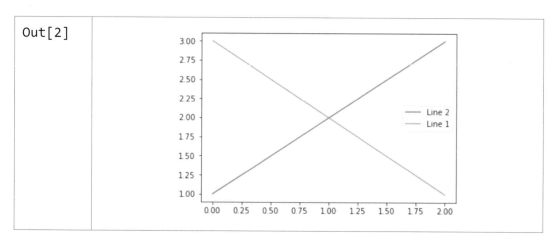

可以將 labels 作為參數輸入 legend 函數：

| In[3] | ```
line_up, = plt.plot([1,2,3])
line_down, = plt.plot([3,2,1])
plt.legend([line_up, line_down], ['Line Up', 'Line Down'])
plt.show()
``` |
| --- | --- |
| Out[3] | 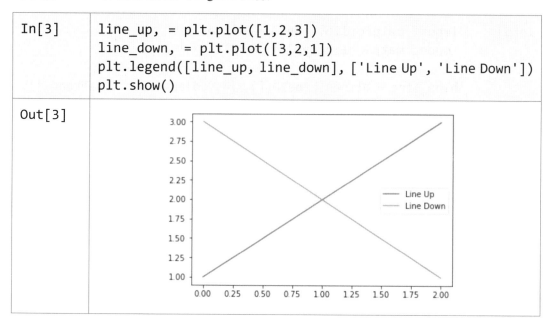 |

產生特殊形狀的 marker key

有時我們可以產生一些特殊形狀的 marker：

塊狀：

| In[4] | ```
import matplotlib.patches as mpatches

red_patch = mpatches.Patch(color='red', label='The red data')
plt.legend(handles=[red_patch])
plt.show()
``` |
| --- | --- |

Out[4]	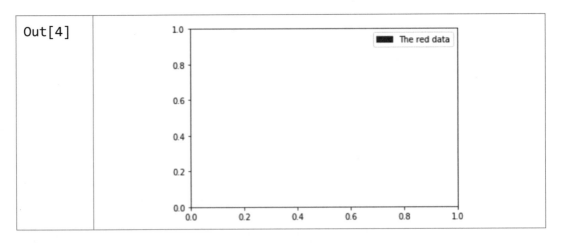

點線組合：

| In[5] | ```python
import matplotlib.lines as mlines
import matplotlib.pyplot as plt

blue_line = mlines.Line2D([], [], color='blue', marker='*',
                          markersize=15, label='Blue stars')
plt.legend(handles=[blue_line])
plt.show()
``` |
|---|---|
| Out[5] | 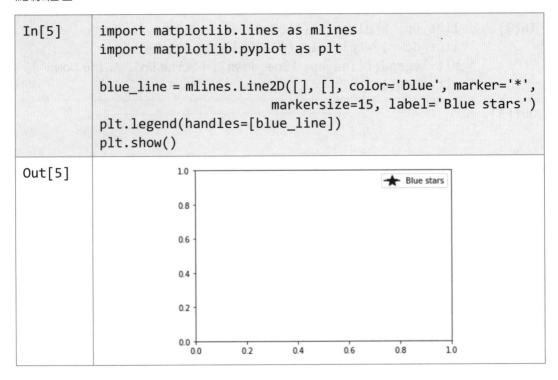 |

指定 legend 的位置

bbox_to_anchor 關鍵字可以指定 legend 放置的位置，例如放到圖像的右上角：

| In[6] | ```python
plt.plot([1,2,3], label="test1")
plt.plot([3,2,1], label="test2")
plt.legend(bbox_to_anchor=(1, 1),
           bbox_transform=plt.gcf().transFigure)

plt.show()
``` |
|---|---|

Out[6]	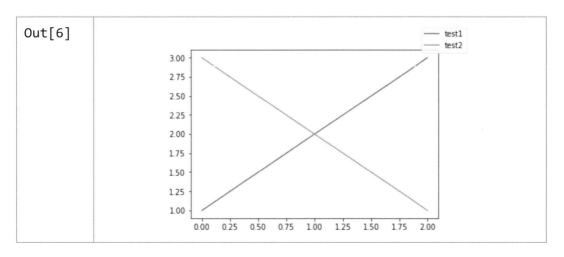

更複雜的用法：

| In[7] | ```
plt.subplot(211)
plt.plot([1,2,3], label="test1")
plt.plot([3,2,1], label="test2")
# Place a legend above this legend, expanding itself to
# fully use the given bounding box.
plt.legend(bbox_to_anchor=(0., 1.02, 1., .102), loc=3,
           ncol=2, mode="expand", borderaxespad=0.)

plt.subplot(223)
plt.plot([1,2,3], label="test1")
plt.plot([3,2,1], label="test2")
# Place a legend to the right of this smaller figure.
plt.legend(bbox_to_anchor=(1.05, 1), loc=2,
borderaxespad=0.)
plt.show()
``` |
|---|---|
| Out[7] | |
```

同一個 Axes 中的多個 legend

可以這樣添加多個 legend 於同一個 Axes：

| In[8] | ```python
line1, = plt.plot([1,2,3], label="Line 1", linestyle='--')
line2, = plt.plot([3,2,1], label="Line 2", linewidth=4)

# Create a legend for the first line.
first_legend = plt.legend(handles=[line1], loc=1)

# Add the legend manually to the current Axes.
ax = plt.gca().add_artist(first_legend)

# Create another legend for the second line.
plt.legend(handles=[line2], loc=4)

plt.show()
``` |
|-------|------|
| Out[8] | |

其中 loc 參數可以取「0-10」或者「字串」，表示放置的位置：

loc string	loc code
'best'	0
'upper right'	1
'upper left'	2
'lower left'	3
'lower right'	4
'right'	5

loc string	loc code
'center left'	6
'center right'	7
'lower center'	8
'upper center'	9
'center'	10
```

更多用法

多個 handle 可以通過括弧組合在一個 entry 中：

| In[9] | ```python
from numpy.random import randn
z = randn(10)
red_dot, = plt.plot(z, "ro", markersize=15)
# Put a white cross over some of the data.
white_cross, = plt.plot(z[:5], "w+", markeredgewidth=3,
markersize=15)
plt.legend([red_dot, (red_dot, white_cross)], ["Attr A",
"Attr A+B"])
plt.show()
``` |
|---|---|
| Out[9] | 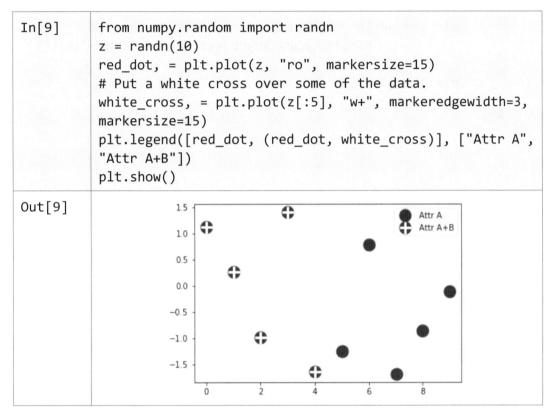 |

自定義 handle：

| In[10] | ```python
import matplotlib.pyplot as plt
import matplotlib.patches as mpatches

class AnyObject(object):
    pass

class AnyObjectHandler(object):
    def legend_artist(self, legend, orig_handle,
fontsize, handlebox):
        x0, y0 = handlebox.xdescent, handlebox.ydescent
        width, height = handlebox.width, handlebox.height
        patch = mpatches.Rectangle([x0, y0], width,
height, facecolor='red',
                                    edgecolor='black',
hatch='xx', lw=3,
``` |
|---|---|

| | ```
transform=handlebox.get_transform()
        handlebox.add_artist(patch)
        return patch

plt.legend([AnyObject()], ['My first handler'],
        handler_map={AnyObject: AnyObjectHandler()})

plt.show()
``` |
| Out[10] | 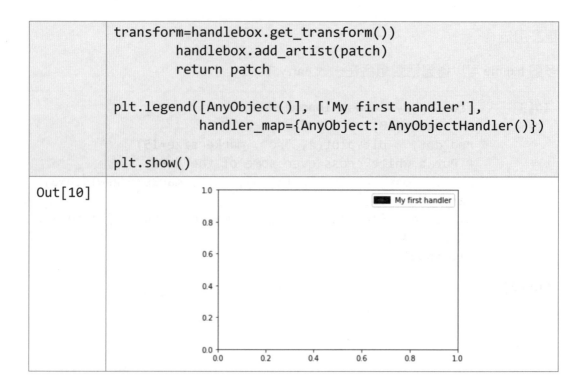 |

4-1-4　座標軸範圍，標籤與刻度

▶▶ 範例程式 **E4-1-4-1.ipynb**

| In[1] | ```
%matplotlib inline
import matplotlib.pyplot as plt
plt.style.use('seaborn-whitegrid')
import numpy as np
fig = plt.figure()
ax = plt.axes()
x = np.linspace(0, 10, 1000)
ax.plot(x, np.sin(x));
``` |
| Out[1] | 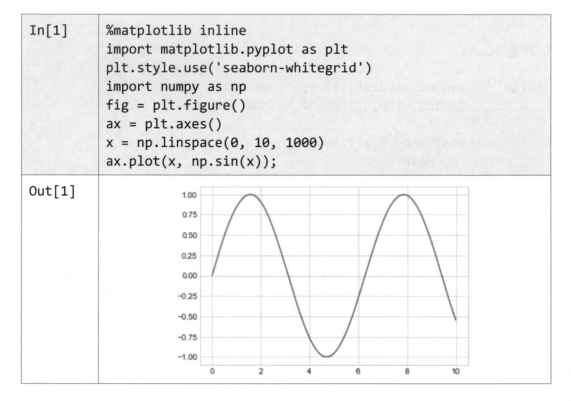 |

調整座標軸限制的最基本方法是使用 plt.xlim()和 plt.ylim()方法：

In[2]	```plt.plot(x, np.sin(x))```
	 ```plt.xlim(-1, 11)```
	 ```plt.ylim(-1.5, 1.5);```

Out[2]	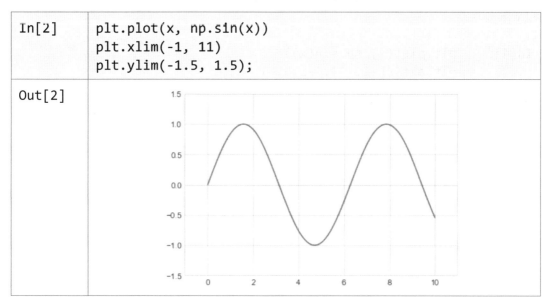

若要反向顯示任一軸，可以顛倒參數的順序：

In[3]	```plt.plot(x, np.sin(x))```
	 ```plt.xlim(10, 0)```
	 ```plt.ylim(1.2, -1.2);```

Out[3]	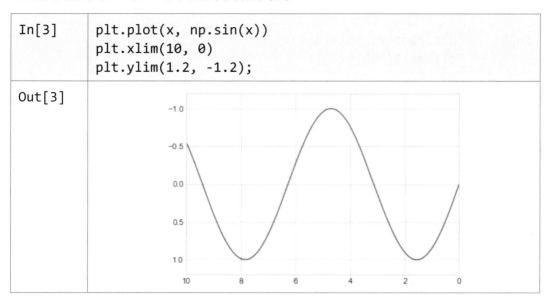

plt.axis()方法允許通過一個指定[xmin,xmax,ymin,ymax]的串列一次呼叫來設置 x 和 y 限制：

In[4]	plt.plot(x, np.sin(x)) plt.axis([-1, 11, -1.5, 1.5]);
Out[4]	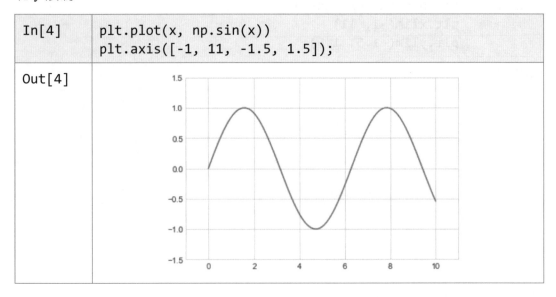

plt.axis()方法甚至允許自動收緊當前圖周圍的界限：

In[5]	plt.plot(x, np.sin(x)) plt.axis('tight');
Out[5]	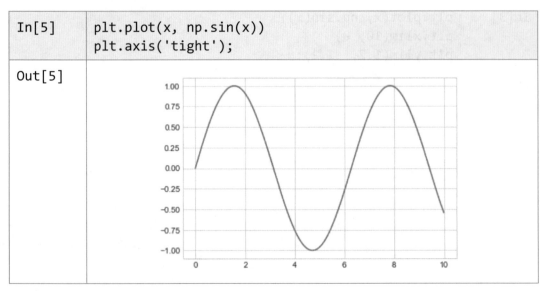

也可以確保相等的寬高比，以便在螢幕上，「x」中的一個單位等於「y」中的一個單位：

In[6]	```
	plt.plot(x, np.sin(x))
	plt.axis('equal');
	``

Out[6]	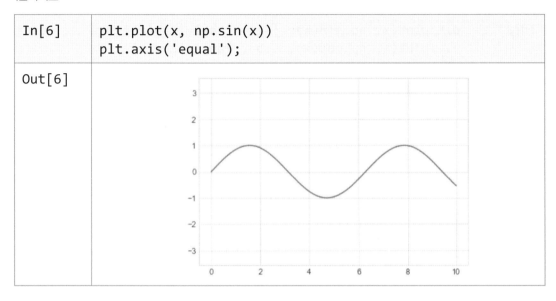

圖的標記

圖表的標籤：標題、軸標籤和簡單圖例。

標題和軸標籤是最簡單的標籤 - 有一些方法可用於快速設置它們：

In[7]	```
	plt.plot(x, np.sin(x))
	plt.title("A Sine Curve")
	plt.xlabel("x")
	plt.ylabel("sin(x)");
	``

Out[7]	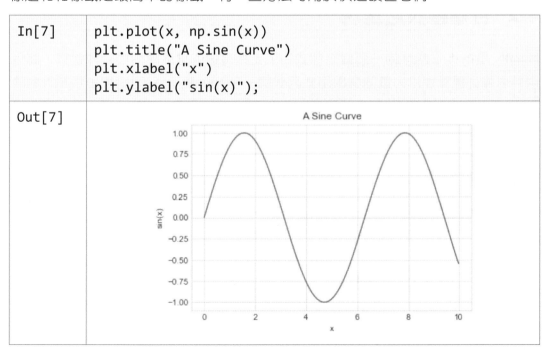

可以使用函數的可選參數調整這些標籤的位置、大小和樣式。例如，使用 plot 函數的 label 關鍵字指定每行的標籤：

In[8]	`plt.plot(x, np.sin(x), '-g', label='sin(x)')`
	`plt.plot(x, np.cos(x), ':b', label='cos(x)')`
	`plt.axis('equal')`
	`plt.legend();`

Out[8]	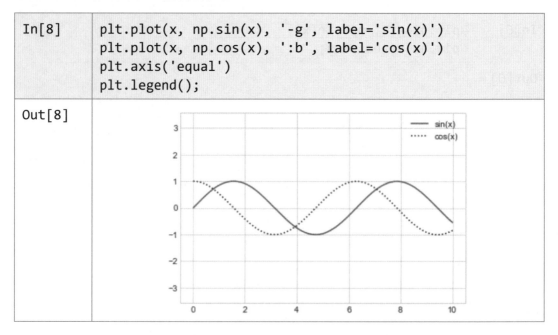

plt.legend()函數跟蹤線條樣式和顏色，並將它們與正確的標籤相匹配。

4-2 各種圖表之呈現

NumPy 是Python 語言的一個擴充程式庫，支援高速的維度陣列與矩陣運算，此外也針對陣列運算提供大量的數學函式函式庫。在 NumPy 上只要能被表示為針對陣列或矩陣運算的演算法，其執行效率幾乎都可以與編譯過的等效C 語言程式碼一樣快。

4-2-1 折線圖

NumPy 的核心功能是「ndarray」（即 n-dimensional array，多維陣列）資料結構。這是一個表示多維度、同質並且固定大小的陣列物件。

▶▶ 範例程式 E4-2-1-1.ipynb

plot 函數繪製折線圖：

In[1]	`%matplotlib inline`

```
import numpy as np
import matplotlib.pyplot as plt

t = np.arange(0.0, 2.0, 0.01)
s = np.sin(2*np.pi*t)
plt.plot(t, s)

plt.xlabel('time (s)')
plt.ylabel('voltage (mV)')
plt.title('About as simple as it gets, folks')
plt.grid(True)
plt.show()
```

Out[1]

hist 函數繪製直方圖

語法：

```
matplotlib.pyplot.hist(x, bins=None, range=None, density=None,
weights=None, cumulative=False, bottom=None, histtype='bar',
align='mid', orientation='vertical', rwidth=None, log=False,
color=None, label=None, stacked=False, normed=None, hold=None,
data=None, **kwargs)
```

計算並繪製 x 的直方圖。如果輸入包含多個資料，則返回值是元組（n,bins,patches）或（[n0，n1，...],bin,[patches0，patches1，...]）。可以通過 x 提供多個資料作為可能不同長度的資料集列表（[x0，x1，...]），或者作為 2-D nararray，其中每列是資料集。

常用參數說明：

- bins：整數、序列或'auto'，可選。表示資料分格數。

- cumulative：布林值，可選。如果為 True，則計算直方圖，其中每個 bin 給出該 bin 中的計數加上較小值的所有 bin。最後一個 bin 給出了資料點的總數。預設值為 False。

- histtype：{'bar'，'barstacked'，'step'，'stepfilled'}，可選。是指要繪製的直方圖的類型。'bar'是傳統的條形直方圖。如果給出多個資料，則各條並排排列。'barstacked'是一種條形直方圖，其中多個資料堆疊在一起。'step'生成一個預設未填充的線圖。'stepfilled'生成一個預設填充的線圖。此參數預設為'bar'。

```python
In[2]    import numpy as np
         import matplotlib.mlab as mlab
         import matplotlib.pyplot as plt

         # example data
         mu = 100 # mean of distribution
         sigma = 15 # standard deviation of distribution
         x = mu + sigma * np.random.randn(10000)

         num_bins = 50
         # the histogram of the data
         n, bins, patches = plt.hist(x, num_bins, normed=1,
         facecolor='green', alpha=0.5)
         # add a 'best fit' line
         y = mlab.normpdf(bins, mu, sigma)
         plt.plot(bins, y, 'r--')
         plt.xlabel('Smarts')
         plt.ylabel('Probability')
         plt.title(r'Histogram of IQ: $\mu=100$, $\sigma=15$')

         # Tweak spacing to prevent clipping of ylabel
         plt.subplots_adjust(left=0.15)
         plt.show()
```

Out[2]

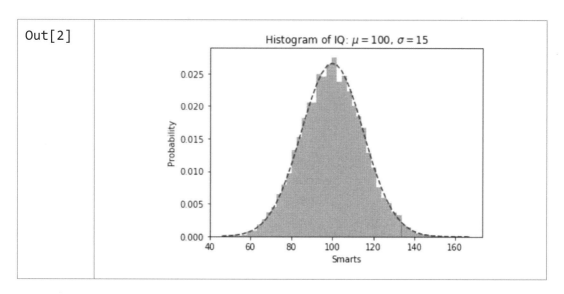

bar 函數繪製長條圖

語法：

```
bar(x, height, width, bottom, *, align='center')
```

其中 x 為長條圖的資料；height 為條形的高度；width 為條形的寬度（預設值：0.8），可選。bottom 為條形的 y 座標（預設值：0），是可選的參數。

Align 可選 {'center'，'edge'}，為條形對齊 x 座標；'center'為將基準置於 x 位置的中心位置。'edge'為將條形的左邊緣與 x 位置對齊。

In[3]
```
import numpy as np
import matplotlib.pyplot as plt


n_groups = 5

means_men = (20, 35, 30, 35, 27)
std_men = (2, 3, 4, 1, 2)

means_women = (25, 32, 34, 20, 25)
std_women = (3, 5, 2, 3, 3)

fig, ax = plt.subplots()

index = np.arange(n_groups)
bar_width = 0.35
```

```
opacity = 0.4
error_config = {'ecolor': '0.3'}

rects1 = plt.bar(index, means_men, bar_width,
                 alpha=opacity,
                 color='b',
                 yerr=std_men,
                 error_kw=error_config,
                 label='Men')

rects2 = plt.bar(index + bar_width, means_women,
bar_width,
                 alpha=opacity,
                 color='r',
                 yerr=std_women,
                 error_kw=error_config,
                 label='Women')

plt.xlabel('Group')
plt.ylabel('Scores')
plt.title('Scores by group and gender')
plt.xticks(index + bar_width, ('A', 'B', 'C', 'D', 'E'))
plt.legend()

plt.tight_layout()
plt.show()
```

Out[3]

pie 函數繪製圓形圖

語法：

```
matplotlib.pyplot.pie(x, explode=None, labels=None, colors=None,
autopct=None, pctdistance=0.6, shadow=False, labeldistance=1.1,
startangle=None, radius=None, counterclock=True, wedgeprops=None,
textprops=None, center=(0, 0), frame=False, rotatelabels=False,
hold=None, data=None)
```

製作陣列 x 的圓形圖。每個扇形的分數面積由 x / sum(x)給出。扇形是逆時針繪製的，預設情況下從 x 軸開始。常用參數：explode：預設值為 None，如果不是 None，則是 len(x)陣列，它指定用於偏移每個扇形的半徑的分數。

labels：預設值為 None，一系列字串，為每個楔形提供標籤。

colors：預設值 None，是一系列 matplotlib 顏色 args，圓形圖將通過它迴圈。如果為 None，將使用當前活動週期中的顏色。

| In[4] | ```
import matplotlib.pyplot as plt
# The slices will be ordered and plotted counter-clockwise.
labels = 'Frogs', 'Hogs', 'Dogs', 'Logs'
sizes = [15, 30, 45, 10]
colors = ['yellowgreen', 'gold', 'lightskyblue',
'lightcoral']
explode = (0, 0.1, 0, 0) # only "explode" the 2nd slice (i.e.
'Hogs')
plt.pie(sizes, explode=explode, labels=labels,
colors=colors,
        autopct='%1.1f%%', shadow=True, startangle=90)
# Set aspect ratio to be equal so that pie is drawn as a
circle.
plt.axis('equal')
plt.show()
``` |
|---|---|
| Out[4] | 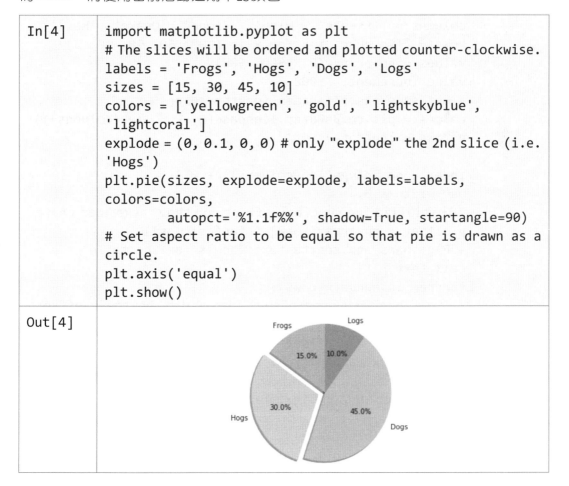 |
```

table 函數繪製圖中的表格

語法：

```
matplotlib.pyplot.table(cellText=None, cellColours=None,
cellLoc='right', colWidths=None, rowLabels=None, rowColours=None,
rowLoc='left', colLabels=None, colColours=None, colLoc='center',
loc='bottom', bbox=None)
```

返回一個 matplotlib.table.Table 實例。必須提供 cellText 或 cellColours。要對表進行更精細的控制，請使用 Table 類別並使用 add_table()將其添加到軸。

```
In[5]    import numpy as np
         import matplotlib.pyplot as plt
         data = [[ 66386, 174296,  75131, 577908,  32015],
                 [ 58230, 381139,  78045,  99308, 160454],
                 [ 89135,  80552, 152558, 497981, 603535],
                 [ 78415,  81858, 150656, 193263,  69638],
                 [139361, 331509, 343164, 781380,  52269]]
         columns = ('Freeze', 'Wind', 'Flood', 'Quake', 'Hail')
         rows = ['%d year' % x for x in (100, 50, 20, 10, 5)]
         values = np.arange(0, 2500, 500)
         value_increment = 1000
         # Get some pastel shades for the colors
         colors = plt.cm.BuPu(np.linspace(0, 0.5, len(columns)))
         n_rows = len(data)

         index = np.arange(len(columns)) + 0.3
         bar_width = 0.4
         # Initialize the vertical-offset for the stacked bar chart.
         y_offset = np.array([0.0] * len(columns))
         # Plot bars and create text labels for the table
         cell_text = []
         for row in range(n_rows):
             plt.bar(index, data[row], bar_width, bottom=y_offset,
         color=colors[row])
             y_offset = y_offset + data[row]
             cell_text.append(['%1.1f' % (x/1000.0) for x in
         y_offset])
         # Reverse colors and text labels to display the last value
         at the top.
         colors = colors[::-1]
         cell_text.reverse()
```

```
# Add a table at the bottom of the axes
the_table = plt.table(cellText=cell_text,
                      rowLabels=rows,
                      rowColours=colors,
                      colLabels=columns,
                      loc='bottom')
# Adjust layout to make room for the table:
plt.subplots_adjust(left=0.2, bottom=0)

plt.ylabel("Loss in ${0}'s".format(value_increment))
plt.yticks(values * value_increment, ['%d' % val for val
in values])
plt.xticks([])
plt.title('Loss by Disaster')
plt.show()
```

Out[5]

Loss by Disaster

	Freeze	Wind	Flood	Quake	Hail
100 year	431.5	1049.4	799.6	2149.8	917.9
50 year	292.2	717.8	456.4	1368.5	865.6
20 year	213.8	636.0	305.7	1175.2	796.0
10 year	124.6	555.4	153.2	677.2	192.5
5 year	66.4	174.3	75.1	577.9	32.0

scatter 函數繪製散佈圖

語法：

```
matplotlib.pyplot.scatter(x, y, s=None, c=None, marker=None,
cmap=None, norm=None, vmin=None, vmax=None, alpha=None,
linewidths=None, verts=None, edgecolors=None, hold=None,
data=None)
```

s：標記大小以點為單位，預設值為 rcParams['lines.markersize']。

c：標記顏色。

marker：標記樣式。marker 可以是類別的實例，也可以是特定標記的文本縮寫。

4-2-2　散佈圖

▶▶ 範例程式 E4-2-2-1.ipynb

散佈圖是折線圖的近親。其中的點，用點、圓或其他形狀單獨表示，而不是由線段連接。首先，導入我們將使用的套件：

In[1]	%matplotlib inline import matplotlib.pyplot as plt plt.style.use('seaborn-whitegrid') import numpy as np

使用 plt.plot 產生散佈圖

In[2]	x = np.linspace(0, 10, 30) y = np.sin(x) plt.plot(x, y, 'o', color='black');
Out[2]	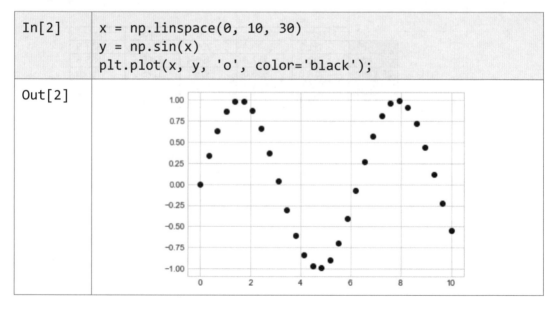

函式呼叫中的第三個參數是一個字元，表示用於繪圖的符號類型。可以指定下列選項，例如' - '，用來控制線型，標記樣式有自己的一組短字串代碼。在這裡展示一些常見的：

| In[3] | ```rng = np.random.RandomState(0)
for marker in ['o', '.', ',', 'x', '+', 'v', '^', '<', '>', 's', 'd']:
    plt.plot(rng.rand(5), rng.rand(5), marker,
             label="marker='{0}'".format(marker))
plt.legend(numpoints=1)
plt.xlim(0, 1.8);``` |
|---|---|
| Out[3] | 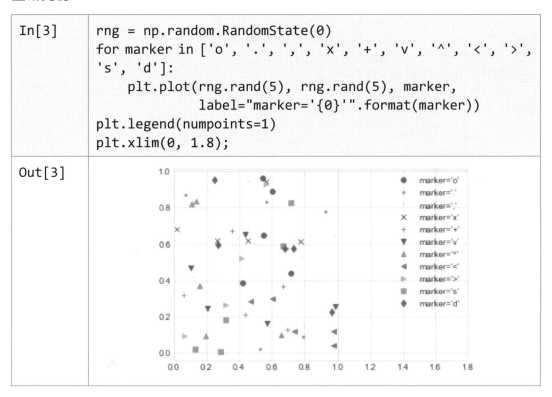 |

這些字元代碼可以與線和顏色代碼一起使用，以繪製點及連接它們的線：

In[4]	```plt.plot(x, y, '-ok');```
Out[4]	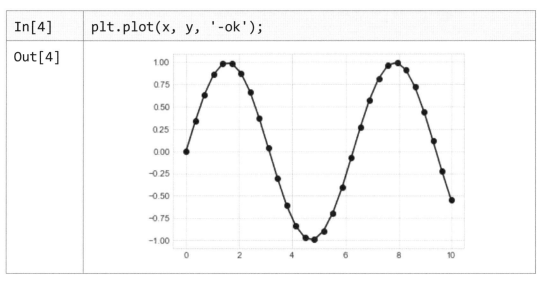

plt.plot 的附加關鍵字參數指定了行和標記的各種屬性：

In[5]	```plt.plot(x, y, '-p', color='gray',```
	 ``` markersize=15, linewidth=4,```
	 ``` markerfacecolor='white',```
	 ``` markeredgecolor='gray',```
	 ``` markeredgewidth=2)```
	 ```plt.ylim(-1.2, 1.2);```

Out[5]	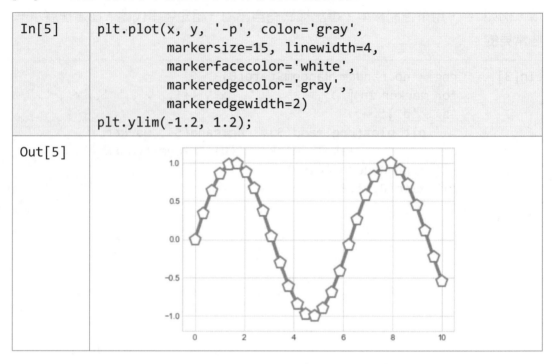

散佈圖 plt.scatter

第二種更強大的創建散佈圖的方法是 plt.scatter 函數，它可以與 plt.plot 函數非常相似地使用：

In[6]	```plt.scatter(x, y, marker='o');```
Out[6]	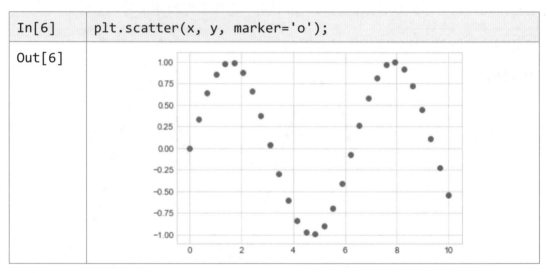

plt.scatter 與 plt.plot 的主要區別在於它可用於創建散佈圖，其中每個單獨的點（大小、面顏色、邊緣顏色等）的屬性可以是單獨控制或映射到資料。可通過創建一個

包含多種顏色和大小的點之隨機散佈圖來顯示這一點。重疊結果中使用 alpha 關鍵字來調整透明度級別:

| In[7] | ```python
rng = np.random.RandomState(0)
x = rng.randn(100)
y = rng.randn(100)
colors = rng.rand(100)
sizes = 1000 * rng.rand(100)

plt.scatter(x, y, c=colors, s=sizes, alpha=0.3,
            cmap='viridis')
plt.colorbar();  # show color scale
``` |
|---|---|
| Out[7] | 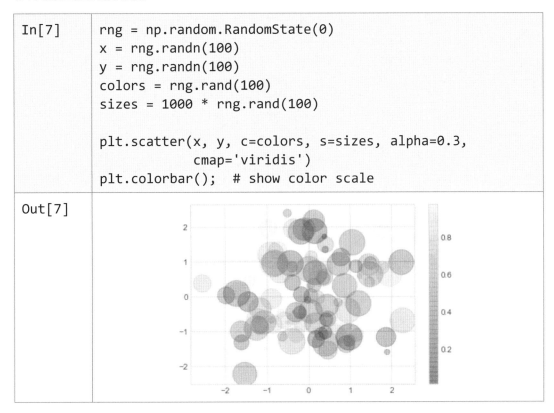 |

顏色參數自動映射到顏色標度 (此處由 colorbar()命令顯示) ,size 參數以圖元為單位。通過這種方式,點的顏色和大小可用於在視覺化中傳達資訊,以便視覺化多維資料。

例如,我們可能會使用來自 Scikit-Learn 的 Iris 資料,其中每個樣本是三種類型的花朵中的一種,其花瓣和萼片的大小經過仔細測量:

| In[8] | ```python
from sklearn.datasets import load_iris
iris = load_iris()
features = iris.data.T

plt.scatter(features[0], features[1], alpha=0.2,
            s=100*features[3], c=iris.target,
cmap='viridis')
plt.xlabel(iris.feature_names[0])
plt.ylabel(iris.feature_names[1]);
``` |
|---|---|

| Out[8] | 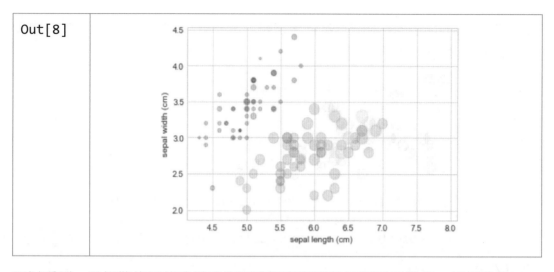 |

可以看到，這個散佈圖使我們能夠同時探索資料的四個不同維度：每個點的(x,y)位置對應於萼片的長度和寬度，該點的大小與花瓣寬度有關，並且顏色與花的特定種類有關。像這樣的多色和多特徵散佈圖，對於資料的探索和呈現，都是有用的。

plot 對 scatter 請注意效率上的差異

對於少量資料而言並不重要，但當資料集大於幾千個點，plt.plot 可能比 plt.scatter 明顯更有效。原因是 plt.scatter 能夠為每個點渲染不同的大小和顏色，因此渲染器必須額外單獨構建每個點。另一方面，在 plt.plot 中，點基本上是彼此複製，因此，確定點的外觀的工作僅在整個資料集進行一次。

▶▶ 範例程式 E4-2-2-2.py

```python
1   import matplotlib.pyplot as plt
2   import numpy as np
3   import matplotlib
4   np.random.seed(20180731)
5   x = np.arange(0.0, 50.0, 2.0)
6   y = x ** 1.3 + np.random.rand(*x.shape) * 30.0
7   s = np.random.rand(*x.shape) * 800 + 500
8   plt.scatter(x, y, s, c="g", alpha=0.5, marker=r'$\clubsuit$',
                label="Luck")
9   plt.xlabel("Leprechauns")
10  plt.ylabel("Gold")
11  plt.legend(loc=2)
12  plt.show()
```

▶▶ 範例程式說明

- 1-3 行 import 所需套件。

- 4 行運用 numpy 的 random.seed 方法重設隨機數起始種子值。

- 5 行運用 numpy 的 arange 方法取得相等間隔資料串列。

- 6 行運用 numpy 的 random.rand 方法產生 y 亂數值。

- 7 行運用 numpy 的 random.rand 方法產生 s 亂數值。

- 8 行運用 matplotlib.pyplot 的 scatter 方法繪製散佈圖,以 alpha 屬性指定透明度,marker 屬性指定圖標,label 屬性指定整個圖的標記。

- 9-11 行以 xlabel、ylabel、legend 分別設置 x 軸標記、y 軸標記、圖例。

- 12 行要求顯示圖形。

▶▶ 輸出結果

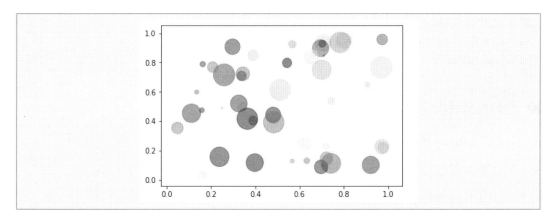

4-2-3 長條圖

▶▶ 範例程式 **E4-2-3-1.py**

```
1    from matplotlib import pyplot as plt
2    import numpy as np
3    scores = [84, 83, 23, 63, 45, 43, 72, 65, 60, 73,
         34, 26, 59, 20, 31, 63, 45, 79, 98, 35,
         61, 76, 20, 90, 30, 45, 44, 92, 53, 93,
         67, 33, 38, 24, 45, 46, 39, 49, 56, 75,
         47, 72, 60, 40, 91, 69, 96, 49, 25, 35,
         64, 20, 43, 65, 72, 78, 28, 53, 31, 100,
         41, 65, 35, 51, 40, 37, 79, 69, 54, 49]
```

```
4    range_count = [0] * 5
5    for score in scores:
6        if score < 20:
7            range_count[0] += 1
8        elif score < 40:
9            range_count[1] += 1
10       elif score < 60:
11           range_count[2] += 1
12       elif score < 80:
13           range_count[3] += 1
14       else:
15           range_count[4] += 1
16   index = np.arange(0, 25, 5)
17   labels = ['0~19', '20~39', '40~59', '60~79', '80~100']
18   plt.bar(index, range_count, width=2)
19   plt.xlabel('Range', fontsize=14)
20   plt.ylabel('Quantity', fontsize=14)
21   plt.xticks(index, labels)
22   plt.yticks(index)
23   plt.title('Score ranges count', fontsize=20)
24   plt.show()
```

▶▶ 範例程式說明

- 1-2 行 import 所需套件。

- 3 行輸入學生分數。

- 4 行以 0 初始化計數串列，其中

  #range_count[0]: range0~19

  #range_count[1]: range20~39

  #range_count[2]: range40~59

  #range_count[3]: range60~79

  #range_count[4]: range80~100

- 5-15 行為計數過程。

- 16-17 行設定 y 軸標籤、x 軸標籤內容。

- 18 行畫出直條圖。

- 19 行設定 x 軸標記名稱。

- 20 行設定 y 軸標記名稱。

- 21 行設定 x 軸標籤。

- 22 行設定 y 軸標籤。

- 23 行設定圖名稱。

- 24 行要求顯示圖。

▶▶ 輸出結果

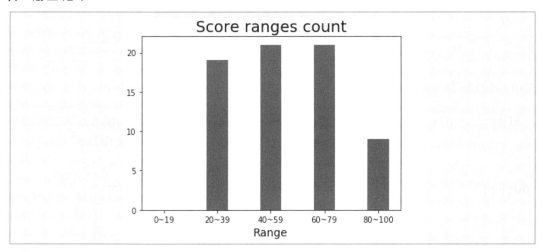

4-2-4 直方圖

▶▶ 範例程式 **E4-2-4-1.ipynb**

直方圖(Histogram)

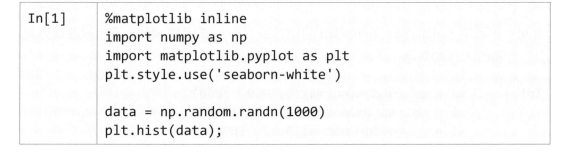

```
In[1]    %matplotlib inline
         import numpy as np
         import matplotlib.pyplot as plt
         plt.style.use('seaborn-white')


         data = np.random.randn(1000)
         plt.hist(data);
```

| Out[1] | 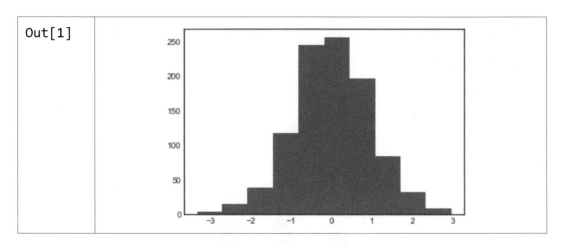 |

hist()函數有很多選項來調整計算和顯示，提供更自訂化的例子如下：

| In[2] | ```python
plt.hist(data, bins=30, normed=True, alpha=0.5,
         histtype='stepfilled', color='steelblue',
         edgecolor='none');
``` |
| Out[2] | 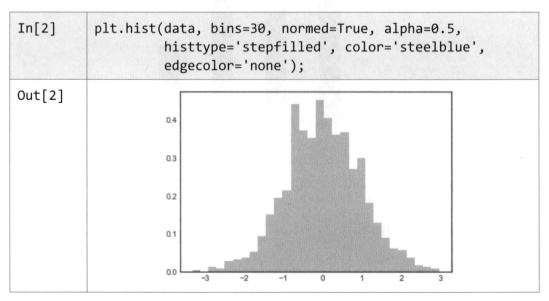 |

plt.hist 選項中，histtype ='stepfilled'的組合以及一些透明度 alpha 在比較幾種分佈的直方圖時，非常有用：

| In[3] | ```python
x1 = np.random.normal(0, 0.8, 1000)
x2 = np.random.normal(-2, 1, 1000)
x3 = np.random.normal(3, 2, 1000)
kwargs = dict(histtype='stepfilled', alpha=0.3,
normed=True, bins=40)
plt.hist(x1, **kwargs)
plt.hist(x2, **kwargs)
plt.hist(x3, **kwargs);
``` |

Out[3]	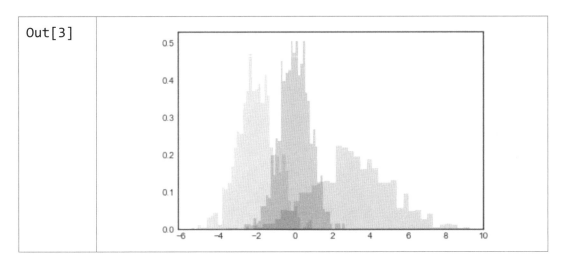

In[4]	counts, bin_edges = np.histogram(data, bins=5) print(counts)
Out[4]	[19 157 501 281 42]

4-2-5　圓形圖

▶▶ 範例程式 **E4-2-5-1.py**

```
1  import matplotlib.pyplot as plt
2  labels = 'Frogs', 'Hog', 'Bog', 'Pog'
3  sizes = [20, 30, 40, 10]
4  colors = ['yellowgreen', 'gold', 'lightskyblue', 'lightcoral']
5  explode = (0, 0, 0.1, 0)
6  plt.pie(sizes, explode=explode, labels=labels, colors=colors)
7  plt.axis('equal')
8  plt.show()
```

▶▶ 範例程式說明

- 1 行匯入 matplotlib.pyplot 套件。

- 2 行輸入標籤資料。

- 3 行輸入圓形圖中各扇形大小，每個扇形的分數面積由 x/sum(x)給出。扇形是逆時針繪製的，預設情況下從 x 軸開始。

- 4 行輸入圓形圖中各扇形顏色。

- 5 行指定用於偏移每個扇形的半徑的分數。

- 6 行繪製圓形圖。

- 7 行設定座標軸尺度相等，所繪出的圓形圖會是正圓。

- 8 行要求顯示圖形。

▶▶ 輸出結果

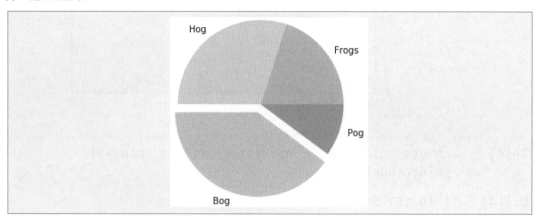

▶▶ 範例程式 E4-2-5-2.py

```
1   import matplotlib.pyplot as plt
2   from matplotlib.gridspec import GridSpec
3   labels = 'Frogs', 'Hogs', 'Dogs', 'Logs'
4   fracs = [15, 35, 40, 10]
5   explode = (0, 0.15, 0, 0)
6   the_grid = GridSpec(2, 2)
7   plt.subplot(the_grid[0, 0], aspect=1)
8   plt.pie(fracs, labels=labels, autopct='%1.1f%%', shadow=True)
9   plt.subplot(the_grid[0, 1], aspect=1)
10  plt.pie(fracs, explode=explode, labels=labels, autopct='%.0f%%',
    shadow=True)
11  plt.subplot(the_grid[1, 0], aspect=1)
12  patches, texts, autotexts = plt.pie(fracs, labels=labels,
                                        autopct='%.0f%%',
                                        shadow=True, radius=0.5)
13  for t in texts:
14      t.set_size('smaller')
15  for t in autotexts:
16      t.set_size('x-small')
17  autotexts[0].set_color('y')
18  plt.subplot(the_grid[1, 1], aspect=1)
19  patches, texts, autotexts = plt.pie(fracs, explode=explode,
                                        labels=labels, autopct='%.0f%%',
```

```
                                        shadow=False, radius=0.5)
20  for t in texts:
21      t.set_size('smaller')
22  for t in autotexts:
23      t.set_size('x-small')
24  autotexts[0].set_color('y')
25  plt.show()
```

▶▶ 範例程式說明

- 1-2 行匯入所需繪圖套件。

- 3 行輸入標籤資料。

- 4 行輸入圓形圖中各扇形大小，每個扇形的分數面積由 x/sum(x)給出。扇形是逆時針繪製的，預設情況下從 x 軸開始。

- 5 行指定用於偏移每個扇形的半徑的分數。

- 6 行設定圖形與軸為等長的方形。

- 7-8 行設定置於左上角的子圖，繪製第一個圓形圖。

- 9-10 行設定置於右上角的子圖，繪製第二個圓形圖。

- 11-12 行設定置於左下角的子圖，繪製第三個圓形圖。

- 13-17 行設定左下角小圖的圖標記，以便閱讀。

- 18-19 行設定置於右下角的子圖，繪製第四個圓形圖。（關閉此一小圖偏移扇形的陰影）

- 20-24 行設定右下角小圖的圖標記，以便閱讀。

- 25 行要求顯示圖形。

▶▶ 輸出結果

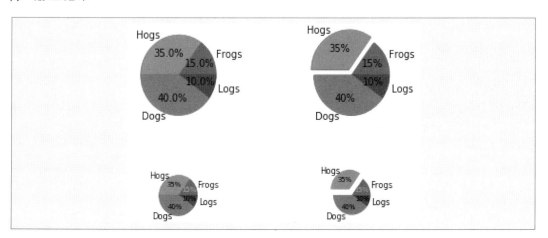

4-3 圖表繪製其他技巧

4-3-1 多圖表繪製

▶▶ 範例程式 **E4-3-1-1.ipynb**

多個子圖

子圖功能用來並排比較不同的資料圖，以提高說明力。Matplotlib 子圖有四種方式可以在單個圖中一起存在的較小軸組子圖，這些子圖可能是插圖，圖形網格或其他更複雜的佈局。

```
In[1]    %matplotlib inline
         import matplotlib.pyplot as plt
         plt.style.use('seaborn-white')
         import numpy as np
```

plt.axes 手繪子圖

創建軸的最基本方法是使用 plt.axes 函數。預設情況下，這會創建一個填充整個圖形的標準軸物件。plt.axes 也有可選參數，它是圖形座標系中四個數字的串列。這些數字代表圖形座標系中的「左、底、寬、高」，其範圍從圖的左下角的 0 到圖的右上角的 1。

例如，我們可以通過將 x 和 y 位置設置為 0.65（也就是說，從寬度的 65% 和高度的 65% 開始，在另一個軸的右上角創建一個插入軸與圖）和 x 和 y 範圍為 0.2（即軸的大小是寬度的 20% 和圖的高度的 20%）：

```
In[2]    ax1 = plt.axes()  # standard axes
         ax2 = plt.axes([0.65, 0.65, 0.2, 0.2])
```

| Out[2] | 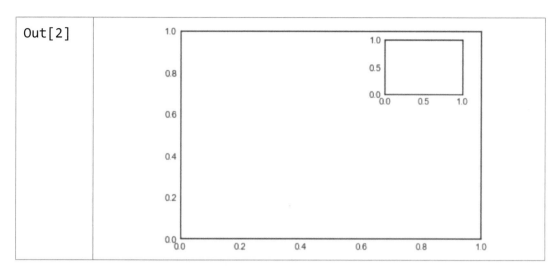 |

在物件導向的介面中，這個命令的等價指令是 fig.add_axes()。下面的例子，即以此創建兩個垂直堆疊的軸：

| In[3] | ```
fig = plt.figure()
ax1 = fig.add_axes([0.1, 0.5, 0.8, 0.4],
                   xticklabels=[], ylim=(-1.2, 1.2))
ax2 = fig.add_axes([0.1, 0.1, 0.8, 0.4],
                   ylim=(-1.2, 1.2))

x = np.linspace(0, 10)
ax1.plot(np.sin(x))
ax2.plot(np.cos(x));
``` |
| Out[3] | 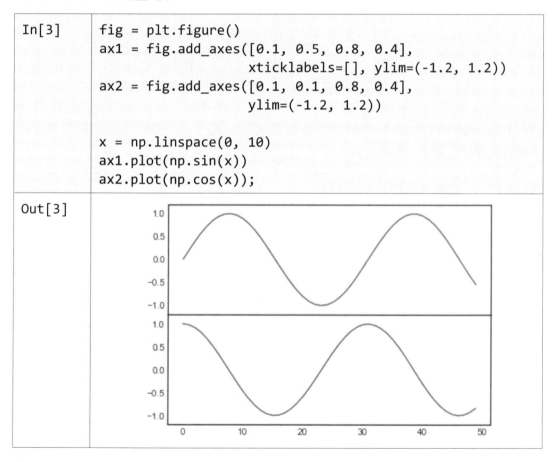 |
```

plt.subplot 子圖的簡單網格

這是對齊列或行的子圖，利用 plt.subplot()，在網格中創建一個子圖。採用三個整數參數，列數、行數和要在此創建的繪圖的索引，從左上角到右下角：

In[4]	```for i in range(1, 7):
	    plt.subplot(2, 3, i)
	    plt.text(0.5, 0.5, str((2, 3, i)),
	            fontsize=18, ha='center')```

Out[4]	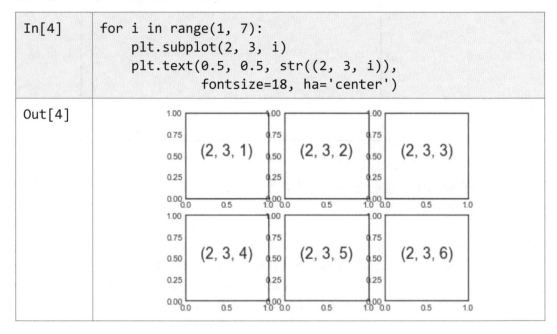

命令 plt.subplots_adjust 可用於調整這些圖之間的間距。下面的代碼使用等效的物件導向命令 fig.add_subplot()：

In[5]	```fig = plt.figure()
	fig.subplots_adjust(hspace=0.4, wspace=0.4)
	for i in range(1, 7):
	    ax = fig.add_subplot(2, 3, i)
	    ax.text(0.5, 0.5, str((2, 3, i)),
	            fontsize=18, ha='center')```

Out[5]	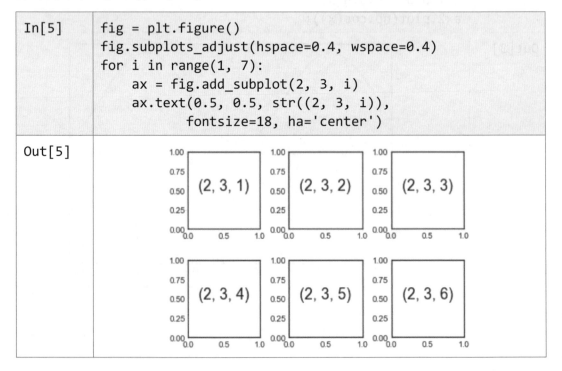

上面例子中也用了 plt.subplots_adjust 的 hspace 和 wspace 參數，它們以子圖大小為單位指定沿圖的高度和寬度的間距。如上圖，間距是了圖寬度和高度的 40%。

plt.subplots 整體網格一氣呵成

在創建大型子圖網格時，建議使用 plt.subplots()（注意 subplots 末尾的 s）。該函數不是創建單個子圖，而是在一行中創建完整的子圖網格，並將它們返回到 NumPy 陣列中。其參數是列數和行數，以及可選關鍵字 sharex 和 sharey，允許您設定不同軸之間的關係。

下面的例子創建子圖的網格，其中同一行中的所有軸共用其 y 軸刻度，並且同一列中的所有軸共用其 x 軸刻度：

In[6]	`fig, ax = plt.subplots(2, 3, sharex='col', sharey='row')`
Out[6]	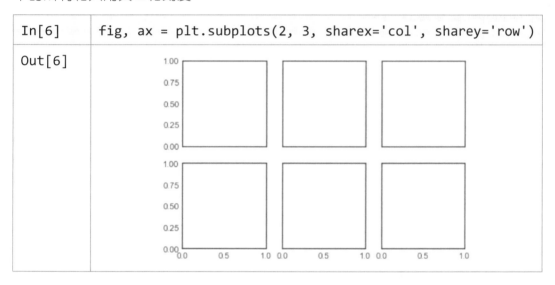

通過指定 sharex 和 sharey，可以自動刪除網格上的內部標籤，以使繪圖更清晰。生成的軸實例網格在 NumPy 陣列中返回，允許使用標準陣列索引標記法方便地指定所需的軸：

```
In[7]    # axes are in a two-dimensional array, indexed by [row, col]
         for i in range(2):
             for j in range(3):
                 ax[i, j].text(0.5, 0.5, str((i, j)),
                               fontsize=18, ha='center')
         fig
```

| Out[7] | 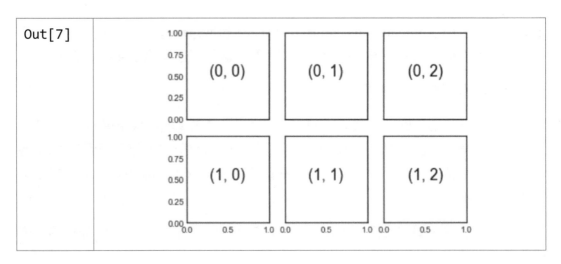 |

plt.GridSpec 更複雜的安排

要超越常規網格到跨越多行和列的子圖，可以使用 plt.GridSpec()。plt.GridSpec()
物件本身不會創建一個圖，它只是一個方便的介面，可通過 plt.subplot()命令識別。
例如，具有一些指定寬度和高度空間的兩行和三列網格的 gridspec 如下所示：

| In[8] | `grid = plt.GridSpec(2, 3, wspace=0.4, hspace=0.3)` |

從這裡我們可以使用 familiary Python 切片語法指定子圖位置和範圍：

| In[9] | ```
plt.subplot(grid[0, 0])
plt.subplot(grid[0, 1:])
plt.subplot(grid[1, :2])
plt.subplot(grid[1, 2]);
``` |
| Out[9] | 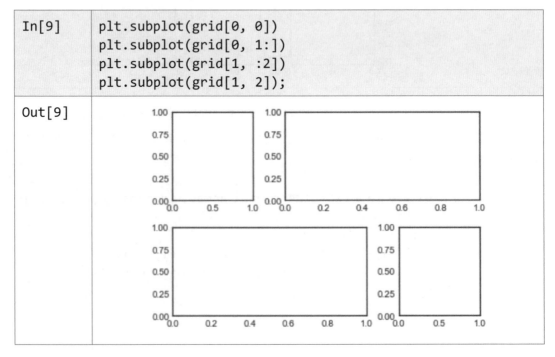 |
```

這種類型的柔性網格對齊具有廣泛用途，在創建多軸長條圖時使用，如下圖所示：

```
In[10]    # Create some normally distributed data
          mean = [0, 0]
          cov = [[1, 1], [1, 2]]
          x, y = np.random.multivariate_normal(mean, cov, 3000).T

          # Set up the axes with gridspec
          fig = plt.figure(figsize=(6, 6))
          grid = plt.GridSpec(4, 4, hspace=0.2, wspace=0.2)
          main_ax = fig.add_subplot(grid[:-1, 1:])
          y_hist = fig.add_subplot(grid[:-1, 0], xticklabels=[],
          sharey=main_ax)
          x_hist = fig.add_subplot(grid[-1, 1:], yticklabels=[],
          sharex=main_ax)

          # scatter points on the main axes
          main_ax.plot(x, y, 'ok', markersize=3, alpha=0.2)

          # histogram on the attached axes
          x_hist.hist(x, 40, histtype='stepfilled',
                      orientation='vertical', color='gray')
          x_hist.invert_yaxis()

          y_hist.hist(y, 40, histtype='stepfilled',
                      orientation='horizontal', color='gray')
          y_hist.invert_xaxis()
```

Out[10]

▶▶ 範例程式 **E4-3-1-2.py**

```
1   import matplotlib.pyplot as plt
2   labels = 'Frogs', 'Hog', 'Bog', 'Pog'
3   sizes = [20, 30, 40, 10]
4   colors = ['yellowgreen', 'gold', 'lightskyblue', 'lightcoral']
5   explode = (0, 0, 0.1, 0)
6   plt.subplot(1, 2, 1)
7   plt.bar(labels, sizes, color="red")
8   plt.subplot(1, 2, 2)
9   plt.pie(sizes, explode=explode, labels=labels, colors=colors)
10  plt.axis('equal')
11  plt.show()
```

▶▶ 範例程式說明

- 1 行匯入 matplotlib.pyplot 套件。
- 2 行輸入標籤資料。
- 3 行輸入圓形圖中各扇形大小，每個扇形的分數面積由 x/sum(x)給出。扇形是逆時針繪製的，預設情況下從 x 軸開始。
- 4 行輸入圓形圖中各扇形顏色。
- 5 行指定用於偏移每個扇形的半徑的分數。
- 6-7 行指定第一個子圖的位置，繪製長條圖。
- 8-9 行指定第二個子圖的位置，繪製圓形圖。
- 10 行設定座標軸尺度相等。
- 11 行要求顯示圖形。

▶▶ 輸出結果

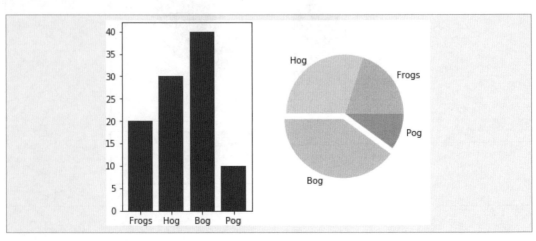

▶▶ 範例程式 **E4-3-1-3.py**

```
1   import numpy as np
2   import matplotlib.pyplot as plt
3   from matplotlib.ticker import NullFormatter  # useful for `logit` scale
4   np.random.seed(19680801)
5   y = np.random.normal(loc=0.5, scale=0.4, size=1000)
6   y = y[(y > 0) & (y < 1)]
7   y.sort()
8   x = np.arange(len(y))
9   plt.figure(1)
10  plt.subplot(221)
11  plt.plot(x, y)
12  plt.yscale('linear')
13  plt.title('linear')
14  plt.grid(True)
15  plt.subplot(222)
16  plt.plot(x, y)
17  plt.yscale('log')
18  plt.title('log')
19  plt.grid(True)
20  plt.subplot(223)
21  plt.plot(x, y - y.mean())
22  plt.yscale('symlog', linthreshy=0.01)
23  plt.title('symlog')
24  plt.grid(True)
25  plt.subplot(224)
26  plt.plot(x, y)
27  plt.yscale('logit')
28  plt.title('logit')
29  plt.grid(True)
30  plt.gca().yaxis.set_minor_formatter(NullFormatter())
31  plt.subplots_adjust(top=0.99, bottom=0.01, left=0.10, right=0.95,
    hspace=0.25,  wspace=0.35)
32  plt.show()
```

▶▶ 範例程式說明

- 1-3 行 import 所需套件。

- 4 行運用 numpy 的 random.seed 方法重設隨機數起始種子值。

- 5-7 行運用 numpy 的 random.normal 方法取得標準化的亂數資料串列，並將之排序後，存成 y 串列。

- 8 行運用 numpy 的 arange 方法取得相等間隔資料串列。

- 9 行設定 figure 物件。

- 10-14 行繪製第一個子圖，此為線性 scale 的長條圖。

- 15-19 行繪製第二個子圖，此為 log scale 的長條圖。

- 20-24 行繪製第三個子圖，此為 symmetric log scale 的長條圖。

- 25-29 行繪製第四個子圖，此為 logit scale 的長條圖。

- 30 行設定較小的 y 軸刻度標記。

- 31 行調整子圖的外觀使個子圖大小接近。

- 32 行要求顯示圖形。

▶▶ 輸出結果

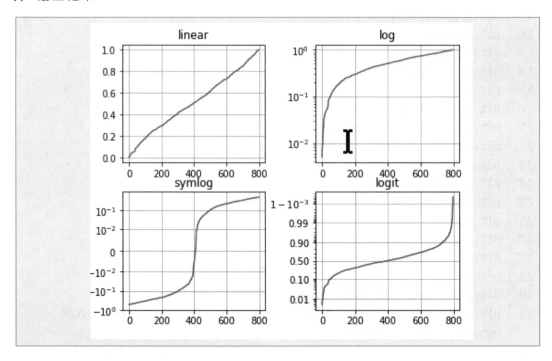

4-3-2　CSV 檔案繪製圖表

▶▶ 範例程式 **E4-3-2-1.py**

```
1    import csv
2    from datetime import datetime
3    from matplotlib import pyplot as plt
```

```
4   filename = 'death_valley_2014.csv'
5   with open(filename) as f:
6       reader = csv.reader(f)
7       header_row = next(reader)
8       dates, highs, lows = [], [], []
9       for row in reader:
10          try:
11              current_date = datetime.strptime(row[0], "%Y-%m-%d")
12              high = (int(row[1])-32)*5/9
13              low = (int(row[3])-32)*5/9
14          except ValueError:
15              print(current_date, 'missing data')
16          else:
17              dates.append(current_date)
18              highs.append(high)
19              lows.append(low)
20  fig = plt.figure(dpi=128, figsize=(10, 6))
21  plt.plot(dates, highs, c='red', alpha=0.5)
22  plt.plot(dates, lows, c='blue', alpha=0.5)
23  plt.fill_between(dates, highs, lows, facecolor='blue', alpha=0.1)
24  title = "Daily high and low temperatures - 2014\nDeath Valley, CA"
25  plt.title(title, fontsize=20)
26  plt.xlabel('', fontsize=16)
27  fig.autofmt_xdate()
28  plt.ylabel("Temperature (C)", fontsize=16)
29  plt.tick_params(axis='both', which='major', labelsize=16)
30  plt.show()
```

▶▶ 範例程式說明

- 1-3 行 import 所需套件。

- 4-19 行讀取'death_valley_2014.csv'，建立 dates、highs、slows 三個串列儲存 2014 美國死谷每天高低溫資料，並將之轉換為攝氏溫度。

- 20 行設定 figure 物件。

- 21 行繪製每日高溫折線圖。

- 22 行繪製每日低溫折線圖。

- 23 行在高、低溫折線間塗上顏色。

- 24-29 行設定相關圖形標記。

- 30 行要求顯示圖形。

▶▶ 輸出結果

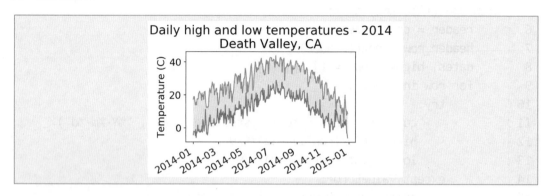

4-3-3　Numpy 模組應用

▶▶ 範例程式 **E4-3-3-1.py**

```
1   import matplotlib.pyplot as plt
2   import numpy as np
3   t = np.arange(0.01, 5.0, 0.01)
4   s = np.exp(-t)
5   plt.plot(t, s)
6   plt.xlim(5, 0)  # decreasing time
7   plt.xlabel('decreasing time (s)')
8   plt.ylabel('voltage (mV)')
9   plt.title('Should be growing...')
10  plt.grid(True)
11  plt.show()
```

▶▶ 範例程式說明

- 1-2 行 import 所需套件。

- 3 行運用 numpy 的 arange 方法取得間隔大小相同的一個串列，存為 t 物件。

- 4 行運用 numpy 的 exp 方法取得 t 串列物件對應的自然指數函數值，存為 s 物件。

- 5 行以 t 與 s 繪製折線圖。

- 6-8 行設定座標軸的限制與標記。

- 9 行設定整個圖的標題。

- 10 行要求顯示格線。

- 11 行要求顯示圖形。

▶▶ 輸出結果

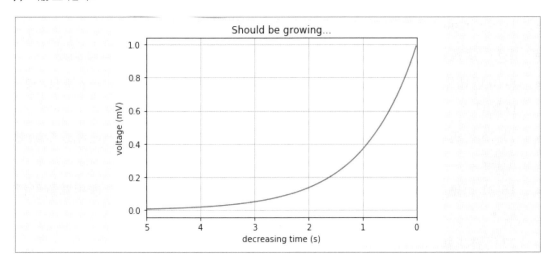

▶▶ 範例程式 **E4-3-3-2.py**

```
1    from matplotlib.font_manager import FontProperties
2    import matplotlib.pyplot as plt
3    import numpy as np
4    def f(t):
5        s1 = np.cos(2*np.pi*t)
6        e1 = np.exp(-t)
7        return s1 * e1
8    t1 = np.arange(0.0, 5.0, 0.1)
9    t2 = np.arange(0.0, 5.0, 0.02)
10   t3 = np.arange(0.0, 2.0, 0.01)
11   plt.subplot(121)
12   plt.plot(t1, f(t1), 'o', t2, f(t2), '-')
13   plt.title('subplot 1')
14   plt.ylabel('Damped oscillation')
15   plt.suptitle('This is a somewhat long figure title',
     fontsize=16)
16   plt.subplot(122)
17   plt.plot(t3, np.cos(2*np.pi*t3), '--')
18   plt.xlabel('time (s)')
19   plt.title('subplot 2')
20   plt.ylabel('Undamped')
21   plt.subplots_adjust(left=0.01, wspace=0.8, top=0.8)
22   plt.show()
```

▶▶ 範例程式說明

● 1-3 行 import 所需套件。

● 4-7 行定義函數 f，能對輸入值計算 cos 與 exp 函數值，將之相乘後回傳。

● 8-10 行運用 numpy 的 arange 方法取得間隔大小相同的三個串列，存為 t1、t2、t3 物件。

● 11-15 行繪製第一個子圖，以 t1、f(t1) 與 t2、f(t2) 繪製折線圖，並處理相關圖形標記。

● 16-21 行繪製第二個子圖，以 t3、2*np.pi*t3 繪製折線圖，並處理相關圖形標記。

● 22 行要求顯示圖形。

▶▶ 輸出結果

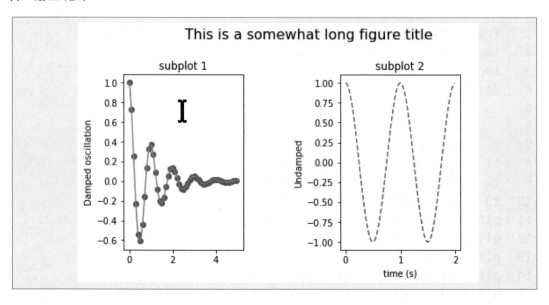

4-3-4　隨機數的應用

▶▶ 範例程式 **E4-3-4-1.py**

```
1   import numpy as np
2   import matplotlib.pyplot as plt
3   samples_1 = np.random.normal(loc=1, scale=.5, size=1000)
4   samples_2 = np.random.standard_t(df=10, size=1000)
5   bins = np.linspace(-3, 3, 50)
6   plt.hist(samples_1, bins=bins, alpha=0.5, label='samples 1')
7   plt.hist(samples_2, bins=bins, alpha=0.5, label='samples 2')
8   plt.legend(loc='upper left')
9   plt.show()
```

▶▶ 範例程式說明

- 1-2 行 import 所需套件。

- 3 行運用 numpy 的 random.normal 方法取得標準分配的函數值 1000 個，存為 samples_1 物件。

- 4 行運用 numpy 的 standard_t 方法取得標準 t 分配的函數值 1000 個，存為 samples_2 物件。

- 5 行運用 numpy 的 arange 方法取得間隔大小相同的串列，存為 bins 物件。

- 6-7 行針對 samples_1 與 samples_2 繪製兩個直方圖，並處理相關圖形標記。

- 8 行指定圖例位置。

- 9 行要求顯示圖形。

▶▶ 輸出結果

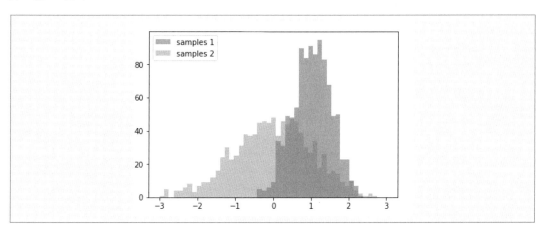

▶▶ 範例程式 **E4-3-4-2.py**

```
1   import numpy as np
2   import matplotlib.pyplot as plt
3   samples_1 = np.random.normal(loc=1, scale=.5, size=1000)
4   samples_2 = np.random.standard_t(df=10, size=1000)
5   bins = np.linspace(-3, 3, 50)
6   plt.scatter(samples_1, samples_2, alpha=0.2);
7   plt.show()
```

▶▶ 範例程式說明

- 1-2 行 import 所需套件。

- 3 行運用 numpy 的 random.normal 方法取得標準分配的函數值 1000 個,存為 samples_1 物件。

- 4 行運用 numpy 的 standard_t 方法取得標準 t 分配的函數值 1000 個,存為 samples_2 物件。

- 5 行運用 numpy 的 arange 方法取得間隔大小相同的串列,存為 bins 物件。

- 6 行針對 samples_1 與 samples_2 繪製兩個散佈圖。

- 7 行要求顯示圖形。

▶▶ 輸出結果

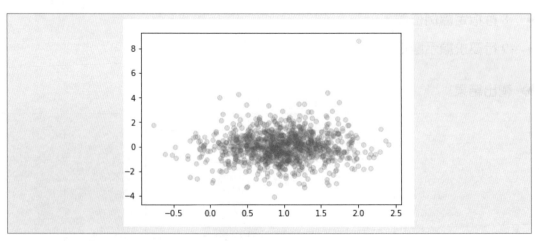

綜合範例

 綜合範例 1

請撰寫一程式，讀取"input.csv"（此為某果菜市場香蕉成交行情，主要有 2 個欄位：成交日期、成交平均價）。接著配合下列要求輸出折線圖：

A. 以成交日期為 X 軸，其圖標(label)為'date'。

B. 以成交平均價為 Y 軸，其圖標(label)為'NT$'。

C. Y 軸下限 10，上限 25。

D. 圖形標題為'Market Average Price'。

E. 顯示圖例(legend)為'banana'。

✓ 提示

> 需要 import csv 以讀取 csv 檔案；需要 import matplotlib 以輸出折線圖。

▶▶ 輸入與輸出樣本

輸入

> 讀取input.csv（此為某果菜市場香蕉成交行情，主要有2個欄位：成交日期、成交平均價）

輸出

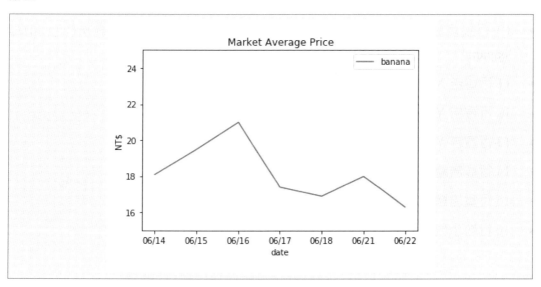

▶▶ 參考解答

```
1   import matplotlib.pyplot as plt
2   import csv
3   x = []
4   y = []
5   with open('input.csv','r',encoding = 'utf8') as csvfile:
6       plots = csv.reader(csvfile, delimiter=',')
7       for row in plots:
8           x.append(row[0])
9           y.append(float(row[1]))
10  plt.plot(x,y, label='banana')
11  plt.xlabel('date')
12  plt.ylabel('NT$')
13  plt.ylim([15, 25])
14  plt.title('Market Average Price')
15  plt.legend()
16  plt.show()
```

▶▶ 參考解答程式說明

- 1-2 行分別 import csv 以讀取 csv 檔案；import matplotlib 以輸出折線圖。

- 3-4 行起始 matplotlib 輸入資料串列。

- 5-9 行運用 csv 的 reader 方法讀取'input.csv'，設定為 plots 物件；接著對 plots 物件中的每一個 row，將 row[0]資料新增到 x 串列（成交日期）；row[1]資料（轉型為 float 型態）新增到 y 串列（成交平均價)。

- 10 行設定輸出折線圖，以 x 串列、y 串列為資料內容，顯示圖例(legend)為 'banana'。

- 11 行宣告 X 軸圖標(label)為'date'。

- 12 行宣告 Y 軸圖標(label)為' NT$'。

- 13 行宣告 Y 軸下限 10，上限 25。

- 14 行宣告圖形標題為'Market Average Price'。

- 15 行宣告顯示圖例。

- 16 行顯示輸出圖形。

 **綜合範例 2**

請撰寫程式，讀取'集保戶股權分散表 csv'(此為台灣集保公司集保戶股權分散表的資料，主要欄位：資料日期、證券代號、持股分級、人數、股數、佔集保庫存數比例%，持股分級的定義，說明如下：

1.第 1 級至第 15 級，係持股為 1:1-999 、2:1,000-5,000、3:5,001-10,000、4:10,001-15,000、5:15,001-20,000、6:20,001-30,000、7:30,001-40,000、8:40,001-50,000、9:50,001-100,000、10:100,001-200,000、11:200,001-400,000、12:400,001-600,000、13:600,001-800,000、14:800,001-1,000,000、15:1,000,001以上等 15 個級距。第 16 欄差異數調整。第 17 欄為合計欄。)，接著配合下列要求輸出長條圖：

A. 以持股分級為 X 軸（1-16 欄），其圖標(label)為'category'。
B. 找出證券代號 0050 資料，以其佔集保庫存數比例%為 Y 軸，其圖標(label)為'%'。
C. Y 軸下限 0，上限 100。
D. 圖形標題為'Settlement shareholding table'。
E. 顯示圖例(legend)為'0050'。

 提示

> 需要 import csv 以讀取 csv 檔案；需要 import matplotlib 以輸出長條圖。

▶▶ 輸入與輸出樣本

輸入：

```
讀取'集保戶股權分散表csv'（此為台灣集保公司集保戶股權分散表的資料，內容
如下：
料日期,證券代號,持股分級,人數,股數,佔集保庫存數比例%
20180622,0050,1,15897,3821737,0.45
20180622,0050,2,33908,64668313,7.72
20180622,0050,3,3611,28296918,3.37
20180622,0050,4,940,12101788,1.44
20180622,0050,5,585,10747613,1.28
20180622,0050,6,505,12947960,1.54
20180622,0050,7,201,7169748,0.85
20180622,0050,8,140,6448016,0.76
20180622,0050,9,234,16639220,1.98
```

```
20180622,0050,10,87,12309041,1.46
20180622,0050,11,49,14103616,1.68
20180622,0050,12,14,7071165,0.84
20180622,0050,13,4,2785000,0.33
20180622,0050,14,4,3715000,0.44
20180622,0050,15,55,634676865,75.78
20180622,0050,16,1,2000,0.00
20180622,0050,17,56234,837500000,100.00
20180622,0051,1,234,36476,0.40
20180622,0051,2,1384,2709542,30.10
20180622,0051,3,136,1084048,12.04
...下略
```

輸出

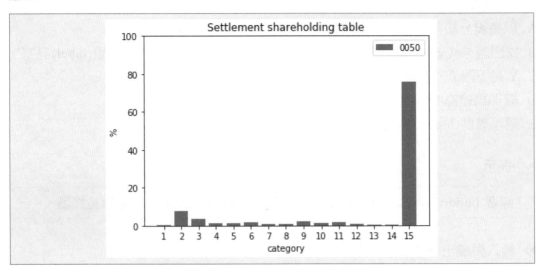

▶▶ 參考解答

```
1   import matplotlib.pyplot as plt
2   import csv
3   a = []
4   b = []
5   with open('集保戶股權分散表.csv','r',encoding = 'utf8') as
    csvfile:
6       plots = csv.reader(csvfile, delimiter=',')
7       for row in plots:
8           if row[1]=='0050' and int(row[2])<17:
9               a.append(row[2])
10              b.append(float(row[5]))
11  plt.bar(a,b,label='0050')
```

```
12   plt.xlabel('category')
13   plt.ylabel('%')
14   plt.ylim(0,100)
15   plt.title('Settlement shareholding table')
16   plt.legend()
17   plt.show()
```

▶▶ 參考解答程式說明

- 1-2 行分別 import csv 以讀取 csv 檔案；import matplotlib 以輸出長條圖。

- 3-4 行起始 matplotlib 輸入資料串列。

- 5-10 行運用 csv 的 reader 方法讀取'集保戶股權分散表.csv'，設定為 plots 物件；接著對 plots 物件中的每一個 row，選取證券代號（在 row[1]）為'0050'與持股分級為 1-16（在 row[2]），將 row[2]資料新增到 a 串列（持股分級）；row[5] 資料（轉型為 float 型態）新增到 b 串列（佔集保庫存數比例%）。

- 11 行設定輸出長條圖，以 a 串列、b 串列為資料內容，顯示圖例(legend)為'0050'。

- 12 行宣告 X 軸圖標(label)為'category'。

- 13 行宣告 Y 軸圖標(label)為'%'。

- 14 行宣告 Y 軸下限 0，上限 100。

- 15 行宣告圖形標題為'Settlement shareholding table'。

- 16 行宣告顯示圖例。

- 17 行顯示輸出圖形。

 **綜合範例 3**

請撰寫程式,根據所給資料,接著配合下列要求輸出圖形:

A. 完成左右兩個圖,左圖為長條圖(bar),右圖為圓餅圖(pie)。

B. 長條圖以 labels 為 X 軸,sizes 為 Y 軸,各長條顏色為藍色(blue)。

C. 圓餅圖以 labels 為圖標,sizes 為各項所占百分比。

D. 圓餅圖 colors 為各項顏色,長寬比為 1:1,並凸顯"Aug"。

E. 圓餅圖顯示各項百分比(格式需要顯示到小數點下 1 位)。

 提示

> 利用 matplotlib 的 subplot 功能繪製兩個子圖。

▶▶ 輸入與輸出樣本

輸入

```
labels = 'Jun', 'Jul', 'Aug', 'Sep'
sizes = [20, 30, 40, 10]
colors = ['yellowgreen', 'gold', 'lightskyblue', 'lightcoral']
explode = (0, 0, 0.1, 0)
```

輸出

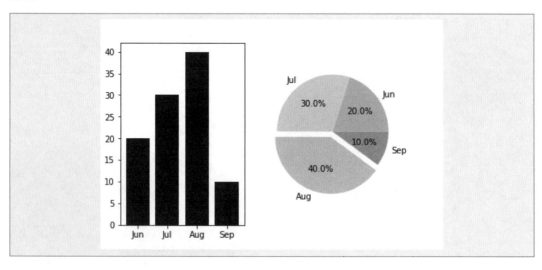

▶ 參考解答

```
1   import matplotlib.pyplot as plt
2   labels = 'Jun', 'Jul', 'Aug', 'Sep'
3   sizes = [20, 30, 40, 10]
4   colors = ['yellowgreen', 'gold', 'lightskyblue', 'lightcoral']
5   explode = (0, 0, 0.1, 0)
6   plt.subplot(1, 2, 1)
7   plt.bar(labels, sizes, color="blue")
8   plt.subplot(1, 2, 2)
9   plt.pie(sizes, explode=explode, labels=labels,
    colors=colors,autopct='%1.1f%%')
10  plt.axis('equal')
11  plt.show()
```

▶ 參考解答程式說明

- 1 行匯入 matplotlib.pyplot 套件。

- 2 行輸入標籤資料。

- 3 行輸入圓形圖中各扇形大小，每個扇形的分數面積由 x/sum(x)給出。扇形是逆時針繪製的，預設情況下從 x 軸開始。

- 4 行輸入圓形圖中各扇形顏色。

- 5 行指定用於偏移每個扇形的半徑的分數。

- 6-7 行指定第一個子圖的位置，繪製長條圖。

- 8-9 行指定第二個子圖的位置，繪製圓形圖。

- 10 行設定座標軸尺度相等。

- 11 行要求顯示圖形。

 綜合範例 4

請撰寫一程式,配合下列要求輸出圖形:

A. 運用 numpy 的 random.normal 方法取得標準分配的函數值 1000 個,存為 samples_1 物件。

B. 運用 numpy 的 standard_t 方法取得標準 t 分配的函數值 1000 個,存為 samples_2 物件。

C. 完成左右兩個圖,左圖為直方圖,右圖為散佈圖。

D. 直方圖以 samples_1,在-3 與 3 間相等間隔 50 個 bins,透明度設定為 0.5,標記為'samples 1'。

E. 散佈圖以 samples_1, samples_2 為 x 與 y 資料進行繪製,透明度設定為 0.1。

 提示

> 利用 matplotlib 的 subplot 功能繪製兩個子圖。

▶▶ 輸入與輸出樣本

輸入

> 亂數產生的**sample_1**與**sample_2**

輸出

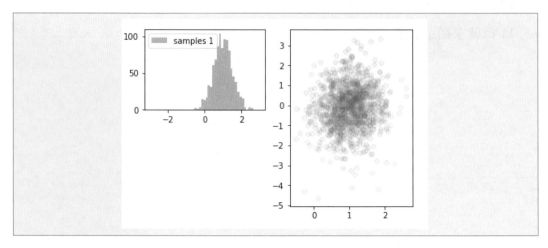

▶▶ 參考解答

```
1   import numpy as np
2   import matplotlib.pyplot as plt
3   samples_1 = np.random.normal(loc=1, scale=.5, size=1000)
4   samples_2 = np.random.standard_t(df=10, size=1000)
5   bins = np.linspace(-3, 3, 50)
6   plt.subplot(2, 2, 1)
7   plt.hist(samples_1, bins=bins, alpha=0.5, label='samples 1')
8   plt.legend(loc='upper left');
9   plt.subplot(1, 2, 2)
10  plt.scatter(samples_1, samples_2, alpha=0.1);
11  plt.show()
```

▶▶ 參考解答程式說明

- 1-2 行 import 所需套件。

- 3 行運用 numpy 的 random.normal 方法取得標準分配的函數值 1000 個，存為 samples_1 物件。

- 4 行運用 numpy 的 standard_t 方法取得標準 t 分配的函數值 1000 個，存為 samples_2 物件。

- 5 行運用 numpy 的 arange 方法取得間隔大小相同的串列，存為 bins 物件。

- 6-8 行針對 samples_1 繪製直方圖，並處理相關圖形標記。

- 9-10 行針對 samples_1 與 samples_2 繪製散佈圖。

- 11 行要求顯示圖形。

綜合範例 5

請撰寫程式,根據下列要求輸出圖形:

A. 利用 numpy.random 產生 2 組隨機數。第 1 組 sample1 請用正規(高斯)分配 (Normal (Gaussian) distribution),其平均值為 1、標準差 0.5、產生 1000 個值; 第 2 組 sample2 請用標準 T 分配(standard_t distribution),其自由度為 10、產生 1000 個值。

B. 完成左右兩個圖,左圖為直方圖(histogram),右圖為散佈圖(scatter)。

C. 直方圖請疊合 2 個 sample 產生的直方圖,兩圖均請在-3~+3 間均勻間隔分為 100 格。透明度(alpha)均為 0.5,sample1 的標記為 sample 1,,sample2 的標記為 sample 2。

D. 散佈圖以 sample1 作為 X 資料、sample2 作為 Y 資料,透明度設為 0.2。

✅ 提示

> 需要 import numpy 以處理隨機數。

▶▶ 輸入與輸出樣本

輸入

> 亂數產生的sample_1與sample_2

輸出

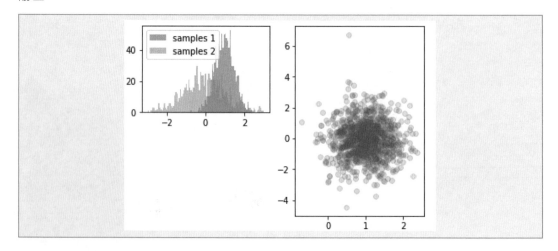

▶▶ 參考解答

```
1   import numpy as np
2   import matplotlib.pyplot as plt
3   samples_1 = np.random.normal(loc=1, scale=.5, size=1000)
4   samples_2 = np.random.standard_t(df=10, size=1000)
5   bins = np.linspace(-3, 3, 100)
6   plt.subplot(2, 2, 1)
7   plt.hist(samples_1, bins=bins, alpha=0.5, label='samples 1')
8   plt.hist(samples_2, bins=bins, alpha=0.5, label='samples 2')
9   plt.legend(loc='upper left');
10  plt.subplot(1, 2, 2)
11  plt.scatter(samples_1, samples_2, alpha=0.2);
12  plt.show()
```

▶▶ 參考解答程式說明

- 1-2 行 import 所需套件。

- 3 行運用 numpy 的 random.normal 方法取得標準分配的函數值 1000 個，存為 samples_1 物件。

- 4 行運用 numpy 的 standard_t 方法取得標準 t 分配的函數值 1000 個，存為 samples_2 物件。

- 5 行運用 numpy 的 arange 方法取得間隔大小相同的串列，存為 bins 物件。

- 6-9 行針對 samples_1 與 samples_2 繪製兩個直方圖，並處理相關圖形標記。

- 10-11 行針對 samples_1 與 samples_2 繪製散佈圖。

- 12 行要求顯示圖形。

綜合範例 6

給予一場馬拉松男女性各年齡範圍的參賽者人數,如下:

male = [20, 48, 52, 31, 22]

female = [19, 50, 44, 25, 20]

對應的年齡範圍分別為 10~15, 16~20, 21~25, 25~30, 31~35。

請以長條圖展現上列資訊,圖表設定需求如下:

- 圖表標題:Quantity by group and gender
- X 軸名稱:Age range
- Y 軸名稱:Quantity
- 標題字型大小:18
- X 軸和 Y 軸字型大小:14
- 長條寬度:0.35
- 男性顏色:紅色(需作顏色註解)
- 女性顏色:黃色(需作顏色註解)
- X 軸標籤:10~15, 16~20, 21~25, 25~30, 31~35
- Y 軸刻度:0 到 50,間隔 10

提示

需要 import matplotlib,運用 bar 方法繪製長條圖。

▶▶ 輸入與輸出樣本

輸入

```
male = [20, 48, 52, 31, 22]
female = [19, 50, 44, 25, 20]
對應的年齡範圍分別為10~15, 16~20, 21~25, 25~30, 31~35。
```

輸出

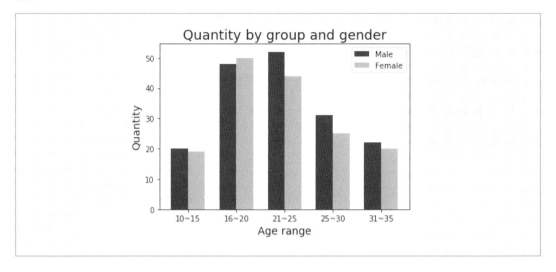

▶▶ 參考解答

```
1   import numpy as np
2   import matplotlib.pyplot as plt
3   male = [20, 48, 52, 31, 22]
4   female = [19, 50, 44, 25, 20]
5   index = np.arange(len(male))
6   width = 0.35
7   fig, ax = plt.subplots()
8   rects1 = ax.bar(index, male, width=0.35, color='r')
9   rects2 = ax.bar(index + width, female, width, color='y')
10  ax.set_title('Quantity by group and gender', fontsize=18)
11  ax.set_xlabel('Age range', fontsize=14)
12  ax.set_ylabel('Quantity', fontsize=14)
13  ax.set_xticks(index + width / 2)
14  ax.set_xticklabels(['10~15', '16~20', '21~25', '25~30',
    '31~35'])
15  ax.set_yticks(np.arange(0, 51, 10))
16  ax.legend((rects1[0], rects2[0]), ['Male', 'Female'])
17  plt.show()
```

▶▶ 參考解答程式說明

- 1-2 行導入需要套件以進行資料分析與繪圖。

- 3-4 行輸入馬拉松男性參賽者人數、馬拉松女性參賽者人數，分存為 male 與 female 物件。

- 5 行以 numpy 的 arange 方法建立年齡組合的數量串列，間隔相同。
- 6-7 行設定圖寬度與建立圖形物件。
- 8-9 行畫出男性參賽者的直條圖與女性參賽者的直條圖。
- 10-15 行設定圖表名稱以及 x 軸、y 軸名稱和標籤。
- 16 行繪製顏色註解。
- 17 行要求繪製圖形。

Chapter 4 習題

1. 請撰寫程式讀取下面資料：

   data1=[1,4,9,16,25,36,49,64]

   data2=[1,2,3,6,9,15,24,39]

   seq=[1,2,3,4,5,6,7,8]

   利用 matplotlib，請以折線圖展現上列資訊，圖表設定需求如下：

   - 圖表標題：Figure
   - X 軸名稱：x-Value
   - Y 軸名稱：y-Value
   - 標題字型大小：24
   - X 軸和 Y 軸字型大小：16
   - X 軸上下限：0-8
   - Y 軸上下限：0-70
   - data1 以藍色虛線，圖標設為'-'
   - data2 以紅色虛線，圖標設為'-'

   ✓ 提示

   > 本題需要 import matplotlib 進行圖形繪製。

   ▶▶ 輸入與輸出樣本

   輸入

   ```
   data1=[1,4,9,16,25,36,49,64]
   data2=[1,2,3,6,9,15,24,39]
   seq=[1,2,3,4,5,6,7,8]
   ```

   輸出

   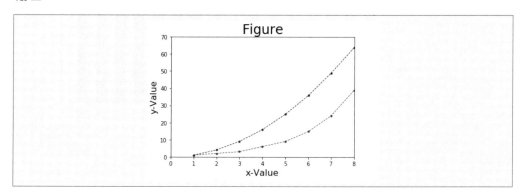

2. 請撰寫程式，利用 numpy 模組，模擬擲 3 個骰子 1000 次，以長條圖展現結果，圖表設定需求如下：

- 圖表標題：3 dices 1000 trial result
- X 軸名稱：3 dices total
- Y 軸名稱：Times
- 長條顏色：brown
- 長條寬度：0.5
- X 軸標籤：'3', '4', '5', '6', '7', '8', '9', '10', '11', '12', '13', '14', '15', '16', '17', '18'
- Y 軸刻度：0 到 100，間隔 15

3. 將 X 陣列與 Y 陣列相加產生 Z 陣列，將之列印出來。

✓ 提示

本題需要 import matplotlib 進行圖形繪製。

▶▶ 輸入與輸出樣本

輸入

由Numpy隨機產生的數。

輸出

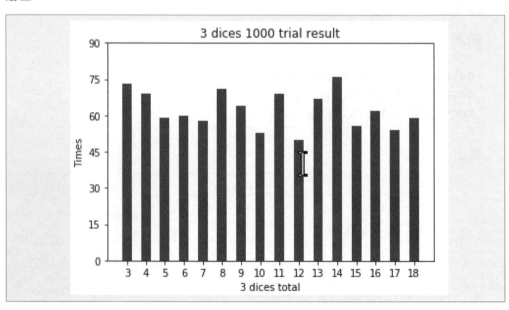

附錄 **A**

習題參考解答

Chapter 1 習題參考解答

1. 參考解答：

```
1   import csv
2   infn = 'input.csv'         # 設定來源檔案
3   outfn = 'output.csv'       # 設定目的檔案
4   with open(infn) as csvRFile: # 開啓csv檔案進行讀取
5       csvReader = csv.reader(csvRFile)#將讀入的檔案建立Reader物件
6       listReport = list(csvReader)    # 將資料轉成串列
7       for row in listReport:          #將資料輸出
8           print(row[0],row[1])
9           print('----------')
10  with open(outfn, 'w', newline = '') as csvOFile: # 開啓csv檔案
    進行寫入
11      csvWriter = csv.writer(csvOFile )  # 建立Writer物件
12      for row in listReport:            # 將串列寫入
13          csvWriter.writerow(row)
14      csvWriter.writerow(['花茶','15','12','500']) # 將新資料寫入
15      csvWriter.writerow(['蜜茶','10','9','300'])  # 將新資料寫入
16  with open(outfn) as csvRFile:       # 開啓csv檔案進行讀取
17      csvReader = csv.reader(csvRFile) # 將讀入的檔案建立Reader
    物件
18      listReport = list(csvReader)      # 將資料轉成串列
19      for row in listReport:            #將資料輸出
20          print(row[0],row[1])
```

2. 參考解答：

```
1   import csv
2   import sqlite3
3   # CSV 輸入檔的路徑與名稱
4   input_file = 'data.csv'
5
6   # 建立一個SQLite3 記憶體資料庫
7   # 建立有五個屬性的資料表
8   con = sqlite3.connect('Supplier.db')
9   c = con.cursor()
10  create_table = """CREATE TABLE IF NOT EXISTS Supplier
11          (Supplier_Name VARCHAR(20), Part_Number
12  VARCHAR(20),Cost FLOAT,Purchase_Date DATE);"""
13  c.execute(create_table)
14  con.commit()
15  # 讀取CSV檔，將資料插入Suppliers資料表
16  file_reader = csv.reader(open(input_file, 'r'), delimiter=',')
17  header = next(file_reader, None)
18  for row in file_reader:
19      data = []
20      for column_index in range(len(header)):
21          data.append(row[column_index])
22      c.execute("INSERT INTO Supplier VALUES (?, ?, ?, ?);",
    data)
23  con.commit()
24  # 查詢Suppliers資料表
25  output = c.execute("SELECT * FROM Supplier")
26  rows = output.fetchall()
27  for row in rows:
28      output = []
29      for column_index in range(len(row)):
30          output.append(str(row[column_index]))
31      print(output)
```

Chapter 2 習題參考解答

1. 參考解答：

```
1   import bs4, requests
2   url = 'http://www.taiwanlottery.com.tw'
3   html = requests.get(url)
4   objSoup = bs4.BeautifulSoup(html.text, 'lxml')
5   dataTag = objSoup.select('.contents_box02')
6   balls = dataTag[2].find_all('div', {'class':'ball_tx
7   ball_yellow'})
8   print("大樂透開獎 : ", end='')
9   print()
10  print('-------------')
11  print("開出順序 : ", end='')
    for i in range(6):
12      print(balls[i].text, end='   ')
13  print("\n大小順序 : ", end='')
14  for i in range(6,len(balls)):
15      print(balls[i].text, end='   ')
16  redball = dataTag[2].find_all('div', {'class':'ball_red'})
17  print("\n特別號   :", redball[0].text)
```

2. 參考解答：

```
1    import requests
2    import re
3    url = input('請填入要搜尋的網址：http://')
4    url='http://'+url
5    htmlfile = requests.get(url)
6    if htmlfile.status_code == requests.codes.ok:
7        pattern = input("請輸入欲搜尋的字串 : ")      # pattern存放欲
8    搜尋的字串
         if pattern in htmlfile.text:
9            print("搜尋 {:s} 成功".format(pattern))
10        else:
11            print("搜尋 {:s} 失敗".format(pattern))
12        name = re.findall(pattern, htmlfile.text)
13        if name != None:
14            print("{:s} 出現 {:d} 次".format(pattern, len(name)))
15        else:
16            print("{:s} 出現 0 次".format(pattern))
17    else:
18        print("網頁下載失敗")
```

Chapter 3 習題參考解答

1. 參考解答：

```
1    import pandas as pd
2    datas = [[75,62,85,73,60], [91,53,56,63,65],
     [71,88,51,69,87],[69,53,87,74,70] ]
3    indexs = ["小林", "小黃", "小陳", "小美"]
4    columns = ["國語", "數學", "英文", "自然", "社會"]
5    df = pd.DataFrame(datas, columns=columns,  index=indexs)
6    print('行標題為科目，列標題為個人的所有學生成績')
7    print(df)
8    print()
9    print('後二位的成績')
10   print(df.tail(2))
11   print()
12   df1=df.sort_values(by="自然", ascending=False)
13   print('以自然遞減排序')
14   print(df1['自然'])
15   print()
16   df.loc["小黃","英文"]=80
17   print('小黃的成績')
18   print(df.loc["小黃",:])
19   indexs[0] = "小張"
20   df.index = indexs
21   columns[3] = "理化"
22   print()
23   print('全體成績')
24   df.columns = columns
25   print(df)
26   df.plot()
```

2. 參考解答:

```
1    import numpy as np
2    print('隨機正整數:',end='')
3    x=np.random.randint(low=5,high=16,size=15)
4    print(x)
5    x=x.reshape(3,5)
6    print('X矩陣內容:')
7    print(x)
8    print('最大:',end='')
9    print(x.max())
10   print('最小:',end='')
11   print(x.min())
12   print('總和:',end='')
13   print(x.sum())
14   print('平均:',end='')
15   print(x.mean())
16   print('四個角落元素:',end='')
17   print(x[np.ix_([0,2],[0,4])])
18   np.savetxt('EX3-2.txt',x)
19   y=np.random.randint(low=5,high=16,size=15).reshape(3,5)
20   print('Y矩陣內容:')
21   print(y)
22   z=x+y
23   print('Z矩陣內容:')
24   print(z)
```

Chapter 4 習題參考解答

1. 參考解答：

```
1   import matplotlib.pyplot as plt
2   data1=[1,4,9,16,25,36,49,64]
3   data2=[1,2,3,6,9,15,24,39]
4   seq=[1,2,3,4,5,6,7,8]
5   plt.plot(seq, data1, 'b--.',seq, data2,'r--.', linewidth=1)
6   plt.axis([0,8,0,70])
7   plt.title("Figure", fontsize=24)
8   plt.xlabel("x-Value", fontsize=16)
9   plt.ylabel("y-Value", fontsize=16)
10  plt.show()
```

2. 參考解答：

```
 1  import numpy as np
 2  import matplotlib.pyplot as plt
 3  from random import randint
 4  def dice_generator(times, sides):
 5      ''' 處理隨機數 '''
 6      for i in range(times):
 7          ranNum = randint(1, sides)        # 產生1-6隨機數
 8          dice.append(ranNum)
 9  def dice_count(sides):
10      '''計算1-6個出現次數'''
11      for i in range(1, sides+1):
12          frequency = dice.count(i)    # 計算i出現在dice串列的次數
13          frequencies.append(frequency)
14  times = 1000                                    # 擲骰子次數
15  sides = 16                          # 骰子有幾面(3個骰子，有16個數字)
16  dice = []                                   # 建立擲骰子的串列
17  frequencies = []                        # 儲存每一面骰子出現次數串列
18  dice_generator(times, sides)                    # 產生擲骰子的串列
19  dice_count(sides)                       # 將骰子串列轉成次數串列
20  x = np.arange(16)                               # 長條圖x軸座標
21  width = 0.5                                     # 長條圖寬度
22  plt.bar(x, frequencies, width, color='brown')       # 繪製長條圖
23  plt.ylabel('Times')
24  plt.xlabel('3 dices total')
25  plt.title('3 dices 1000 trial result')
26  plt.xticks(x, ('3', '4', '5', '6', '7', '8', '9', '10', '11',
27  '12', '13', '14', '15', '16', '17', '18'))
28  plt.yticks(np.arange(0, 100, 15))
29  plt.show()
```

附錄 **B**

認證簡章

網頁資料擷取與分析 (Python 3) 認證簡章

TQC+ 專業設計人才認證是針對職場專業領域職務需求所開發之證照考試。應考人請於報名前詳閱官網簡章之說明內容，並遵守所列之規範，如有任何疑問，請洽詢各區推廣中心。簡章內容如有修正，將於網站首頁明顯處公告，不另行個別通知。

壹、 認證簡述

一、 認證說明

在數據分析領域及資料科學中，Python 榮登最受學界、業界以及開源軟體界中最受歡迎的程式語言第一名。Python 強項在於語句少而簡潔，高開發效率與高生產力，幫助開發者可以專注在解決問題上，用途廣泛，使用者來自各個領域。

在物聯網興起的時代，大數據資料需要經由數據分析，進而找出資料能提供的資訊。Python 具有豐富強大的程式庫，能高彈性運用 Python 的各項套件模組，進行數據資料演算，以幫助企業降低成本、挖掘出資料庫中的各類商機，做為後續的智慧應用資料依據。

二、 認證舉辦單位

認證主辦單位：財團法人中華民國電腦技能基金會

三、 認證對象

TQC+ 網頁資料擷取與分析 Python 3 認證之測驗對象，應具備 Python 基本程式能力，為從事軟體設計相關工作 1 至 2 年之社會人士，或是受過軟體設計領域之專業訓練，欲進入該領域就職之人員。

四、 認證技能規範

類別	名稱
第一類	資料處理能力
	1. CSV、XML、JSON、YAML 之讀取與寫入
	2. SQLite 資料庫之處理
第二類	網頁資料擷取與轉換
	1. Requests
	2. Urllib
	3. BeautifulSoup
第三類	資料分析能力（NumPy 與 Pandas 之應用）
	1. 存取單一元素
	2. 存取子陣列
	3. 聚合操作（aggregation operation）
	4. 索引
	5. 排序
第四類	資料視覺化能力（Matplotlib 之應用）
	1. 圖表之設定
	(1) 標題，文字，圖例設定
	(2) 線條設定
	(3) 標記樣式
	(4) 座標輔範圍，標籤與刻度
	2. 各種圖表之呈現
	(1) 折線圖
	(2) 散佈圖
	(3) 長條圖

	(4) 直方圖
	(5) 圓餅圖
	3. 多圖表繪製
	4. CSV 檔案繪製圖表
	5. Numpy 模組應用
	6. 隨機數的應用

五、 軟硬體需求

1. 硬體部分

- 處理器：雙核心 CPU 2GHz 以上
- 記憶體：4GB（含以上）
- 硬 碟：安裝完成後須有 5GB 以上剩餘空間
- 鍵 盤：標準 AT 101 鍵或 WIN95 104 鍵
- 滑 鼠：標準 PS 或 USB Mouse
- 螢 幕：具有 1024 x 768 像素解析度以上的顯示器

2. 軟體部分

- 作業系統：Microsoft Windows 7、Microsoft Windows 10 以上之中文版。
- 應用軟體：Python 3.6。（path 目錄要勾到）
- 開發環境：Anaconda。
- 編輯器：Spyder（Anaconda 內建）。

六、 認證測驗內容

本認證為操作題，第一至四類各考一題共四大題，第一大題 15 分，第二大題 20 分，第三大題 35 分，第四大題 30 分，滿分 100 分。於認證時間 90 分鐘內作答完畢並存檔，成績加總達 70 分（含）以上者該科合格。

貳、 報名及認證方式

一、 本年度報名與認證日期

各場次認證日三週前截止報名，詳細認證日期請至 TQC+ 認證網站查詢（http://www.tqcplus.org.tw），或洽各考場承辦人員。

二、 認證報名

1. 報名方式分為「個人線上報名」及「團體報名」二種。

(1) 個人線上報名

A. 登錄資料

a. 請連線至 TQC+ 認證網站，網址為 http://www.TQCPLUS.org.tw

b. 選擇網頁上「考生服務」選項，進入考生服務系統，開始進行線上報名。如尚未完成註冊者，請選擇『註冊帳號』選項，填入個人資料。如已完成註冊者，直接選擇『登入系統』，並以身分證統一編號及密碼登入。

c. 依網頁說明填寫詳細報名資料。姓名如有罕用字無法輸入者，請按 CMEX 圖示下載 Big5-E 字集。並於設定個人密碼後送出。

d. 應考人完成註冊手續後，請重新登入即可繼續報名。

B. 執行線上報名

a. 登入後請查詢最新認證資訊。

b. 選擇欲報考之科目。

C. 選擇繳款方式

系統顯示乙組銀行虛擬帳號，同時並顯示應繳金額，請列印該畫面資料，並依下列任何一種方式一次繳交認證費用。

a. 持各金融機構之金融卡至各金融機構 ATM（金融提款機）轉帳。

b. 至各金融機構臨櫃繳款。

c. 電話銀行語音轉帳。

d. 網路銀行繳款

繳費時可能需支付手續費，費用依照各銀行標準收取，不包含於報名費中。應考人依上述任一方式繳款後，系統查核後將發送電子郵件確認報名及繳費手續完成，應考人收取電子郵件確認資料無誤後，即完成報名手續。

D. 列印資料

上述流程中，應考人如於各項流程中，未收到電子郵件時，皆可自行上網至原報名網址以個人帳號密碼登入系統查詢列印，匯款及各項相關資料請自行保存，以利未來報名查詢。

(2) 團體報名

20 人以上得團體報名，請洽各區推廣中心，有專人提供服務。

2. 各科目報名費用，請參閱 TQC+ 認證網站。

3. 各項科目凡完成報名程序後，除因本身之傷殘、自身及一等親以內之婚喪、重病或天災等不可抗力因素，造成無法於報名日期應考時，得依相關憑證辦理延期手續（以一次為限且不予退費），請報名應考人確認認證考試時間及考場後再行報名，其他相關規定請參閱「四、注意事項」。

4. 凡領有身心障礙證明報考 TQC+ 各項測驗者，每人每年得申請全額補助報名費四次，科目不限，同時報名二科即算二次，餘此類推，報名卻未到考者，仍計為已申請補助。符合補助資格者，應於報名時填寫「身心障礙者報考 TQC+ 認證報名費補助申請表」後，黏貼相關證明文件影本郵寄至本會各區推廣中心申請補助。

三、 認證方式

1. 本項認證採電腦化認證，應考人須依題目要求，以滑鼠及鍵盤操作填答應試。

2. 試題文字以中文呈現，專有名詞視需要加註英文原文。

3. 題目類型

(1) 測驗題型：

A. 區分單選題及複選題，作答時以滑鼠左鍵點選。學科認證結束前均可改變選項或不作答。

B. 該題有附圖者可點選查看。

(2) 操作題型：

A. 請依照試題指示，使用各報名科目特定軟體進行操作或填答。

B. 考場提供 Microsoft Windows 內建輸入法供應考人使用。若應考人需使用其他輸入法，請於報名時註明，並於認證當日自行攜帶合法版權之輸入法軟體應考。但如與系統不相容，致影響認證時，責任由應考人自負。

四、 注意事項

1. 本認證之各項試場規則，參照考試院公布之『國家考試試場規則』辦理。

2. 於填寫報名表之個人資料時，請務必於傳送前再次確認檢查，如有輸入錯誤部分，得於報名截止日前進行修正。報名截止後若有因資料輸入錯誤以致影響應考人權益時，由應考人自行負責。

3. 凡完成報名程序後，除因本身之傷殘、自身及一等親以內之婚喪、重病或天災等不可抗力因素，造成無法於報名日期應考時，得依相關憑證辦理延期手續（以一次為限且不予退費），請報名應考人確認後再行報名。

4. 應考人需具備基礎電腦操作能力，若有身心障礙之特殊情況應考人，需使用特殊電腦設備作答者，請於認證舉辦 7 日前與主辦單位聯繫，以便事先安排考場服務，若逕自報名而未告知主辦單位者，將與一般應考人使用相同之考場電腦設備。

5. 參加本項認證報名不需繳交照片，但請於應試時攜帶具照片之身分證件正本備驗（國民身分證、駕照等）。未攜帶證件者，得於簽立切結書後先行應試，但基於公平性原則，應考人須於當天認證考試完畢前，請他人協助送達查驗，如未能及時送達，該應考人成績皆以零分計算。

6. 非應試用品包括書籍、紙張、尺、皮包、收錄音機、行動電話、呼叫器、鬧鐘、翻譯機、電子通訊設備及其他無關物品不得攜帶入場應試，違者扣分，並得視其使用情節加重扣分或扣減該項全部成績。（請勿攜帶貴重物品應試，考場恕不負保管之責。）

7. 認證時除在規定處作答外，不得在文具、桌面、肢體上或其他物品上書寫與認證有關之任何文字、符號等，違者作答不予計分；亦不得左顧右盼，意圖窺視、相互交談、抄襲他人答案、便利他人窺視答案、自誦答案、以暗號告訴他人答案等，如經勸阻無效，該科目將不予計分。

8. 若遇考場設備損壞，應考人無法於原訂場次完成認證時，將遞延至下一場次重新應考；若無法遞延者，將擇期另行舉辦認證或退費。

9. 認證前發現應考人有下列各款情事之一者，取消其應考資格。證書核發後發現者，將撤銷其認證及格資格並吊銷證書。其涉及刑事責任者，移送檢察機關辦理：

   (1) 冒名頂替者。

   (2) 偽造或變造應考證件者。

   (3) 自始不具備應考資格者。

   (4) 以詐術或其他不正當方法，使認證發生不正確之結果者。

10. 請人代考者，連同代考者，三年內不得報名參加本認證。請人代考者及代考者若已取得 TQC+ 證書，將吊銷其證書資格。其涉及刑事責任者，移送檢察機關辦理。

11. 意圖或已將試題或作答檔案攜出試場或於認證中意圖或已傳送試題者將被視為違反試場規則，該科目不予計分並不得繼續應考當日其餘科目。

12. 本項認證試題採亂序處理，考畢不提供試題紙本，亦不公布標準答案。

13. 應考時不得攜帶無線電通訊器材（如呼叫器、行動電話等）入場應試。認證中通訊器材鈴響，將依監場規則視其情節輕重，扣除該科目成績五分至二十分，通聯者將不予計分。

14. 應考人已交卷出場後，不得在試場附近逗留或高聲喧嘩、宣讀答案或以其他方式指示場內應考人作答，違者經勸阻無效，將不予計分。

15. 應考人入場、出場及認證中如有違反規定或不服監試人員之指示者，監試人員得取消其認證資格並請其離場。違者不予計分，並不得繼續應考當日其餘科目。

16. 應考人對試題如有疑義，得於當科認證結束後，向監場人員依試題疑義處理辦法申請。

參、 成績與證書

一、 合格標準

1. 各項認證成績滿分均為 100 分，應考人該科成績達 70（含）分以上為合格。

2. 成績計算以四捨五入方式取至小數點第一位。

二、 成績公布與複查

1. 各科目認證成績將於認證結束次工作日起算兩週後，公布於 TQC+ 認證網站，應考人可使用個人帳號登入查詢。

2. 認證成績如有疑義，可申請成績複查。請於認證成績公告日後兩週內（郵戳為憑）以書面方式提出複查申請，逾期不予受理（以一次為限）。

3. 請於 TQC+ 認證網站下載成績複查申請表，填妥後寄至本會各區推廣中心辦理（每科目成績複查及郵寄費用請參閱 TQC+ 認證網站資訊）。

4. 成績複查結果將於十五日內通知應考人；遇有特殊原因不能如期複查完成，將酌予延長並先行通知應考人。

5. 應考人申請複查時，不得有下列行為：

   (1) 申請閱覽試卷。

   (2) 申請為任何複製行為。

   (3) 要求提供申論式試題參考答案。

   (4) 要求告知命題委員、閱卷委員之姓名及有關資料。

三、 證書核發

1. 單科證書：

   單科證書於各科目合格後，於一個月後主動寄發至應考人通訊地址，無須另行申請。

2. 人員別證書：

   應考人之通過科目，符合各人員別發證標準時，可申請頒發證書（每張證書申請及郵寄費用請參閱 TQC+ 認證網站資訊）。請至 TQC+ 認證網站進行線上申請，步驟如下：

(1) 填寫線上證書申請表，並確認各項基本資料。

(2) 列印填寫完成之申請表。

(3) 黏貼身分證正反面影本。

(4) 繳交換證費用

申請表上包含乙組銀行虛擬帳號及應繳金額，請以轉帳或臨櫃繳款方式繳交換證費用。該組帳號僅限當次申請使用，請勿代繳他人之相關費用。

繳費時可能需支付銀行手續費，費用依照各銀行標準收取，不包含於申請費用中。

(5) 以掛號郵寄申請表至以下地址：

105-58 台北市松山區八德路三段 2 號 6 樓

『TQC+ 專業設計人才認證服務中心』收

3. 各項繳驗之資料，如查證為不實者，將取消其頒證資格。相關資料於審查後即予存查，不另附還。

4. 若應考人通過科目數，尚未符合發證標準者，可保留通過科目成績，待符合發證標準後申請。

5. 為契合證照與實務工作環境，認證成績有效期限為 5 年（自認證日起算），逾時將無法換發證書，需重新應考。

6. 人員別證書申請每月 1 日截止收件（郵戳為憑），當月月底以掛號寄發。

7. 單科證書如有毀損或遺失時，請依人員別證書發證方式至 TQC+ 認證網站申請補發。

肆、 本辦法未盡事宜者，主辦單位得視需要另行修訂

本會保有修改報名及測驗等相關資料之權利，若有修改恕不另行通知。最新資料歡迎查閱本會網站！

（TQC+ 各項測驗最新的簡章內容及出版品服務，以網站公告為主）

本會網站：http://www.CSF.org.tw

考生服務網：http://www.TQCPLUS.org.tw

伍、 聯絡資訊

應考人若需取得最新訊息，可依下列方式與我們連繫：

TQC+ 專業設計人才認證網：http://www.TQCPLUS.org.tw

電腦技能基金會網站：http://www.csf.org.tw

TQC+ 專業設計人才認證推廣中心聯絡方式及服務範圍：

北區推廣中心

新竹（含）以北，包括宜蘭、花蓮及金馬地區

地　　　址：105-58 台北市松山區八德路 3 段 2 號 6 樓

服務電話：(02) 2577-8806

中區推廣中心

苗栗至嘉義，包括南投地區

地　　　址：406-51 台中市北屯區文心路 4 段 698 號 24 樓

服務電話：(04) 2238-6572

南區推廣中心

台南（含）以南，包括台東及澎湖地區

地　　　址：807-57 高雄市三民區博愛一路 366 號 7 樓之 4

服務電話：(07) 311-9568

CODE JUDGER 學習平台

Code Judger 是由 **Kyosei.ai** 共生智能股份有限公司所開發之自動化批改及教學管理系統，讓學生們在解題中學習，獲得成就，整合題庫與課程概念，為學習程式的學員、解題挑戰者以及程式教師提供最佳化的課程與題目管理。

【適用對象】

1. 培養學習者具備程式設計的基本認知及將邏輯運算思維應用於解決問題的能力及具程式設計思維的跨領域資訊應用能力。
2. 學習者可實際演練操作程式設計的編輯與執行環境，熟悉程式設計的開發流程，建立實作的能力。
3. 具備考取 TQC+ 網頁資料擷取與分析 Python 3 證照之能力。

【功能介紹】

【支援多種語言的程式設計題目】
　　包含 Python、C、C++、TQC+認證題目..等。

【作答即時回饋】
　　題組式學習即練即評、精進自己的思考與解題能力。

【跨裝置平台應用】
　　可在電腦、手機、平板上運行。

【學習歷程全都錄】
　　學習歷程全記錄、完美呈現。

【完整教師功能】— 校園團體方案提供
　　具小考、作業、自動評分、自建題庫、個人、班級及系所分析功能。

【台灣總代理-財團法人電腦技能基金會】

客服信箱：master@mail.csf.org.tw

客服電話：(02)25778806 轉 760

平台網址：www.codejudger.com

問題反應表

親愛的讀者：

　　感謝您購買「Python 3.x 網頁資料擷取與分析特訓教材」，雖然我們經過縝密的測試及校核，但總有百密一疏、未盡完善之處。如果您對本書有任何建言或發現錯誤之處，請您以最方便簡潔的方式告訴我們，作為本書再版時更正之參考。謝謝您！

讀　　　者　　　資　　　料			
公　司　行　號		姓　　名	
聯　絡　住　址			
E-mail Address			
聯　絡　電　話	(O)	(H)	
應用軟體使用版本			
使　用　的　P　C		記憶體	
對　本　書　的　建　言			

勘　　　誤　　　表		
頁碼及行數	不當或可疑的詞句	建議的詞句
第　　　頁		
第　　　行		
第　　　頁		
第　　　行		

覆函請以傳真或逕寄：

　　　　　地址：台北市105八德路三段2號6樓
　　　　　　　　中華民國電腦技能基金會 內容創新中心 收
　　　　TEL：(02)25778806 轉 760
　　　　FAX：(02)25778135
　　　　E-MAIL：master@mail.csf.org.tw